普通高等教育新工科·智能制造系列规划教材

智能物联制造系统与决策

主　编　张映锋
副主编　陶　飞　孙树栋　周光辉
　　　　吕景祥
参　编　程　颖　杨宏安　朱海平

机械工业出版社

本书以“物物互联，感知制造，动态决策”为导向，聚焦物联制造执行过程的主动感知与动态优化决策的核心问题，展开与其相关的基本理论、共性方法、优化模型和算法的阐述，体现了现有先进制造系统从自动化、数字化向智能化和智慧化发展的趋势，为提升制造执行过程的透明性和对制造过程进行全方位的跟踪、分析、优化及控制提供了较好的基础知识。

在本书的编写过程中突出了基础理论和应用实践。在基础理论方面，本书力求清晰阐述智能物联制造系统与动态决策涉及的基础共性问题，包括物联制造系统的体系构架、运作机理、智能决策方法、实时信息驱动的制造系统优化控制策略与模型等，使读者在智能物联制造系统与动态决策的基础理论方面得到提升。

在应用实践方面，本书注重理论联系实际，在对每个关键理论与方法进行阐述后，均附以典型的算例和案例来对理论与方法进行分析与验证，力图使读者能够进一步加深对理论的理解与掌握。

本书可作为普通高等院校智能制造专业方向的核心教材，也可作为相关专业学科的选修教材，还可作为从事相关专业工程技术人员的参考用书。

图书在版编目（CIP）数据

智能物联制造系统与决策/张映锋主编. —北京：机械工业出版社，2018.9（2025.1重印）

普通高等教育新工科. 智能制造系列规划教材

ISBN 978-7-111-60655-0

Ⅰ.①智… Ⅱ.①张… Ⅲ.①智能制造系统-高等学校-教材 Ⅳ.①TH166

中国版本图书馆 CIP 数据核字（2018）第 183376 号

机械工业出版社（北京市百万庄大街 22 号 邮政编码 100037）
策划编辑：余 皞 责任编辑：余 皞 舒 恬 王勇哲
责任校对：张 薇 封面设计：张 静
责任印制：张 博
北京建宏印刷有限公司印刷
2025 年 1 月第 1 版第 6 次印刷
184mm×260mm · 14 印张 · 342 千字
标准书号：ISBN 978-7-111-60655-0
定价：39.80 元

凡购本书，如有缺页、倒页、脱页，由本社发行部调换

电话服务
服务咨询热线：010-88379833
读者购书热线：010-88379649

网络服务
机 工 官 网：www.cmpbook.com
机 工 官 博：weibo.com/cmp1952
教育服务网：www.cmpedu.com
金 书 网：www.golden-book.com

前 言

制造业是国民经济的物质基础和支柱产业，是衡量国家综合国力和竞争力的重要标志。随着科学技术的飞速发展，制造产品越来越复杂、生命周期越来越短，对制造系统的透明性和灵活性提出了新的需求。传统制造模式和决策方法难以适应动态变化越加明显的现代生产系统，越加需要制造系统能基于实时制造过程信息实现对生产系统的动态优化和控制。近年来，随着物联网技术的迅猛发展和在制造业中的不断渗透，制造过程已由传统的“黑箱”模式向“多维度、透明化泛在感知”的模式发展，这种以主动感知多源制造信息和科学决策方法驱动的智能物联制造技术有力地推动着制造系统向透明化、智能化、绿色化、智慧化的方向全面发展。

在这种背景下，各国制造业只有不断创新制造模式和管理决策方法才能在新一轮全球工业革命中占领先机。如近期德国提出的《工业 4.0》战略规划，其目标是建立一个高度灵活的个性化和数字化的产品与服务的生产模式，实现工业领域新一代革命性技术的研发与创新，“智能工厂”和“智能生产”是工业 4.0 的两大主题。美国提出的《工业互联网》战略的核心内容是对物理设备网络与数据信息分析进行密切结合，通过对制造领域的不同环节植入迥异化的传感器，结合互联网、大数据、云计算等技术，主动感知实时数据，并通过数据和决策模型对生产系统进行精准控制，促进工业的转型升级。《中国制造 2025》也明确要求要以促进制造业创新发展为主题，以提质增效为中心，以加快新一代信息技术与制造业深度融合为主线，以推进智能制造为主攻方向，实现制造业由大变强的历史跨越。

本书以“物物互联，感知制造，动态决策”为导向，聚焦物联制造执行过程的主动感知与动态优化决策的核心问题，展开与其相关的基本理论、共性方法、优化模型和算法的阐述，体现了现有先进制造系统从自动化、数字化向智能化和智慧化发展的趋势，为提升制造执行过程的透明性和对制造过程进行全方位的跟踪、分析、优化和控制提供了较好的基础知识。在本书的编写过程中突出了基础理论和应用实践。在基础理论方面，本书力求清晰阐述智能物联制造系统与动态决策涉及的基础共性问题，包括物联制造系统的体系构架、运作机理、智能决策方法、实时信息驱动的制造系统优化控制策略与模型等，使读者在智能物联制造系统与动态决策的基础理论方面得到提升。在应用实践方面，本书注重理论联系实际，在对每个关键理论与方法进行阐述后，均附以典型的算例和案例来对理论与方法进行分析与验证，力图使读者能够进一步加深对理论的理解与掌握。

本书由张映锋教授任主编，陶飞教授、孙树栋教授、周光辉教授、吕景祥博士任副主编，程颖博士、杨宏安副教授、朱海平教授参与编写。本书章节的详细结构规划、初稿统稿、终稿终审工作由张映锋教授组织完成。本书第 1 章介绍了物联制造系统的研究对象、内涵、特征以及未来的发展趋势。第 2 章介绍了智能决策方法的原理，并详细介绍了灰色理论、遗传算法、博弈决策、深度学习和分布式决策方法。第 3 章阐述了物联制造系统智能控制的需求分析、参考体系构架、工作逻辑和关键技术。第 4 章针对多源制造信息感知技术展开论述，包括制造系统多源信息源分析、主动感知模型、主动获取技术、传输方法、系统设计与实现。第 5 章介绍了底层制造资源智能化建模的需求分析、智能导航、智能决策、云端化接入方法以及原型系统。第 6 章介绍了智能物料精准配送方法，构建了主动配送模型和配送体系，实现了对配送任务的智能决策并设计了原型系统。第 7 章阐述了物联制造执行系统主动发现与配置方法的体系构架、加工资源制造服务 UDDI、服务主动发现策略与技术，以及系统动态配置方法。第 8 章针对制造系统性能实时分析与诊断展开论述，包括性能分析的体系构架、生产过程的关键事件、事件建模和实时性能分析。第 9 章阐述了制造系统运行过程的协同优化方法，包括协同优化体系，多 Agent 系统的通信与交互，设备、物料、任务、实时调度、过程监控各类 Agent，并基于 JADE 的 Agent 平台进行案例仿真。第 10 章针对制造服务组合优选的问题建模、QoS 管理和智能决策方法展开论述。第 11 章以汽车和航空航天行业为代表，对典型零部件智能车间进行案例分析。

本书是在中国科协智能制造学会联合体指导下，由中国机械工程学会组织编写的普通高等教育新工科 · 智能制造系列规划教材之一。中国科协智能制造学会联合体致力于增强我国智能制造技术创新能力、促进我国制造业向中高端迈进。中国机械工程学会是中国科协智能制造学会联合体成员单位和秘书处单位，是我国成立较早、规模最大的工科学会之一，是我国机械行业非常重要的对外交流渠道，承担了行业和政府部门委托的大量合作任务，担负着学术交流、人才培养和对外交流等多项工作。在本书的编写过程中，中国机械工程学会常务副理事长张彦敏对本书高度重视，多次与相关领导协调，为确保本书编写和推广工作的顺利进行提供了重要的支持；中国机械工程学会继续教育处副处长王玲多次精心安排相关领域专家研讨，为编写工作的高效、高质推进和完成付出了巨大的精力；中国机械工程学会综合技术处副处长杨丽在系列教材编写的前期调研和组织协调上，给予了大力支持。同时，本书的出版也得到了机械工业出版社的大力支持和悉心编校。在此，一并表示衷心的感谢。

本书所讲内容作为智能制造的关键技术之一，涉及面广，其相关理论、方法、技术与应用正处于不断发展和丰富中。尽管书中的内容为作者多年来从事智能物联制造系统与决策方法教学与科研工作的总结与体会，但由于水平有限，错误与不足之处在所难免，恳请读者不吝赐教，作者们在此谨表示衷心的感谢。

《智能物联制造系统与决策》主编张映锋和编写组全体成员

目　录

第1章 物联制造系统概述

知识点

1. 了解物联制造系统的研究对象。
2. 了解物联制造系统的内涵和特征。
3. 了解物联制造系统的发展趋势。

1.1 物联制造系统的研究对象

制造业是国民经济的主体，是立国之本、兴国之器、强国之基。制造（Manufacture）一词源于拉丁语“manu”（用手工）和“facere”（制作），英语词典里定义为“用体力劳动或机械制作某物体”。

系统在哲学中被定义为是由相互联系、相互作用的若干要素构成的具有特定功能的有机整体。著名科学家钱学森认为：系统是由相互作用相互依赖的若干组成部分结合而成的，具有特定功能的有机整体，而且这个有机整体又是它从属的更大系统的组成部分。制造作为一个系统，是指按一定制造模式将制造过程所涉及的各种相互关联、相互依赖、相互作用的有关要素组成的具有将制造资源转变为有用产品这一特定功能的有机整体，是人员、机器、物料、能量、信息、资金等的一个组合体。制造系统是一个相对的概念，小如柔性制造单元，大至车间、企业、跨地域/国家的集团等。

本书所提的物联制造系统是指在传统制造系统中引入物联网技术，形成各类制造资源物物互联、互感，并在此基础上，通过采用实时多源制造信息驱动的优化管理方法（如智能决策方法）与技术，实现从生产订单下达至产品完成整个过程的制造执行过程的主动感知、动态优化、生产过程在线监控，最终通过多源信息的增值和决策技术实现制造执行过程高效、高质运作的优化管理。其研究的对象为典型的制造系统，研究的内容则是有关提升制造系统效率和智能化管控的基本方法、先进决策方法和技术等。

1.2 物联制造系统的内涵和特征

1.2.1 物联网的起源与发展

网络深刻地改变着人类的生产和生活方式。特别是进入 21 世纪以来，随着信息技术与自动识别技术的迅猛发展，物联网（The Internet of Things，IoT）概念与技术应运而生。

物联网概念最早可以追溯到比尔·盖茨 1995 年出版的《未来之路》一书。在此书中，比尔·盖茨提及物物互联，只是当时受限于无线网络、硬件及传感设备的发展，并未引起重视。1998 年，美国麻省理工学院创造性地提出了当时被称作 EPC 系统的物联网构想。1999 年，建立在物品编码、射频识别技术（RFID）和互联网的基础上，美国 Auto-ID 中心首先提出物联网概念。

2005年11月17日，国际电信联盟（International Telecommunication Union，ITU）发布的《ITU Internet reports 2005：The Internet of Things》报告中正式提出了物联网概念。该报告指出，无所不在的“物联网”通信时代即将来临，世界上所有的物体从轮胎到牙刷、从房屋到纸巾都可以通过因特网主动进行交换。射频识别技术、传感器技术、纳米技术、智能嵌入技术将得到更加广泛的应用，并从功能与技术两个角度对物联网的概念进行了解释。物联网一经提出，立即受到各国政府、企业和学术界的重视，在需求和研发的相互推动下得到了迅猛发展，深刻地改变着现有的生产和生活方式。

2009年1月28日，奥巴马就任美国总统后，与美国工商业领袖举行了一次圆桌会议，作为仅有的两名代表之一，IBM首席执行官彭明盛首次提出“智慧地球”这一概念，建议新政府投资新一代的智慧型基础设施。

2009年8月，温家宝总理“感知中国”的讲话把我国物联网领域的研究和应用开发推向了高潮，无锡市率先建立了“感知中国”研究中心，中国科学院、运营商、多所大学在无锡建立了物联网研究院。自温总理提出“感知中国”以来，物联网被正式列为国家五大新兴战略性产业之一，写入“政府工作报告”，物联网在中国受到了全社会极大的关注，其受关注程度是在美国、欧盟以及其他各国不可比拟的。

业内专家纷纷表示，物联网把我们的生活拟人化了，万物成了人的同类。在这个物物相联的世界中，物品（商品）能够彼此进行“交流”，而无需人的干预。物联网利用RFID技术，通过计算机互联网实现物品（商品）的自动识别和信息的互联与共享。可以说，物联网描绘的是充满智能化的世界。在物联网的世界里，物物相连、天罗地网。

欧洲智能系统集成技术平台（EPoSS）在《Internet of Things in 2020》报告中分析预测，未来物联网的发展将经历四个阶段：2010年之前RFID被广泛应用于物流、零售和制药领域，2010—2015年物体互联，2015—2020年物体进入半智能化，2020年之后物体进入全智能化。

1.2.2 物联制造的定义及内涵

物联网在制造行业生产过程中的应用可以极大地提高制造企业的核心竞争力。将信息技术融入到制造过程的各个阶段，如传统的产品设计、制造工艺过程、产品销售与售后服务，使得企业提高了产品质量、生产水平与销售能力，从而极大地提高了制造企业的核心竞争力。随着互联网、云计算、物联网、数据仓库、信息安全等技术的出现和发展，并与制造技术融合，特别是集成协同技术、制造服务技术和智能制造技术，形成了制造业信息化的核心使能技术，推动着以绿色、智能和可持续发展为特征的新一轮产业革命的来临，一种新型的智能制造模式——制造物联（Internet of Manufacturing Things，IoMT）应运而生。制造物联的概念和技术研究还处于萌芽阶段，不同领域的专家学者对制造物联的定义和特征有不同的见解。

中国海洋大学的侯瑞春通过阐述物联网技术研究现状及综合分析制造物联需求与发展背景，指出制造物联是物联技术与先进制造技术的融合，认为制造物联是在制造业服务化和协同化的发展趋势下，面向产品、用户、企业以及企业间实施的一种新型制造模式和信息服务模式，通过运用以RFID和传感网为代表的物联网技术、先进制造技术与现代管理技术，构建服务于供应链、制造过程、物流配送、售后服务和再制造等产品全生命周期各阶段的基础性、开放性网络系统，形成对制造资源、制造信息和制造活动的全面感知、精准控制以及透明化与可视化管理，实现产品智能与价值的提升，进而形成新型的智慧生态制造模式。制造物联可以满足产业链企业交互管控、快速响应及跨组织协同制造的需求，为云制造提供基础技术支撑，为物联网提供基础性、开放性的设施部署和原位服务。

浙江省机械工业情报研究所赵群认为，IoMT 技术以嵌入式、RFID、商务智能、虚拟仿真与建模等技术为支撑，实现产品智能化、制造过程自动化、经营管理辅助决策等应用。《计算机集成制造系统》的《制造物联与 RFID 技术》专刊中，将其定义为：制造物联是将网络、嵌入式、RFID、传感器等电子信息技术与制造技术相融合，实现对产品制造与服务过程及全生命周期中制造资源与信息资源的动态感知、智能处理与优化控制的一种新型制造模式。

国家“十二五”制造业信息化科技工程规划中明确提出：制造物联技术基于互联网以及嵌入式系统技术、RFID 技术和传感网等，构建现代制造物联网络，以中间件、海量信息融合处理和系统集成技术等为基础，基于物联网络开发服务平台与应用系统，解决产品设计、制造与服务过程中的信息综合感知、可靠传输和智能处理问题，提高产品技术附加值，增强制造与服务过程的管控能力，催生新的现代制造模式。

智能制造领导联盟（Smart Manufacturing Leadership Coalition，SMLC）从工程角度出发，认为智能制造（Smart Manufacturing，SM）是高级智能系统的深入应用，即从原材料采购到成品市场交易等各个环节的广泛应用，为跨企业（公司）和整个供应链的产品、运作、业务系统创建一个知识丰富的环境，以实现新产品的快速制造、产品需求的动态响应及生产制造和供应链网络的实时优化。Davis 等 SMLC 会员进一步指出，SM 是一种新型企业运作模式，是网络化信息技术在制造和供应链企业普适（pervasive）而深入的应用。另外，与 SM 相关的概念还有智能工厂（Smart Factory，SF）、U-制造等。德国斯图加特大学的 Dominik Lucke 认为，SF 是帮助人和机器执行任务的情景感知工厂，在这种情景感知的制造环境下，利用分布信息和通信技术来处理生产的实时扰动，实现生产过程的优化管理。浙江大学机械工程学院教授唐任仲认为，U-制造是将 U-计算技术引入制造系统，以此开展产品研发、采购、生产、销售、使用、维护和回收等一系列活动所形成的制造模式。

与当前已有制造执行系统相比，基于物联技术的制造执行系统的核心目标是通过更精确的过程状态跟踪和更完整的实时数据获取更丰富的信息，并在科学的决策支持下对生产现场进行更科学的管理，它通过分布在物理制造资源中的物联技术和智能，基于多源信息的融合及复杂信息处理与快速决策技术，主动地发现异常，采用实时多源制造数据对生产过程进行全方位的监控与优化。制造资源的物物互联、互感，生产过程的主动感知与监控，多源信息的透明与增值，执行过程的动态优化，管理的智能化等是基于物联技术的制造执行系统的重要特征。

1.2.3 物联制造执行系统的特点

1. 制造过程各制造资源实时状态的全面感知

通过融合信息技术、自动化技术和传感网技术，实现物物互联，对制造企业中需要监控、连接、互动的产品和制造资源的多源信息进行自动采集和全面感知，同时对制造过程中的人、机、料、质量、进度计划、工艺参数、生产环境、工装模具、水电气等制造资源的实时状态信息进行可靠传输和智能处理。

2. 具有主动感知与智能的底层加工制造资源

传统的制造执行系统，由于缺乏有效的传感设备和通信网络，使得产品制造过程中的一些关键环节及信息难以被及时、准确地反映，状态信息的获取是被动式的。这导致了制造执行系统运作效率低下、工序流程周转不畅、在制品缺乏有效控制、库存积压等问题。融合了物联网技术的底层加工制造资源，能够实时反馈产品、制造资源及自身的状态信息，决策者能把握制造瞬间的动态规律，从而实现数字化高效、高质生产。通过传感器、RFID、全球定位系统等技术，实时采集任何需要监测的物体或过程，实现物与物、物与人的泛在链接，达到对物品和过程的智能化感知、识别、管理及自我决策能力。

3. 制造系统关键性能参数的实时感知

制造系统关键性能参数的感知主要包括实时进度、产品质量及实时制造成本的实时感知。传统流程下，生产数量的统计、生产报表的制作由统计员工手动完成，并递交生产管理人员。这种信息反馈方式延迟严重，导致生产异常情况不能及时处理，效率低下。而物联制造系统通过数据终端自动采集生产数量，实时反映零件、部件及产品的生产进度，计划人员根据这些数据，对现场生产情况及时跟踪处理和调度，保证生产计划按时完成，大大提高了生产效率。当生产过程发生变化时，物联制造系统可通过对人、机、料、环境等资源状态变化的全面实时感知，在数据终端和电子看板上提醒质量检验，对产品的合格数、不良数、工废数及料废数等进行在线统计；对产品的缺陷数量、类型、发生时间、操作员等信息进行追溯查询。

根据物联制造系统的实时监测和消息通知功能，分析造成生产浪费的主要因素。根据作业计划和进度安排，按需配送物料，同时将物料属性和来源与生产指令绑定，以便实时核算产品的电能耗和机物料消耗成本。通过数据终端对设备运行的监控，物料消耗进程被实时核减，并在电子看板上实时显示需求数量、欠料数量和工位上剩余物料的可加工时间。

4. 实时信息驱动的制造过程智能化管控

根据动态获取制造单元和加工现场的实时生产信息，并向制造任务动态调度层及其他企业管理层进行实时传输，以及制造单元上层下达的指令信息，如新任务的加入、交货期更改等，建立制造任务动态调度模型及决策模型，产生满足实际生产需求的调度方案和决策方案，实现对制造过程的自动化、智能化的控制和管理。

1.3　物联制造系统的发展趋势

1.3.1　数字孪生

数字孪生（Digital Twin）是以数字化方式创建物理实体的虚拟模型，借助数据模拟物理实体在现实环境中的行为，通过虚实交互反馈、数据融合分析、决策迭代优化等手段，为物理实体增加或扩展新的能力。作为一种充分利用模型、数据、智能并集成多学科的技术，数字孪生面向产品全生命周期过程，发挥连接物理世界和信息世界的桥梁和纽带作用，提供更加实时、高效、智能的服务。

数字孪生能够实现多物理量、多尺度、多概率的集成与仿真过程，并利用历史的产品生命周期数据、实时的传感器数据以及物理模型，刻画和反映物理对象的全生命周期。目前数字孪生被广泛应用于产品的设计、制造、健康管理等方面。例如借助设计理论和有限元分析，在产品设计阶段实施面向设计的数字孪生；在生产阶段构建生产数字孪生，以实现产品操作的可视化和信息的实时共享；在产品运维阶段，通过建立数字孪生模型预测产品的磨损和故障概率等。

1.3.2 制造物联网与工业大数据

制造物联网是通过在制造系统中应用先进的信息和通信技术，如智能传感器、无线射频识别、信息传输等技术，构建制造资源物联网，以形成一种物物互联、智能感知的生产环境。制造物联网能够通过这些先进的信息和通信技术，实时采集任何需要监控、连接、互动的物体或过程，实现物与物、物与人的泛在链接，达到对物品和过程的智能感知、识别与管理，推动制造系统向全球化、信息化、智能化和绿色化方向发展。

近年来，随着物联网技术的普遍应用，在工业企业的生产和管理过程中产生了海量的数据，包括信息化的数据、物联网的数据、工业和用户跨界的数据、工业和供应商跨界的数据等，这些数据具有多模态、高通量、强关联的特点，被统称为工业大数据。借助 Hadoop、MapReduce 等分布式计算和并行处理方法，企业管理者可以实现对工业大数据的深度挖掘、融合、信息增值等目标，有效解决信息“孤岛”问题，提供实时在线的工业解决方案，以便为工业从自动化到智能化跨越发展提供核心动力。

1.3.3 基于人工智能的制造系统自组织优化与自适应协同

随着硬件、数据分析以及智能算法等技术的日趋成熟，近年来，基于深度学习的人工智能技术得到了突破性发展。通过将人工智能与云计算、大数据分析、无线通信等先进的信息和数据分析技术结合，传统的制造系统可以在构建多 Agent 体、信息物理系统（CPS）、云机器人等基础上，向高度智能、自治的智能制造系统转变，以实现复杂、动态生产活动的自组织优化与自适应协同。

基于人工智能的制造系统，可以适应环境、任务、故障等因素的变化，对生产过程进行实时的调整、重组、分布式管理及优化，以形成能够自治、独立解决问题的智能体。智能体间可以沟通、交互，实现信息共享，在自治基础上协商解决复杂、动态的制造问题，实现协同制造和协同管理。传统制造系统向基于人工智能的自组织优化与自适应协同制造系统的转变，可实现生产过程的高度自治、自主协同与无人化管理，并能够促进生产过程的高效性和可持续性。

习 题

1-1 简述物联制造的特点。

1-2 简述物联制造系统的发展趋势。

1-3 比较说明当前先进制造模式（如网络化制造、云制造、物联制造）的优点和特色。

第2章 智能决策方法介绍

知识点

1. 常用的智能决策方法包括层次分析法、灰色理论、遗传算法、博弈决策、深度学习和分布式决策方法。

2. 层次分析法分为四个步骤：建立层次结构模型、构造判断矩阵、层次单排序及其一致性检验、层次总排序及其一致性检验。

3. 灰色关联分析的一般步骤是：确定评价指标体系、确定参考数据列、指标数据无量纲化、计算绝对差值、计算关联系数以及计算关联度及排序。

4. 遗传算法的基本求解步骤包括：编码并初始化群体，以及群体复制、选择、交叉、变异和适应度评价。遗传算法有适用范围广泛、适合并行计算、趋向全局最优解等优势。

5. 博弈决策包括博弈论、完全信息静态博弈——纳什均衡、完全信息动态博弈——子博弈精炼纳什均衡三方面的内容。

6. 深度学习就是“很多层”的神经网络。深度学习常用的方法包括卷积神经网络、深度信念网络和堆叠自编码器三种。

7. 目标层解法是一种分布式决策方法，应用步骤包括：原始系统问题的层级分解，层级结构中各元素间关键连接识别，目标层解元素的公式化以及各元素的协同并行求解。

随着物联网的应用和信息物理系统的发展，越来越多的信息可以被感知、分析和处理。决策过程已经由传统的决策逐步转变为以人工智能、专家系统等技术为支撑的智能决策过程。智能决策过程和人类的决策过程类似，通过搜集和整理信息、确定和诊断问题、提出可能的解决方案并评估所采用的措施，从而完成决策。本章将对常用的智能决策方法进行介绍。

2.1 智能决策方法的原理

智能决策方法是结合人工智能、机器学习、数据挖掘等方法，采用推理实现决策功能的方法，能够用于实现不确定环境下的智能决策。智能决策方法具有主动性、自适应性和分布式的特点。

1）主动性是指通过引入专家知识，决策系统具有部分人类智能，能够主动地完成决策的能力。

2）自适应性是决策系统具有能够根据复杂多变的环境，动态地调整自身决策的能力。

3）分布式是指在系统层级结构中，系统的各个主体能够互相协商，每个主体具有自主决策的能力。

常用的智能决策方法包括层次分析法、灰色理论、遗传算法、博弈决策、深度学习和分布式决策等方法，以下分别对各个方法的原理进行简要介绍。

1. 层次分析法

层次分析法是美国运筹学家萨蒂（T. L. Saaty）等人于20世纪70年代初提出的一种决

策方法。该方法模仿人类对问题的认识，将一个复杂的多目标决策问题分解成多个目标或层次，并通过定性指标模糊量化的方法算出各个层次的排序和总排序，从而进行多方案优选的决策方法。

该方法能够将半定性、半定量问题转化为定量问题，将各种因素层次化，并逐层比较多种关联因素，为分析和预测事物的发展提供可比较的定量依据，特别适合用于难以完全定量分析的复杂问题。因此在资源分配、冲突求解、决策支持等领域得到了广泛的应用。

2. 灰色理论

灰色理论是用于解决部分清楚、部分不清楚且带有不确定性问题的决策方法。灰色理论首先于1982年由华中科技大学邓聚龙提出，将信息不足的系统，例如缺少结构信息、运行机制和行为信息的系统定义为灰色系统。灰色理论认为，尽管灰色系统的信息缺乏、不完备且不确定，但它毕竟是有序的，是有整体功能的，因此可以用于决策支持。

灰色关联决策是常用的决策方法之一，该方法具有简单、实用和可操作性强的特点。灰色关联决策包括：确定反应系统行为的特征参考数列和比较数列，对参考数列和比较数列进行无量纲化处理，求参考数列和比较数列的灰色关联系数，求灰色关联度并对关联度进行排序，得到各变量对研究对象的影响程度并选择可使研究对象最优的变量取值。灰色关联决策在农业、生态、经济、医药、历史、地理等各方面均有广泛的应用。

3. 遗传算法

遗传算法的思想来源于生物学理论，是通过模拟生物在自然界的遗传和进化过程提出的一种随机搜索算法，可实现对复杂系统智能优化问题的求解，最早由密歇根大学的霍兰（Holland）教授在20世纪70年代提出。遗传算法的基本原理是把问题的所有决策参数直接或间接地编码到由基因组成的染色体中，通过种群初始化、基因复制、选择、杂交、变异等遗传操作，产生新一代种群。遗传算法是一种基于随机搜索机制的全局优化算法，能从离散、多极值、有噪声的多维数据中找到全局最优解，算法适用问题范围广，非常适用于系统的决策问题求解。

4. 博弈决策

博弈决策（又称博弈论）是研究智能理性决策者之间冲突与合作的理论，是研究具有竞争或合作性质现象的数学理论和方法。其通过数学模型研究公式化了的激励个体间的相互作用，能够预测个体的行为和实际表现，并研究它们的优化策略。

博弈论在20世纪50年代被许多学者广泛研究，并在20世纪70年代被明确应用于生物学、经济学等许多领域。

5. 深度学习

深度学习的概念由欣顿（Hinton）等人于2006年提出，是一种含多隐层的神经网络。深度学习能够通过组合低层特征形成更加抽象的高层表示属性类别或特征，以发现数据的分布式特征表示。常用的深度学习方法包括卷积神经网络、深度信念网络和堆叠自编码器等。

深度学习如卷积神经网络已经广泛应用于包括计算机视觉、语音识别、自然语言处理、音频识别、社交网络过滤、机器翻译、生物信息学和药物设计等领域，并已经得到了与人类专家相媲美或者更好的结果。

6. 分布式决策

分布式决策是指通过将复杂系统逐层分解，将系统层的目标分解为低层级的目标，形成优化问题的层级式元素集合，并通过层与层之间的协同优化获得最终优化的设计结果。通过分布式决策，能够降低整个系统设计优化的复杂性，实现系统的并行设计，有效地协助产品的早期开发。

目标层解法是常用的一种分布式决策方法，通过分解总体系统的设计目标，完成子系统的优化以及子系统之间的协调，从而满足系统的设计需求。该方法适用于复杂产品的多学科设计优化，能够支持并行设计活动，已经成功地应用在飞机、汽车等产品的设计中。

2.2 层次分析法简介

层次分析法（Analytic Hierarchy Process，AHP），于20世纪70年代由美国运筹学家萨蒂（T. L. saaty）正式提出。它是一种解决多目标复杂问题的定性与定量相结合的决策分析方法。该方法将定量分析与定性分析结合起来，通过决策者主观判断问题的本质，对影响目标的多种因素进行相互比较，然后通过模型计算出每个决策方案的权重系数，并以此得出各方案的优劣次序，有效地应用于那些难以单独用定性或定量方法解决的问题。

使用层次分析法来构建模型解决问题时，大体可以分为四个步骤：

1）建立层次结构模型。

2）构造判断（成对比较）矩阵。

3）层次单排序及其一致性检验。

4）层次总排序及其一致性检验。

1. 建立层次结构模型

建立层次结构模型之前，通过对问题的深入分析，首先明确决策的目标，将该目标作为最高层（目标层）的元素，这个目标要求是唯一的，即目标层有且只有一个元素。然后找出影响目标实现的因素或准则，作为中间层的准则因素，称为准则层。准则层可以有一个或几个层次，通常为准则或指标。简单问题求解一般只需要一个准则层，但在较为复杂的问题中，影响目标实现的准则可能有很多（如多于9个），这时应进一步分解出子准则，根据它们的相互关系将准则因素分成若干层次，同层次因素性质相近，上层因素对下层因素起支配作用。最下层为方案层，通常通过分析讨论，得出若干解决问题的方案，构成层次结构模型的最底层。

最终，由决策目标、决策准则（考虑的因素）和决策对象按相互关系构成模型的最高层（目标层）、中间层（准则层）和最低层（方案层），建立如图2-1所示的层次结构模型。

2. 构造判断（成对比较）矩阵

准则层中的各准则在目标决策过程中的权重各不相同，依此构建判断矩阵。判断矩阵引用数字1~9作为标度（见表2-1），来定义表示本层所有准则针对上一层某一个准则的相对重要性的比较。

对各指标之间进行两两对比之后，可按9分位比率排定各评价指标的相对优劣顺序，依次构造出评价指标的判断矩阵 $\boldsymbol{A}$。构建矩阵之前，可以设计表2-2所示的判断矩阵表格。

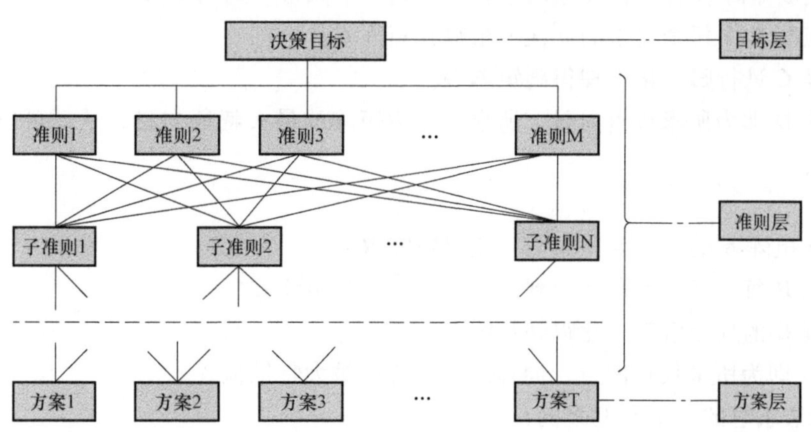

图 2-1　AHP 典型递阶层次结构模型

表 2-1　判断矩阵标度定义

标度含义	含　义
1	表示两个准则相比，具有相同重要性
3	表示两个准则相比，前者比后者稍重要
5	表示两个准则相比，前者比后者明显重要
7	表示两个准则相比，前者比后者强烈重要
9	表示两个准则相比，前者比后者极端重要
2,4,6,8	表示上述相邻判断的中间值
倒数	若准则 i 与准则 j 的重要性之比为 a_{ij}，那么准则 j 与准则 i 重要性之比为 $\frac{1}{a_{ij}}$

表 2-2　判断矩阵表格示例

A	准则 1	准则 2	准则 i	准则 n
准则 1	1	a_{12}	…	a_{1n}
准则 2	$1/a_{21}$	1	…	a_{2n}
准则 i	…	…	1	…
准则 n	$1/a_{n1}$	$1/a_{n2}$	…	1

得判断矩阵，即：$\boldsymbol{A}=\begin{pmatrix} 1 & a_{12} & \cdots & a_{1n} \\ a_{21} & 1 & \cdots & a_{2n} \\ \vdots & \vdots & & \vdots \\ a_{n1} & a_{n2} & \cdots & 1 \end{pmatrix}$。

3. 层次单排序及其一致性检验

1）层次单排序就是把本层所有各元素对上一层来说排出评比顺序，这就要计算判断矩阵的最大特征向量以及各个元素的权重，最常用的方法是几何平均法（根法）和规范列平均法（和法）。

根法：

① 计算判断矩阵 $\boldsymbol{A}$ 各行各元素的乘积，得到一个 n 行一列的矩阵 $\boldsymbol{B}$。

② 计算矩阵 $\boldsymbol{B}$ 中每个元素的 n 次方根得到矩阵 $\boldsymbol{C}$。

③ 对矩阵 $\boldsymbol{C}$ 进行归一化处理得到矩阵 $\boldsymbol{D}$。

④ 该矩阵 $\boldsymbol{D}$ 即为所求权重向量，所求向量为矩阵的最大特征向量，从而可以求出矩阵最大特征值 λ。

和法：

① 将判断矩阵 $\boldsymbol{A}$ 的每一列向量归一化得矩阵 $\boldsymbol{B}$。

② 将矩阵 $\boldsymbol{B}$ 每一行元素求和得到一个一列 n 行的矩阵 $\boldsymbol{C}$。

③ 对矩阵 $\boldsymbol{C}$ 的列元素归一化得到矩阵 $\boldsymbol{D}$。

④ 矩阵 $\boldsymbol{D}$ 即为所求权重向量，同理求出矩阵的最大特征值 λ。

下面是和法求解的一个典型案例：

$$\boldsymbol{A}=\begin{pmatrix}1 & 2 & 6\\ 1/2 & 1 & 4\\ 1/6 & 1/4 & 1\end{pmatrix}\xrightarrow{\text{列向量归一化}}\begin{pmatrix}0.6 & 0.615 & 0.545\\ 0.3 & 0.308 & 0.364\\ 0.1 & 0.077 & 0.091\end{pmatrix}$$

$$\xrightarrow{\text{求和}}\begin{pmatrix}1.760\\ 0.972\\ 0.268\end{pmatrix}\xrightarrow{\text{归一化}}\begin{pmatrix}0.587\\ 0.324\\ 0.089\end{pmatrix}=\boldsymbol{w}\ \boldsymbol{A}\boldsymbol{w}=\begin{pmatrix}1.769\\ 0.974\\ 0.268\end{pmatrix}$$

$$\lambda=\frac{1}{3}\left(\frac{1.769}{0.587}+\frac{0.974}{0.324}+\frac{0.268}{0.089}\right)=3.009$$

计算，得 $\boldsymbol{w}=(0.587,0.324,0.089)$，$\lambda=3.009$。

2）层次单排序的一致性检验

由于构建判断矩阵时，人为判断带有主观性和片面性，所以导致各元素之间的关系不一致的情况。如 A 比 B 相对重要，B 比 C 极端重要，C 比 A 又相对重要，这种比较判断严重不一致的情况极大可能导致决策的失误。因此我们希望在判断时做到大体上的一致，所以一致性检验不可或缺。

一致性检验的步骤如下：

① 计算一致性指标 CI（Consmtency Index），用变量 CI 表示。

$$CI=\frac{\lambda_{\max}-n}{n-1}$$

式中，$\lambda_{\max}$为判断矩阵的最大特征值；n 为矩阵的阶数。

② 查找一致性指标 RI（Random Index）（见表 2-3），用变量 RI 表示。

③ 计算一致性比例 CR（Consistency Ratio），用变量 CR 表示。

$$CR=\frac{CI}{RI}$$

表 2-3　平均随机一致性指标

n	1	2	3	4	5	6	7	8	9	10	11	12	13	14
RI	0	0	0.52	0.89	1.12	1.24	1.36	1.41	1.46	1.49	1.52	1.54	1.56	1.58

当 $CR<0.1$ 时，认为通过了一次性检验，否则应做适当修正。

4. 层次总排序及其一致性检验

1）层次总排序是计算同一层次所有元素对最高层相对重要性的排序权重向量，这一过程是自上而下逐层进行的，最终得到所有方案的权重比，如图 2-2 所示。

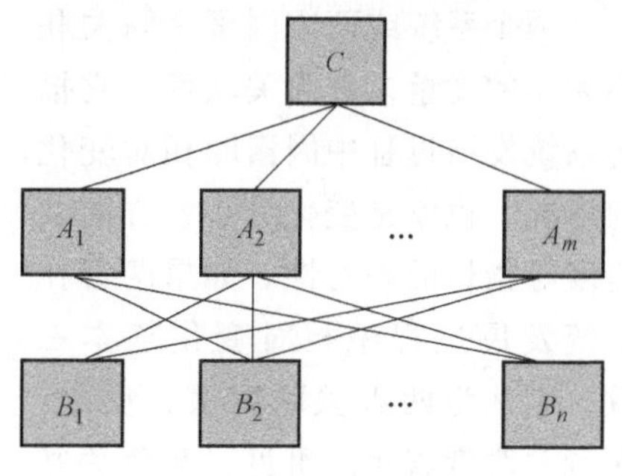

图 2-2 层次总排序

A 层 m 个元素A_1，A_2，…，A_m对总目标 C 的排序为a_1，a_2，…，a_m。

B 层 n 个元素对上层 A 中元素A_j的层次单排序为b_{1j}，b_{2j}，…，b_{nj}（$j=1$，2，…，m）。

那么，B 层第 i 个元素对总目标的权重值为 $\sum_{j=1}^{m} a_j b_{ij}$。

2）层次总排序的一致性检验。设 B 层B_1，B_2，…，B_n对上层（A 层）中元素A_j（$j=1$，2，…，m）的层次单排序一致性指标为CI_j，随机一致性指标为RI_j，则层次总排序的一致性比例为：

$$CR=\frac{a_1 CI_1 + a_2 CI_2 + \cdots + a_m CI_m}{a_1 RI_1 + a_2 RI_2 + \cdots + a_m RI_m}$$

当 $CR<0.1$ 时，认为层次总排序通过一致性检验。到此，根据最低层（方案层）的层次总排序权重比做出最后决策。如模型中存在子准则层时，重复上述步骤，直到算出方案层的最终权重比，并以此为依据进行决策。

2.3 灰色理论概述

灰色关联分析（Grey Relational Analysis，GRA）是灰色理论的一个重要分析与决策方法。灰色理论是 20 世纪 80 年代，由中国著名学者邓聚龙教授首先提出并创立的一门新兴学科（Grey Theory），它是基于数学理论的系统工程学科。

我们将信息完全明确的系统称为白色系统，信息未知的系统称为黑色系统，部分信息明确、部分信息不明确的系统称为灰色系统。灰色理论与概率论、模糊数学是研究不确定性系统的三种常用方法，它能通过较少的数据信息，建模寻找现实问题的规律，克服了少数据和短周期等困难。

灰色理论的实际应用可大致分为灰色关联分析、灰色预测、灰色决策、灰色聚类和灰色控制几方面。

当分析研究一个灰色系统时，首先就需要寻找系统在随机时间内不同时间的关联性，以便为因素比较、优势分析和预测精度检验等需求提供依据，为问题分析和优化决策打好基础。只有充分了解系统或因素之间的关联性，才能对系统有比较清晰的认识，分清主要与次要因素，因素对不同目标的影响大小，哪些是优势或者劣势因素组合。因此说，灰色系统因素间的关联度分析，实质上是灰色系统分析、预测、决策的基础。

灰色关联分析方法的基本思想是根据序列曲线几何形状的相似程度来判断其联系是否紧密，如图 2-3 所示，曲线越接近，相应序列之间的关联度就越大，反之就越小。

两个系统或两个因素之间关联性大小的度量，称为关联度。它描述系统发展过程中因素间相对变化的情况，也就是变化大小、方向及速度等指标的相对性。如果两者在系统发展过程中相对变化基本一致，则认为两者关联度大；反之，两者关联度就小。可见，灰色关联分析是对于一个系统发展变化态势的定量描述和比较。

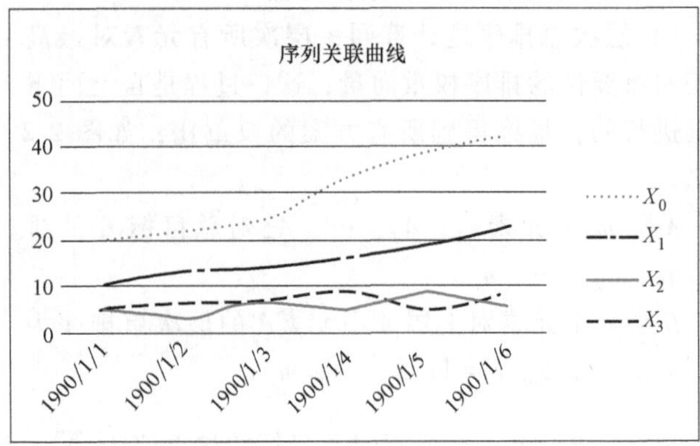

图 2-3　多因素关联曲线

灰色关联分析的一般步骤是：①确定评价指标体系；②确定参考数据列；③指标数据无量纲化；④计算绝对差值；⑤计算关联系数；⑥计算关联度及排序。

1. 根据评价目的确定评价指标体系，收集指标数据

设 m 个指标，n 个数据序列形成如下矩阵：

$$(\boldsymbol{X}'_1,\boldsymbol{X}'_2,\cdots,\boldsymbol{X}'_n)=\begin{pmatrix} x'_1(1) & x'_2(1) & \cdots & x'_n(1) \\ x'_1(2) & x'_2(2) & \cdots & x'_n(2) \\ \vdots & \vdots & & \vdots \\ x'_1(m) & x'_2(m) & \cdots & x'_n(m) \end{pmatrix}$$

$$\boldsymbol{X}'_i=(x'_i(1),x'_i(2),\cdots,x'_i(m))^{\mathrm{T}},i=1,2,\cdots,n$$

2. 确定参考数据列

为了方便对若干指标或者若干方案进行评价，可以选取参考数据作为一个理想的比较标准，可以以各指标的最优值（或最劣值）构成参考数据列，也可根据评价目的选择其他参照值，记作

$$\boldsymbol{X}'_0=(x'_0(1),x'_0(2),\cdots,x'_0(m))$$

若指标与系统行为呈负相关关系时（取最劣值），我们可以将其倒数化后进行计算。

3. 对指标数据进行无量纲化

由于各指标各有不同的计量单位，因而原始数据存在量纲和数量级上的差异，不同的量纲和数量级比较起来相对困难，难以得出正确结论。因此，在关联度计算之前，通常要对原始数据进行无量纲化处理。

常用的无量纲化方法有均值化法、初值化法和区间化法等。

1）初值化法。

$$x_i(k)=\frac{x'_i(k)}{x'_i(1)};i=0,1,2,\cdots,n;k=1,2,\cdots,m$$

2）均值化法。

$$x_i(k)=\frac{x'_i(k)}{\dfrac{1}{m}\sum_{k=1}^{m}x'_i(k)},i=0,1,2,\cdots,n;k=1,2,\cdots,m$$

3）区间化法。

$$x_i(k)=\frac{x_i'(k)-\min\limits_k x_i'(k)}{\max\limits_k x_i'(k)-\min\limits_k x_i'(k)},i=0,1,2,\cdots,n;k=1,2,\cdots,m$$

无量纲化后的数据序列形成如下矩阵：

$$(\boldsymbol{X}_0,\boldsymbol{X}_1,\cdots,\boldsymbol{X}_n)=\begin{pmatrix} x_0(1) & x_1(1) & \cdots & x_n(1) \\ x_0(2) & x_1(2) & \cdots & x_n(2) \\ \vdots & \vdots & & \vdots \\ x_0(m) & x_1(m) & \cdots & x_n(m) \end{pmatrix}$$

4. 逐个计算每个被评价对象指标序列（比较序列）与参考序列对应元素的绝对差值

$$\Delta_i(k)=|x_0(k)-x_i(k)|(k=1,\cdots,m;i=1,\cdots,n)$$

确定

$$\Delta(\min)=\min_{1\leqslant i\leqslant n}\min_{1\leqslant k\leqslant m}|x_0(k)-x_i(k)|$$

$$\Delta(\max)=\max_{1\leqslant i\leqslant n}\max_{1\leqslant k\leqslant m}|x_0(k)-x_i(k)|$$

5. 计算关联系数

分别计算每个比较序列与参考序列对应元素的关联系数 ζ：

$$\zeta_i(k)=\frac{\Delta(\min)+\rho\Delta(\max)}{\Delta_i(k)+\rho\Delta(\max)},(0<\rho<1;k=1,\cdots,m;i=1,\cdots,n)$$

式中，ρ 为分辨系数，用来削弱 $\Delta(\max)$ 过大而使关联系数失真的影响。人为引入这个系数是为了提高关联系数之间的差异显著性。ρ 越小，关联系数之间的差异越大，区分能力越强，通常 ρ 取 0.5。

6. 计算关联度及排序

因为关联系数是比较数列与参考数列在各个时刻（即曲线中的各点）的关联程度值，所以它不止一个，而信息过于分散不便于进行整体性比较。因此有必要将各个时刻（即曲线中的各点）的关联系数集中为一个值，即求其平均值，作为比较数列与参考数列间关联程度的数量表示。

对各评价对象（比较序列）分别计算其各指标与参考序列对应元素的关联系数的均值，以反映各评价对象与参考序列的关联关系，并称其为关联度，记为：

$$\gamma_{0i}=\frac{1}{m}\sum_{k=1}^{m}\zeta_i(k)$$

如果各指标在综合评价中所起的作用不同，可对关联系数求加权平均值，即：

$$\gamma_{0i}'=\frac{1}{m}\sum_{k=1}^{m}W_k\,\zeta_i(k)$$

式中，W_k 为指标权重，指标权重的确定可以用层次分析法等确定。

因素间的关联程度，主要是用关联度的大小次序描述，而不仅是关联度的大小。通过最终对关联度的排序情况，可以得出系统综合评价结果。

灰色关联分析法不注重样本数量的多少，也不需要一个实实在在的数据分布规律，相比其他方法而言计算量比较小，其分析结果与定性分析结果会比较吻合。因此，灰色关联分析法是系统分析决策中比较简单、有效的一种分析方法。但是，灰色关联分析法是借助于灰色关联度模型来完成计算分析工作的，目前建立起来的一些计算灰色关联度的量化模型都有各自的优点和适用范围，随着灰色关联分析理论在应用层面不断发展，现有的一些模型已经表现出了一定的局限性，不能很好地解决特定的实际问题，也使得灰色关联分析法的整个理论体系目前还不是很完善，其应用受到了某些限制。灰色关联分析法模型及应用的研究学者不断地对其进行改进和完善，使之尽量地克服自身存在的不足，以期扩大灰色关联理论与方法的适用范围，从而更加适合于现实问题的分析。

2.4 遗传算法概述

仿生学创立于20世纪50年代中期，一些科学家分别独立地从生物进化的机理中发展出适合于现实世界复杂问题优化的模拟进化算法，主要有霍兰（Holland）、布雷曼（Bremermann）等创立的遗传算法，雷亨伯格（Rechenberg）和施韦费尔（Schwefel）等创立的进化策略，以及福格尔（Fogel）、欧文斯（Owens）、沃尔什（Walsh）等创立的进化规划，同时代还有一些生物学家如弗雷泽（Fraser）、巴里切利（Baricelli）等做了生物系统进化的计算机仿真。遗传算法借鉴了达尔文的“自然选择”学说和孟德尔的遗传学说的思想，在算法中根据编码技术和遗传算子的操作能够较快地搜索到问题的最优解。

遗传算法与进化论、遗传学有着密不可分的联系。达尔文根据多年观察与推演提出了进化论。他对生物进化的机制做了深入的研究，其包含的主要内容有：生物的遗传性、生物界存在变异、适者生存。现代综合进化论普遍认为：遗传与变异是自然界进行“优胜劣汰，自然选择”的前提，而基因突变、重组及染色体畸变是进化的有效途径。

遗传算法是基于“优胜劣汰”的自然法则和遗传规律的一种适用性很广的优化算法，这种对环境的适应能力是遗传算法的核心思想。该算法是从包含问题潜在解集中随机挑选出一个群体作为初始群体，这个群体中的每个个体本质上都是染色体携带某种特征的单位。将问题的解转换到染色体上的基因的过程称为编码，一般选择二进制编码。在获得初始群体以后，按照自然选择机制，产生出一代优于一代的近似解。根据适应度对个体进行选择，通过各种遗传操作产生新的个体，并与保留下来的个体组成新的群体，这样反复进行迭代直到结束，最终，将适应度最高的个体进行解码操作之后，即得到了近似最优解。

遗传算法通过适当的编码方案，将问题的解均以染色体来表现，然后经过一系列的交叉、变异等操作对个体根据适应度进行选择，最终获得全局最优解的一种搜索算法。遗传操作特点如下：第一，遗传操作在进行时都伴随着随机的干扰，因此导致个体趋向最优解的过程带有随机性；第二，影响遗传操作效果的因素不仅取决于群体规模、编码方式、初始群体大小与适应度函数，还与选择、交叉、变异这三个基本遗传操作所取的概率大小关系密切；第三，遗传操作算子的设计取决于实际问题的特点，它们直接影响编码方式的选择。

个体的编码方式和遗传算子的设计是该算法设计的关键。通过编码之后要求将所求解问题映射到染色体编码上，各个染色体分别代表着一种对应的解决方案，对此进行遗传操作等，产生新的染色体。

复制操作的作用通常是从一个旧群体当中选择适应度高的个体产生新群体，使优良个体能够保留下来，并有效地繁殖。该操作首先需要先算出每一个个体的适应度值，依据设定的概率选择个体用于复制操作，然后按照指定的方法选出优良个体。其中，复制方法有比例分配等方法。而选择优良个体可采用的策略通常有轮盘赌策略以及锦标赛策略等。

交叉操作是通过结合亲代信息来获得新个体的一种操作方法。交叉操作的过程是按照交叉概率随机选取群体中的两个个体进行交叉操作，从而获得新的基因形式，并限制某些遗传材质丢失。常用的交叉操作有单点交叉法和多点交叉法等。

变异操作一般以小概率调整群体中个体的某部分基因。变异算子可大致分为二进制变异与其他变异。二进制变异是将需要变异的位置取反；其他变异的方法有插入、互换等。插入变异是从染色体中随机选择一个基因，将其插入到染色体中的一个随机位置。互换变异是指随机选择两个基因，再选定某个基因位后进行互相交换。

从各遗传算子的操作过程可以看出，通过复制算子能够体现出自然界中优胜劣汰、适者生存的法则，通过交叉算子的操作能够保证进化的稳定性，还能产生新的基因形式，变异操作的过程一定程度上使群体的多样性得以维持。

遗传算法的基本求解步骤如下所示：

1）首先生成一组初始的候选解群体（假设为 m 个候选解个体），称之为初始群体。

2）通过复制操作使亲代获得复制后代，用于交叉、变异操作。

3）对所有个体依据交叉概率随机进行交叉操作，得到一组新的群体。

4）依照变异概率对上述过程中产生的新群体施加变异算子，获得新群体。

5）比较候选解群体中个体的适应度，如果个体达到了算法的设定要求，则算法退出，否则跳至2）继续执行。

综上所述，遗传算法的设计流程图如图 2-4 所示。

遗传算法虽然理论上研究比较成熟，但在实际应用中还存在一些问题需要进一步研究和完善，如控制参数选择问题、早熟问题、收敛速度、混合算法问题等。针对这些不足，遗传算法本身的改进也层出不穷。

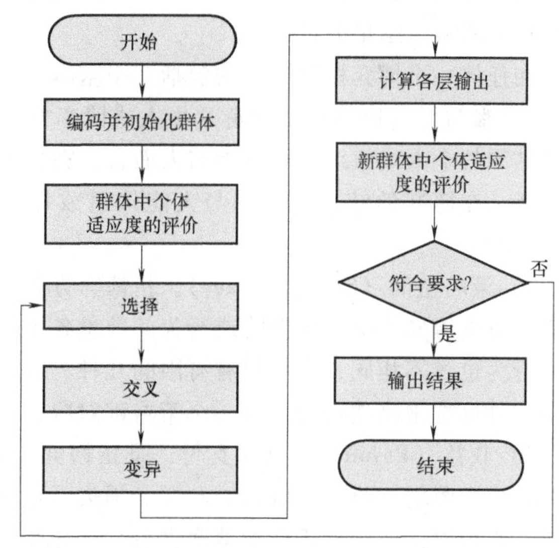

图 2-4　遗传算法的设计流程图

遗传算法不但能在复杂的空间中寻优，而且对搜索空间要求较低，例如不要求搜索空间连续、可微及单峰值等。遗传算法的优势如下：

1）自组织和自学习性。当外界要求发生变化时，遗传算法能够自动发现其规律，而不需要事先描述被优化问题的全部特性及其解决策略。

2）求解过程中只需要计算适应度函数值或目标函数值，应用范围较广。遗传算法对待优化问题的要求较低。无论函数是否连续、是否可微，甚至是否存在数学解析式等，遗传算法都可以很好地进行优化。

3）可并行计算。遗传算法按群体进行搜索，因此具备分区搜索能力和信息互通能力。

海量的计算可通过并行计算来解决。

4）趋向全局最优解。遗传算法中应用的若干算子都具有随机性，例如交叉算子、变异算子不受规则的束缚，但是有别于随机搜索算法，遗传算法的搜索不是盲目的，它是向全局最优解的方向逼近。

5）鲁棒性强。遗传算法同时对空间中的多个点进行操作，有效地规避了陷入局部最优的风险，搜索结果收敛于全局最优解。

6）遗传算法易于和其他技术（例如模糊推理、神经网络、混沌行为等）相结合，形成性能更优的问题求解方法。

7）解决确认可替代解集问题。对于给定的优化问题，遗传算法一般可以给出多个潜在解以供选择。

虽然遗传算法在研究和实际应用中都有许多成功的案例，但是最近的研究也表明传统遗传算法仍有缺陷。例如，搜索过程中可能陷入封闭竞争而过早收敛，搜索效率尚待提高，搜索前期易出现超级个体导致后期进化停滞不前等。

2.5 博弈决策概述

1. 博弈论

博弈论是研究相互依赖、相互影响的决策主体的理性决策行为，以及这些决策的均衡结果的理论。博弈即一些个人、对、组或者其他组织，面对一定的环境条件，在一定的规则下，同时或先后，一次或多次，从各自允许选择的行为或策略中进行选择并加以实施，并从中各自取得相应结果的过程。

在任何一个博弈模型中，均包括三个基本要素：参与人、策略空间和收益函数。

1）参与人（Player）。也称局中人或博弈方，是指博弈中能独立决策、独立行动并承担决策结果的个人或组织。对于参与人而言，在博弈过程中，参与人必须有不同的行动可做应对选择。在博弈的结局中，参与人能知道或计算出各参与人对不同行动组合产生的收益（或效用）。

2）策略空间（Strategy Space）。指博弈方各自可选择的全部策略或行为的集合。不同的博弈中可供博弈方选择的策略或行为的数量各不相同，在同一博弈中，不同博弈方的可选策略或行为也各不相同，有时只有有限的几种，甚至只有一种，而有时又可能有许多种，甚至无限多种可选策略或行为。每一个策略都对应一个相应的结果。

3）收益（Payoffs）。也称支付，是指博弈方策略实施后的结果，每个博弈的参与者都会获得一个收益。收益即收入、利润、损失、量化的效用、社会效用和经济福利等，可以是正值，也可以是负值。理性的博弈方总是选择能使自己获得最大得益的策略。

博弈的划分可以从两个角度进行。第一个角度是参与人行动的先后顺序。从这个角度，博弈可以划分为静态博弈和动态博弈。静态博弈指的是博弈中，参与人同时选择行动或虽非同时但后行动者并不知道前行动者采取了什么具体行动；动态博弈指的是参与人的行动有先后顺序，且后行动者能够观察到先行动者所选择的行动。划分博弈的第二个角度是参与人对有关其他参与人的特征，策略空间及收益函数的知识。从这个角度，博弈可划分为完全信息博弈和不完全信息博弈。完全信息指的是每个参与人对所有其他参与人的特征、策略空间及收益函数有准确的知识；否则，就是不完全信息。

将上述两个角度的划分结合起来，就可得到四种不同类型的博弈。这就是：完全信息静态博弈、完全信息动态博弈、不完全信息静态博弈和不完全信息动态博弈。与上述四类博弈对应的四个均衡概念，即纳什均衡（Nash Equilibrium）、子博弈精炼纳什均衡（Subgame Perfect Nash Equilibrium）、贝叶斯纳什均衡（Baycsian Nash Equilibrium），以及精炼贝叶斯纳什均衡（Perfect Baycsian Nash Equilibrium）。表 2-4 中概括了上面所讲的四种博弈及对应的四个均衡概念。

表 2-4　四种博弈及对应的四个均衡概念

行动顺序 / 信息	静　态	动　态
完全信息	完全信息静态博弈 纳什均衡	完全信息动态博弈 子博弈精炼纳什均衡
不完全信息	不完全信息静态博弈 贝叶斯纳什均衡	不完全信息动态博弈 精炼贝叶斯纳什均衡

2. 完全信息静态博弈——纳什均衡

纳什对博弈论的贡献是他在 1950 年和 1951 年的两篇论文中以非常一般的意义定义了非合作博弈机器均衡解，并证明了均衡解的存在。纳什所定义的均衡称为“纳什均衡”，具体来讲，就是假设有 n 个人参与博弈，给定其他人策略的条件下，每个人选择自己的最优策略，所有参与人选择的策略一起构成一个策略组合。纳什均衡指的是这样一种策略组合，这种策略组合由所有参与人的最优策略组成，也就是说，给定别人策略的情况下，没有任何单个参与人有积极性选择其他策略，从而没有任何人有积极性打破这种均衡。用句不太褒义的话来说，纳什均衡就是一种“僵局”：给定别人不动的情况下，没有人有兴趣动。

下面举个例子来说明纳什均衡。

例：囚徒困境（见表 2-5）

表 2-5　囚徒困境

		囚徒 B	
		坦白	抵赖
囚徒 A	坦白	-8，-8	0，-10
	抵赖	-10，0	-1，-1

囚徒困境讲的是两个嫌疑犯作案后被警察抓住，分别被关在不同的屋子里审讯。警察告诉他们：如果两个人都坦白，各判刑 8 年；如果两个都抵赖，各判刑 1 年（或许因证据不足）；如果其中一人坦白另一人抵赖，坦白的放出去，不坦白的判刑 10 年。表 2-5 中给出了囚徒困境的策略式表述。这里，每个囚徒都有两种策略：坦白或抵赖。表中每一格的两个数字代表对应策略组合下两个囚徒的收益，其中第一个数字是第一个囚徒的收益，第二个数字为第二个囚徒的收益。

在这个例子中，纳什均衡就是（坦白，坦白）：给定B坦白的情况下，A的最优策略是坦白；同样，给定A坦白的情况下，B的最优策略也是坦白。事实上，这里（坦白，坦白）不仅是纳什均衡，而且是一个占优策略，就是说不论对方如何选择，个人的最优选择就是坦白。比如说，如果B不坦白，A坦白的话被放出来，不坦白的话判一年，所以坦白比不坦白好；如果B坦白，A坦白的话判8年，不坦白的话判10年，所以坦白还是比不坦白好。这样，坦白就是A的占优策略；同样，坦白也是B的占优策略。结果是每个人都选择坦白，各判刑8年。

囚徒困境反映了一个很深刻的问题，就是个人理性与集体理性的矛盾。如果两个人都抵赖，各判刑1年，显然比都坦白各判刑8年好。但这个改进办不到，因为它不满足个人理性要求。（抵赖，抵赖）不是纳什均衡。换个角度看，即使两囚徒被警察抓住之前建立一个攻守联盟（死不坦白），这个攻守联盟也没有用，因为它不构成纳什均衡，没有人有积极性遵守协定。

最后，给出纳什均衡的定义。纳什均衡是完全信息博弈的解的一般概念，它是对非常广泛的博弈问题给出的严格的结果。纳什均衡指的是这样一种策略组合，这种策略组合由所有参与人最优策略组成。即在给定别人策略的情况下，没有参与者愿意打破这种均衡。

为了理解纳什均衡的含义，设想博弈理论对一个n个参与人博弈的每一个参与人选定一个策略，预测的博弈结果为$s^*=\{s_1^*, s_2^*, \cdots, s_i^*, \cdots, s_n^*\}$，其中$s_i^*$是理论上推导出的参与者$i$的策略。首先，理论上确定的每个参与者要选择的策略必须是针对其他参与者的最优反应。其次，遵循理论结果产生的效用不会小于偏离理论结果时的效用，也就是没有参与者愿意单独偏离理论给他选定的策略，这种理论推导出的结果是一种“策略相对稳定”状态，这种状态称为一个纳什均衡。

定义2.1：在包括n个参与者的标准式博弈中，如果对每一个参与者i，$i=1, 2, \cdots, n$，s_i^*是参与者i针对其他$n-1$个参与者所选策略$\{s_1^*, s_2^*, \cdots, s_i^*, \cdots, s_n^*\}$的最优反应策略，即

$$u_i\{s_1^*,s_2^*,\cdots,s_{i-1}^*,s_i^*,s_{i+1}^*,\cdots,s_n^*\} \geqslant u_i\{s_1^*,s_2^*,\cdots,s_{i-1}^*,s_i,s_{i+1}^*,\cdots,s_n^*\}$$

对所有参与者i的其他策略s_i都成立，即s_i^*是最优化问题

$$\max u_i\{s_1^*,s_2^*,\cdots,s_{i-1}^*,s_i,s_{i+1}^*,\cdots,s_n^*\} \quad i=1,2,\cdots,n$$

的解，则策略组合$\{s_1^*, s_2^*, \cdots, s_{i-1}^*, s_{i+1}^*, \cdots, s_n^*\}$称为该博弈的一个纳什均衡。

3. 完全信息动态博弈——子博弈精炼纳什均衡

对于纳什均衡来说，有三个可能发生的问题。第一，一个博弈可能有不止一个纳什均衡，事实上，有些博弈可能有无数个纳什均衡，究竟哪个纳什均衡实际会发生？不知道。第二，在纳什均衡中，参与人在选择自己的策略时，把其他参与人的策略当作给定的，不考虑自己的选择如何影响对手的策略。这个假设在研究静态博弈时是成立的，因为在静态博弈下，所有参与人同时行动，无暇反应。但对动态博弈而言，这个假设就有问题。当一个人行动在先，另一个人行动在后时，后者自然会根据前者的选择而调整自己的选择，前者自然会理性地预期到这一点，所以不可能不考虑自己的选择对其他参与人选择的影响。第三，由于不考虑自己选择对别人选择的影响，纳什均衡允许了不可置信威胁的存在。

这就引出了泽尔腾的贡献。泽尔腾在1965年通过对动态博弈的分析完善了纳什均衡的概念，定义了“子博弈精炼纳什均衡”。这个概念的中心意义是将纳什均衡中包含的不可置信的威胁策略剔除出去，就是说，使均衡策略不再包含不可置信的威胁。它要求参与人的决

策在任何时点上都是最优的，决策者要“随机应变”，而不是固守旧略。由于剔除了不可置信的威胁策略，在许多情况下，精炼纳什均衡也缩小了纳什均衡的个数。

这里，介绍一下博弈的另外一种表述形式，即扩展型。博弈的标准型表述有三个要素：参与人、每个参与人可选择的策略及收益函数。两人有限策略博弈的标准型可以用一个矩阵来表示。对比之下，扩展型表述包含五个要素：①参与人；②每个参与人选择行动的时点；③每个参与人在每次行动时可供选择的行动集合；④每个参与人在每次行动时有关对手过去行动选择的信息；⑤收益函数。

博弈树用于表述动态博弈是非常方便的，它一目了然地显示出参与人行动的先后次序，每位参与人可选择的行动，及不同行动组成下的收益水平。在动态博弈中，如果所有以前的行动是“共同知识”，就是说，每个人都知道过去发生了些什么，每个人都知道每个人都知道。那么给定历史，从每个行动选择开始至博弈结束又构成一个博弈，称为“子博弈”。在博弈论的书籍中，一般把整个博弈也称为一个子博弈。

子博弈的概念可以用生活中的一个例子来说明。如果把家庭生活作为一个博弈，这个博弈始于男女双方谈恋爱，结婚后是一个子博弈，生孩子后又是一个子博弈，如此等等。事实上，由于生活每天都在进行，每天都是一个子博弈的开始。

一个纳什均衡称为精炼纳什均衡，只有当参与人的策略在每一个子博弈中都构成纳什均衡，就是说，组成精炼纳什均衡的策略必须在每个子博弈中都是最优的。需要强调的是，一个精炼均衡首先必须是一个纳什均衡，但纳什均衡不一定是精炼均衡。只有那些不包含不可置信威胁的纳什均衡才是精炼纳什均衡。

不可置信的威胁引出一个非常重要的概念，即“承诺行动”。承诺行动是当事人使自己的威胁策略变得可置信的行动。就是当事人在不实行这种威胁时，就会遭受更大损失。

对于不完全信息下的静态博弈和动态博弈，读者可自行学习。

2.6　深度学习概述

2016年3月，阿尔法围棋（AlphaGo）对战围棋世界冠军、职业九段棋手李世石，以4比1的总比分获胜；2017年5月，在中国乌镇围棋峰会上，对战排名世界第一的围棋冠军柯洁，最终以3比0的总比分获胜。AlphaGo在围棋人机大战中大放异彩，成为第一个击败人类职业围棋选手和第一个战胜围棋世界冠军的人工智能（Artificial Intelligence，AI）程序。这让人们深究是什么让AlphaGo变得如此智能，竟能够与人类匹敌。

AlphaGo的主要工作原理是深度学习（Deep Learning，DL），它的概念是由Geoffrey Hinton等人在2006年提出的。简单的从字面意思上来看，深度学习就是“很多层”的神经网络。神经网络是通过对人脑的基本单元——神经元的建模和连接，探索模拟人脑神经系统功能的模型，并研制一种具有学习、联想、记忆和模式识别等智能信息处理功能的人工系统。神经网络将许多单个的“神经元”连接在一起，一个“神经元”的输出也是另一个“神经元”的输入。最简单的神经网络模型是三层结构，包括输入层、隐藏层（也叫中间层）和输出层，如图2-5所示。

用 n_l 来表示网络的层数，图2-5中 $n_l = 3$。将第 l 层记为 L_l，图中 L_1、L_2、L_3 分别表示

输入层、隐藏层和输出层，分别包含3个输入单元、3个隐藏单元和1个输出单元，“+1”的圆圈表示偏置单元。图2-5神经网络参数用 $W_{ij}^{(l)}$ 和 $b_i^{(l)}$ 表示，其中 $W_{ij}^{(l)}$ 表示第 l 层第 j 单元与第 $l+1$ 层的第 i 单元之间的连接参数，$b_i^{(l)}$ 是第 $l+1$ 层第 i 单元的偏置项。用 $a_i^{(l)}$ 表示第 l 层第 i 单元的激活值（输出值）。图中神经网络的计算步骤如下：

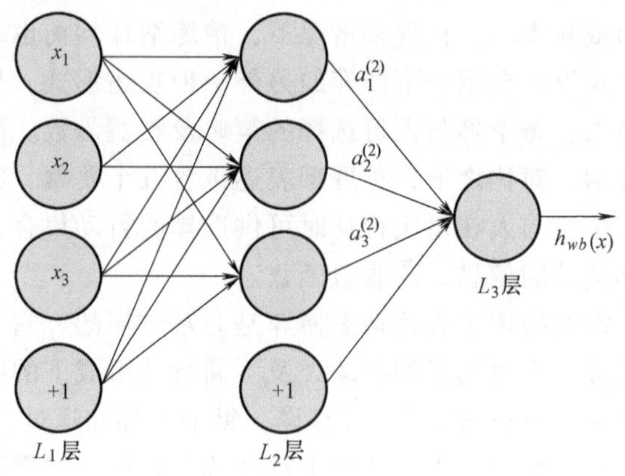

图2-5 最简单的神经网络模型

$$a_1^{(2)}=f(W_{11}^{(1)}x_1+W_{12}^{(1)}x_2+W_{13}^{(1)}x_3+b_1^{(1)})$$

$$a_2^{(2)}=f(W_{21}^{(1)}x_1+W_{22}^{(1)}x_2+W_{23}^{(1)}x_3+b_2^{(1)})$$

$$a_3^{(2)}=f(W_{31}^{(1)}x_1+W_{32}^{(1)}x_2+W_{33}^{(1)}x_3+b_3^{(1)})$$

$$h_{wb}(x)=a_1^{(3)}=f(W_{11}^{(2)}a_1^{(2)}+W_{12}^{(2)}a_2^{(2)}+W_{13}^{(2)}a_3^{(2)}+b_1^{(2)})$$

如果用 $z_i^{(l)}$ 表示第 l 层第 i 单元的输入加权和（包括偏置单元），如 $z_i^{(2)}=\sum_{j=1}^{n}W_{ij}^{(1)}x_j+b_i^{(1)}$，则 $a_i^{(l)}=f(z_i^{(l)})$。那么上面等式可以更简洁地表示为

$$z^{(2)}=W^{(1)}x+b^{(1)}$$

$$a^{(2)}=f(z^{(2)})$$

$$z^{(2)}=W^{(2)}a^{(2)}+b^{(2)}$$

$$h_{wb}(x)=a^{(3)}=f(z^{(3)})$$

将参数矩阵化，使用矩阵—向量运算方式，即可以利用线性代数的优势对神经网络快速求解。深度学习与一般神经网络模型不同之处在于，深度学习的模型拥有几十或是上百个隐藏层，参数众多，复杂度非常高，不过这也使得深度学习具有比一般神经网络模型更强大的性能，尤其在图像分类和语音识别等复杂对象的应用中，它可以达到非常高的准确率，有时甚至超过了人类的表现。以图像识别为例，一个训练成功的深度学习模型能够自动识别图片中的物体；在工业自动化的应用中，深度学习可以通过自动检测人员或物体相对于机器的位置，帮助确保重型机械周围的人员安全；在自动驾驶领域，深度学习用来自动检测路面状况和交通灯信号实现无人驾驶；在医疗检测领域，深度学习通过对医学成像中的特征进行分析，帮助医生判断患者的病情。

现如今的制造业中，为了能够得到生产过程中的实时信息，实现制造任务的主动感知和优化，保证各个环节都平稳运行，各种传感器和通信技术都运用了进来，这就不可避免地会得到大量的数据，如各种制造数据、能耗数据、装配数据和物流数据。这些数据体量巨大，种类繁多且价值密度低，这就需要一种快速、高效的算法来分析数据，帮助后续生产做出正确决策。深度学习得益于这个“大数据时代”，由于数据计算、收集、存储、传输技术都取得了巨大进步，可以得到以前无法获得的大量标记数据，通过这些数据对其进行训练即可得到一个训练有素的模型，并且深度学习在处理数据时能够发现其更深层次的特征，获得隐藏在数据中的联系和知识。

深度学习从本质上可以归类为神经网络，旨在构建多层网络结构来获取不同层次的特征信息，从而能够弥补以往需要人工设计特征的复杂问题，如图像、语音和位置识别。根据具体应用上的不同，深度学习作为一种框架，包含多种不同的算法，下面介绍几种常用的深度学习方法。

1. 卷积神经网络

卷积神经网络（Convolutional Neural Networks，CNN）起源于对人类视觉原理的研究。研究表明，人们识别物体是通过逐层分级的方式，底层的特征往往是类似的，越往上特征越不同，最后各种高级特征组合成相应的图像，从而能够准确地识别物体。受到这种原理的启发，卷积神经网络就被构建应用于图像识别。

卷积神经网络模仿这个特点，构建多层神经网络，底层网络识别低级特征，若干个低级特征组成上一级特征，最后通过多级特征的组合在顶层网络实现识别和分类。卷积神经网络通常包括：

1）卷积层（Convolutional Layer）。通过卷积层可以提取到不同等级的特征。

2）池化层（Pooling Layer）。通过卷积层提取到的特征一般维度很大，池化层可以将大维度的特征进行分割，得到维度较小的新特征，以便提高整个网络的计算速度和效率。

3）全连接层（Fully-Connected Layer）。全连接层将之前获得的局部特征整合在一起，用来做最后的分类和识别。

近年来，卷积神经网络除了在图像识别方面广泛使用，在语音识别、运动分析等方面也有所突破。

2. 深度信念网络

深度信念网络（Deep Belief Nets，DBN）由 Geoffrey Hinton 在 2006 年提出，它既可以用于监督学习，当成分类器使用；也可以用于非监督学习，类似于下面要介绍的自编码器。不过对于监督学习还是非监督学习，其本质都是特征学习（Feature Learning）的过程。

深度信念网络是由受限玻尔兹曼机（Restricted Boltzmann Machines，RBM）组成的。RBM 只有两层神经元，一层是由显元（Visible Units）组成的显层（Visible Layer），另一层是由隐元（Hidden Units）组成的隐层（Hidden Layer），两层之间神经元为双向连接，如图2-6所示。

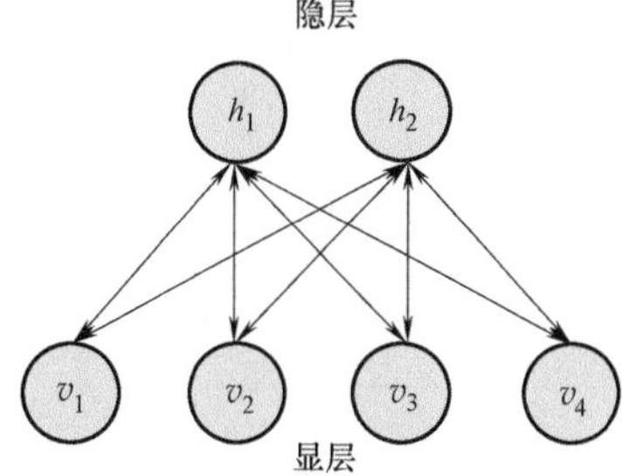

图 2-6　RBM 模型

训练这种模型采用的是逐层无监督的方法，如图2-7所示。首先将数据向量 x 和隐层 h_1 作为第一个受限玻尔兹曼机，得到这个 RBM 的参数，包括连接权重和各个节点的偏置等，然后将这些参数固定；接下来将隐层 h_1 和隐层 h_2 分别看作第二个 RBM 的显层和隐层，训练得到参数并将其固定。这样一层一层往上就能得到训练好的深度学习模型。

3. 堆叠自编码器

堆叠自编码器（Stacked Auto-Encoder，SAE）是深度学习领域常用的模型之一，它是由多个自编码器（Auto-Encoder，AE）串联组合而成。自编码器是一种前馈无反馈的神经网络模型，包含一个输入层、一个隐藏层和一个输出层。它的工作原理如图 2-8 所示。

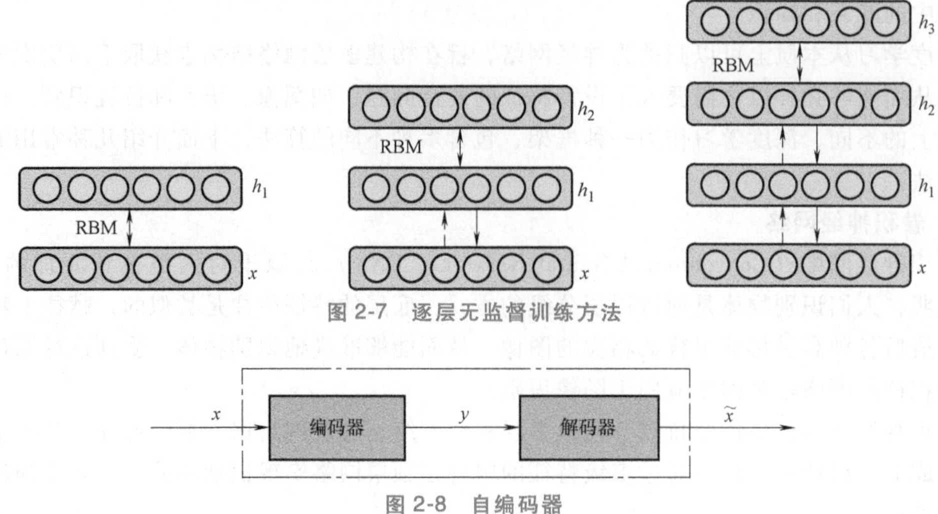

图 2-7　逐层无监督训练方法

图 2-8　自编码器

图中点画线框内所示就是一个自编码器模型，由编码器（Encoder）和解码器（Decoder）两部分组成。编码器通过对原始输入信号 x 进行变换，得到输出信号 y，y 作为解码器的输入信号经过变换得到最终输出信号 $\tilde{x}$，通过这些变换的目的是让最终输出信号 $\tilde{x}$ 复现原始输入信号 x。对于自编码器来说，更加重要的是从输入信号 x 到编码器输出信号 y 的映射，在 y 与 x 不同的情况下，系统最终可以还原原始输入信号 x，说明编码器输出信号 y 以不同形式承载了 x 的所有信息，这就是特征提取，也是深度学习和神经网络的核心。

如果将每次特征提取的表达 h_1、h_2、…、h_n 都当作新的原始信息，再重复训练新的自编码器，这就是堆叠自编码器，如图 2-9 所示。在训练过程中逐层降低输入数据的维度，将复杂的输入数据变换为简单的高阶特征，最后将这些高阶特征输入分类器中就可以进行分类识别。

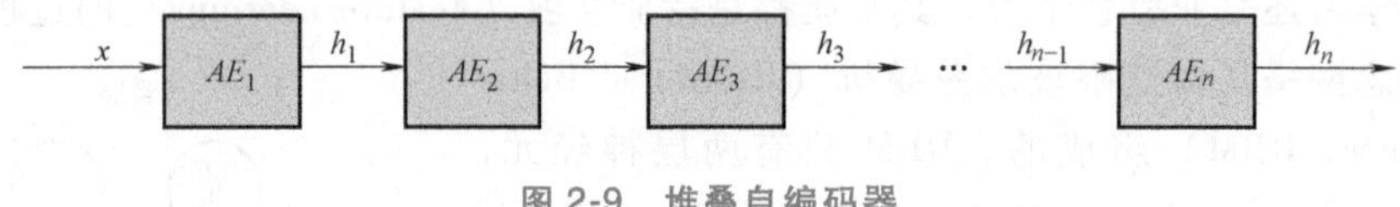

图 2-9　堆叠自编码器

2.7　分布式决策方法

1. 基本原理及特征

目标层解法（Analytical Target Cascading，ATC）是一种用来解决多学科优化设计问题（Multidisciplinary Design Optimization，MDO）的分布式决策方法，最初由密歇根大学的学者提出。因其在解决复杂系统优化设计问题方面的卓越表现，引起了国内外学者越来越多的关注，并逐渐应用拓展到了广泛的工程实际问题。

作为一种层级式的多学科优化设计方法，目标层解法解决复杂系统优化设计问题的整体思想是将复杂系统逐层分解，形成经严格定义的优化问题的层级式元素集合，通过保证不同层级元素间目标传递偏差的最小化，获得系统内部的兼容性和自适应性，进而通过层与层之间的协同优化、同层之间的并行优化，获得最终的优化设计结果。目标层解法具有以下特征：

1）通过将原始的优化问题分解为形如系统、子系统、组件等元素集合组成的层级结构（图 2-10），降低了整个系统设计优化的复杂性。

2）在分解的层级结构中，上层元素（父元素）向下层元素（子元素）传递设置的优化目标，下层元素利用自身的优化分析模块对上层元素层解的目标做出响应。通过最小化上下层关联元素间目标与响应之间的偏差获得一致性的优化设计结果。

3）同层元素可以不考虑相互之间的联系进行独立自主的并行优化过程，这样大大提高了优化设计的灵活性，同时降低了优化成本；当同层元素获取的优化目标不一致时，可以通过上层的父元素进行优化协调，使得算法本身有很高的实用性和可行性。

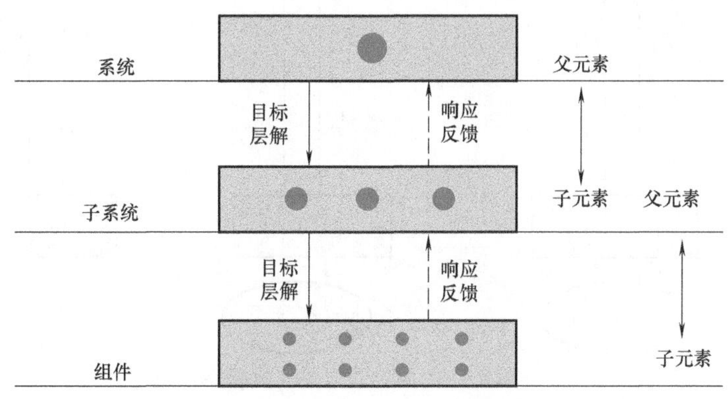

图 2-10　目标层解法中的层级结构

2. 目标层解法的应用步骤

目标层解法总的优化过程可以描述为：首先，将原始的系统或优化问题分解成一个由多个目标层解元素组成的多层层级模型。然后，识别反应各元素之间依赖关系的关键连接。通过将关键连接的偏差最小化项嵌入到每个元素的公式化中，建立整个层级结构中各元素间的函数依赖关系。根据建立的函数依赖关系，从系统层元素开始向较低层级的元素层解目标。如果父元素层解的目标在子元素中无法实现，则父元素需要调整层解的目标；如果子元素可以满足父元素层解的目标，则继续向更低层级的元素层解目标，直到达到最低层级元素。这个过程将持续到整个系统趋于一致的设计。

上述优化过程可以概括为以下几个步骤：①复杂系统优化问题的层级分解；②各层元素间关键连接的识别；③各层元素的公式化；④各元素的协同并行求解。下面以图 2-11 所示的目标层解模型对每个步骤进行说明。

1）原始系统问题的层级分解。复杂系统优化问题的层级分解是指将系统转化成一组分层组织的元素的过程。许多现有的方法可以用来进行系统的层级分解，如基于物理构成的系统层级分解、基于学科分类的系统层级分解和基于模型的系统层级分解。至于要采用哪种方法则取决于系统的特征以及具体的应用环境。如图 2-11 所示，原始的系统被分解成了具有五个目标层解元素的三层的层级模型。P_{ij} 表示第 i 层的第 j 个目标层解元素。系统层的元素 P_{11} 有两个子系统层的元素 P_{21} 和 P_{22} 。同时，P_{21} 有两个组件层元素 P_{31} 和 P_{32} 。

2）层级结构中各元素间关键连接的识别。关键连接是指在分解的层级模型中由两个或

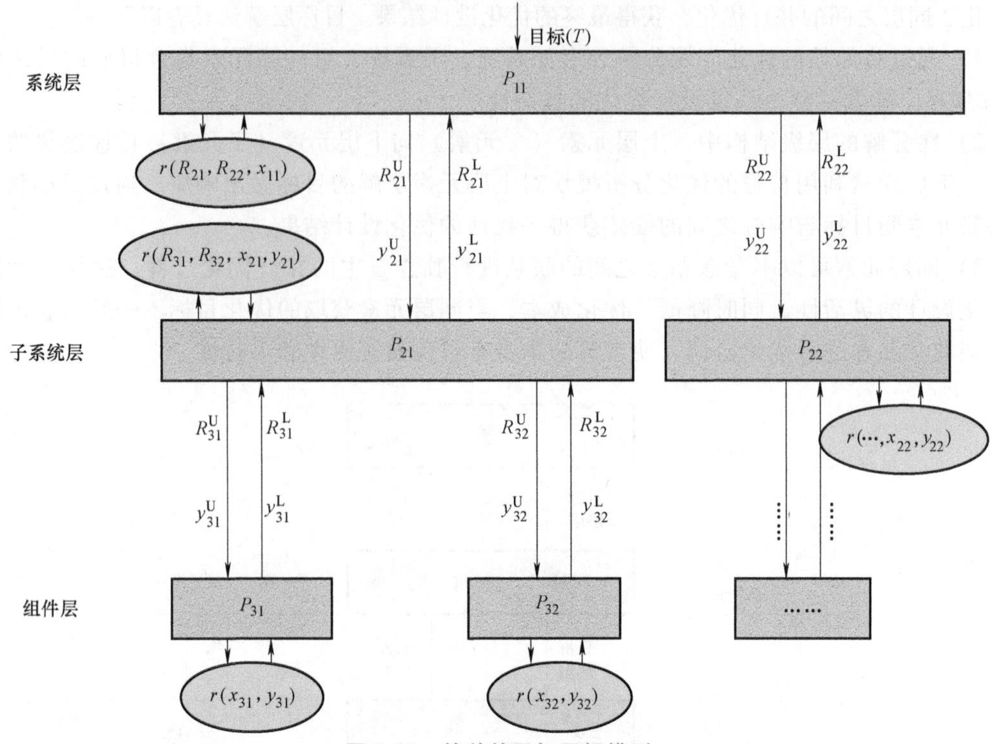

图 2-11　简单的目标层解模型

多个目标层解元素共享的变量，它们须在相关的元素之间保持一致。关键连接的识别为目标层解法的优化提供了基础。关键连接包含响应变量 R_{ij} 和连接变量 y_{ij}。响应变量是指由父元素和子元素共享的变量，如 R_{21} 既是元素 P_{11} 分析模型 $r(R_{21}, R_{22}, x_{11})$ 的决策变量，又是元素 P_{21} 分析模型 $r(R_{31}, R_{32}, x_{21}, y_{21})$ 的输出。连接变量是指由子元素共享的变量，如 y_{21} 和 y_{22} 是存在于元素 P_{21} 分析模型 $r(R_{31}, R_{32}, x_{21}, y_{21})$ 和元素 P_{22} 分析模型 $r(x_{22}, y_{22})$ 的相同的决策变量。子元素连接变量的一致性由它们的父元素来协调完成。

3）目标层解元素的公式化。一般来讲，目标层解元素的公式化由三部分组成：目标函数、分析模型和约束。通过将关键连接的偏差最小化项嵌入到相关元素的目标函数中，就可以建立元素之间的函数依赖关系。当所有关键连接的偏差减小到允许的容差范围内时，整个系统达到一致的优化状态。每个元素的主要目标都集中在最小化当前元素与其父元素和子元素之间关键连接的偏差。分析模型用来获得当前元素对父元素层解目标的响应，以及对其子元素层解的目标。按照目标层解法的惯例，子系统层、系统层和组件层元素的公式化见表 2-6~表 2-8。

表 2-6　系统层元素的公式化

系统层元素：P_{11}	
目标函数	$\min w_{11}^R \Vert R_{11}^1 - T \Vert_2^2 + \varepsilon_{11}^R + \varepsilon_{11}^y$
分析模型	$R_{11}^1 - r_{11}(x_{11}, R_{21}^1, \cdots, R_{2C_{11}}^1) = 0$，$C_{11}$ 表示当前元素的子元素数
约束	$g_{11}(x_{11}, R_{21}^1, \cdots, R_{2C_{11}}^1) \leqslant 0$ $h_{11}(x_{11}, R_{21}^1, \cdots, R_{2C_{11}}^1) = 0$ $\sum_{k_{ij}=1}^{C_{11}} \Vert R_{2k_{11}}^i - R_{2k_{11}}^2 \Vert_2^2 \leqslant \varepsilon_{11}^R$，$\sum_{k_{ij}=1}^{C_{11}} \Vert y_{2k_{11}}^i - y_{2k_{11}}^2 \Vert_2^2 \leqslant \varepsilon_{11}^y$

子系统层元素的公式化中，目标函数由四个部分构成：前两个部分为目标偏差项，R_{ij}^{i} 和 y_{ij}^{i} 为当前元素对关键连接的响应值，R_{ij}^{i-1} 和 y_{ij}^{i-1} 为来自于父元素对关键连接的目标值，w_{ij}^{R} 和 w_{ij}^{γ} 为对应的权重系数。ε_{ij}^{R} 和 $\varepsilon_{ij}^{\gamma}$ 是对当前元素与子元素关键连接偏差的容限值。

表 2-7　子系统层元素的公式化

子系统层元素：P_{ij}	
目标函数	$\min w_{ij}^{R}\|R_{ij}^{i}-R_{ij}^{i-1}\|_2^2+w_{ij}^{\gamma}\|y_{ij}^{i}-y_{ij}^{i-1}\|_2^2+\varepsilon_{ij}^{R}+\varepsilon_{ij}^{\gamma}$
分析模型	$R_{ij}^{i}-r_{ij}(x_{ij},y_{ij}^{i},R_{i+11}^{i},\cdots,R_{i+1C_{ij}}^{i})=0$，$C_{ij}$ 表示当前元素的子元素数
约束	$g_{ij}(x_{ij},y_{ij},R_{ij}^{i},R_{i+11}^{i},\cdots,R_{i+1C_{ij}}^{i})\leqslant 0$ $h_{ij}(x_{ij},y_{ij},R_{ij}^{i},R_{i+11}^{i},\cdots,R_{i+1C_{ij}}^{i})=0$ $\sum_{k_{ij}=1}^{C_{ij}}\|R_{i+1k_{ij}}^{i}-R_{i+1k_{ij}}^{i+1}\|_2^2\leqslant\varepsilon_{ij}^{R}$，$\sum_{k_{ij}=1}^{C_{ij}}\|y_{i+1k_{ij}}^{i}-y_{i+1k_{ij}}^{i+1}\|_2^2\leqslant\varepsilon_{ij}^{\gamma}$

表 2-8　组件层元素的公式化

组件层元素：P_{Nl}	
目标函数	$\min w_{Nl}^{R}\|R_{Nl}^{N}-R_{Nl}^{N-1}\|_2^2+w_{Nl}^{\gamma}\|y_{Nl}^{N}-y_{Nl}^{N-1}\|_2^2$
分析模型	$R_{Nl}^{N}-r_{Nl}(x_{Nl},y_{Nl}^{N})=0$
约束	$g_{Nl}(x_{Nl},R_{Nl}^{N},y_{Nl}^{N})\leqslant 0$，$h_{Nl}(x_{Nl},R_{Nl}^{N},y_{Nl}^{N})=0$

系统层元素和组件层元素的公式化与子系统层的元素略有不同。系统层元素只有 P_{11}，因此，在其目标函数中并没有关于连接变量的目标偏差项。类似的，组件层元素没有子元素，因此，在其目标函数中，没有关于关键连接偏差的容限值。当然，这些不同也体现在它们的分析模型和约束表示中。

4）各元素的协同并行求解。当对目标层解模型中的各个元素公式化后，就可以对其进行协同并行求解。关于各元素的协同并行求解可以分为两个方面，第一个方面是采用哪种全局收敛策略，第二个方面是采用哪种方法对各个元素进行局部优化。

目前，学者们提出了五类关于目标层解法的全局收敛策略：①较低层元素先收敛；②中层元素先收敛，然后上层元素收敛；③中层元素先收敛，然后下层元素收敛；④上层元素先收敛；⑤上层元素和下层元素同时收敛。具体的采用哪种收敛策略，要视具体的应用环境和优化目标而定。

目标层解法的一大优势就是允许各元素进行自主并行的优化。它仅定义了总体的协调机制，对各元素局部优化采用何种方法并没有做出限制。因此，最适合的局部优化方法完全根据具体的应用问题而定。

复习小结

智能决策方法能够通过搜集和整理信息、确定和诊断问题、提出可能的解决方案并评估所采用的措施，从而完成决策。本章介绍了常用的六种智能决策方法，并简要介绍了各类方法的主要内容和实施步骤。本章内容为智能决策方法的应用和实践提供了有效参考。

习　题

2-1　暑假，小明想出门旅游，经过筛选，决定选择青海、杭州和桂林三者中的一处。三个地方各有千秋，小明迟迟做不了决定。请用 AHP 的方法，设计小明旅游的指标体系，并根据自己设定的指标，帮助他决定旅游的去处。

2-2　简要说明 AHP 解决问题的步骤。

2-3　已知下列四组数据：

$X_1=(46.3, 44.2, 43.6, 42.5)$；

$X_2=(39.7, 42.5, 44.3, 45.6)$；

$X_3=(3.5, 3.3, 3.5, 3.5)$；

$X_4=(6.7, 6.8, 5.4, 4.7)$。

以 X_1 为参考序列，求出 X_2，X_3，X_4 三个指标与参考序列的关联度。

2-4　夫妻博弈：求解夫妻博弈中的纳什均衡解。

		丈夫	
		时装	足球
妻子	时装	2,1	1,5
	足球	3,6	2,3

2-5　请用参数 $W_{ij}^{(l)}$、$b_i^{(l)}$ 将图中 $a_1^{(2)}$、$a_2^{(2)}$、$a_3^{(2)}$、$h_{wb}(x)$ 表示出来。

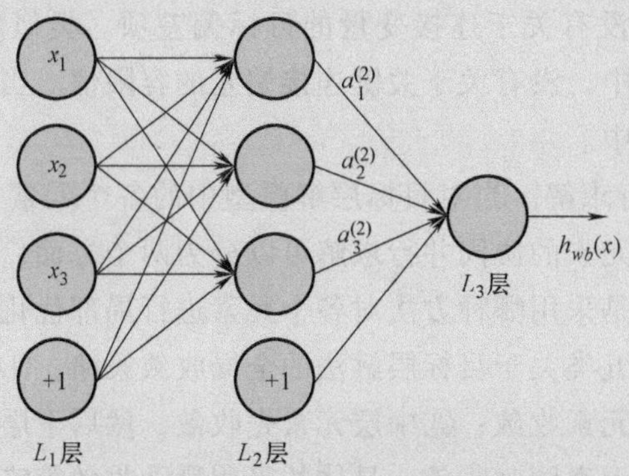

图 2-12　题 2-5 图

2-6　请利用遗传算法求下述二元函数的最大值：

$$\max f(x_1,x_2)=x_1^2+x_2^2$$

$$\text{s.t. } x_1\in\{1,2,3,4,5,6,7,8,9\}$$

$$x_2\in\{1,2,3,4,5,6,7,8,9\}$$

2-7　采用目标层解法解决系统优化问题的具体实施步骤是什么？

第3章 物联制造系统智能控制体系构架

知识点

1. 物联制造系统智能控制的需求包括：制造数据采集和分析、制造资源智能化建模、制造系统动态优化、制造资源物理信息空间融合以及制造过程和制造装备智能化。

2. 物联制造系统智能控制参考体系构架从底层到顶层依次包括：对象感知、信息整合、智能建模、智能方法和应用服务五部分内容。

3. 物联制造系统智能控制的工作逻辑包括：底层制造资源智能化建模、加工资源优化配置、加工任务排产、物料精准配送、生产异常溯源、生产异常处理以及生产与物流协同优化。

4. 物联制造系统智能控制的关键技术包括：实时多源制造信息感知技术、制造资源智能化建模技术、制造服务主动发现与配置技术、加工任务动态调度技术、物料配送任务动态分配技术、制造系统性能异常分析技术、制造系统运行过程协同优化技术。

作为实现智能制造的基础工作之一，物联制造系统智能控制是指基于获取的多源制造信息，根据制造系统的智能决策，对生产制造、装配、物流等过程进行智能控制，从而使得制造资源得到优化配置，提高加工装配和物流配送效率，并及时处理生产故障的控制过程。物联制造系统的智能控制有助于提升生产制造过程的透明化，提升制造系统的运行效率，是实现智能制造的重要组成部分。本章将对物联制造系统智能控制体系构架进行介绍。

3.1 物联制造系统智能控制的需求分析

制造业是国民经济的物质基础和产业主体，是衡量国民经济发展的重要标志。生产过程是制造系统最关键的环节，在企业生产计划和管理方面，通过广泛应用企业资源规划（Enterprise Resource Planning，ERP）、制造资源计划（Manufacturing Resource Planning，MRP Ⅱ）等上层管理系统和分布式数控（Distributed Numerical Control，DNC）、数控加工单元等自动化技术，企业取得了显著的效益。

随着传感器、信息技术、移动计算、传感网络、射频识别（RFID）、微电子等技术的迅猛发展，物联网（Internet of Things，IoT）应运而生，其目标是通过传感器、射频识别、全球定位系统等技术，实时采集任何需要监控、连接、互动的物体或过程数据，实现物与物、物与人的泛在连接，达到对物品和过程的智能化感知、识别与管理。随着物联网技术在制造领域的应用，制造企业的制造过程已由传统的“黑箱”模式向“三维空间加时间的多维度、透明化泛在感知”模式发展，从而缩短了生产时间，提高了生产效率，并可及时处理生产过程中的故障，有力地推动制造系统向透明化、信息化、智能化、绿色化方向发展。一般而言，物联制造系统智能控制的需求包括制造数据采集和分析、制造资源智能化建模、制造系统动态优化、制造资源物理信息空间融合及制造过程和制造装备智能化等。

1. 制造数据采集和分析

工业生产过程规模日益复杂化与大型化，且生产环境因素随机多变，导致生产过程中的信息呈现多源且海量的特征，但由于缺乏对实时多源信息有效的获取方案，多源信息在获取时存在采集费时而不增值、滞后严重、易出错等现象。

通过应用物联网技术，在制造设备、物流设备上安装温度、压力、力、速度、位置等多源传感器，采集并实时反馈制造过程的设备状态、工艺参数、加工装配进度、物流小车位置等多源制造信息，进而实现对制造过程重要信息的主动感知，从而为制造系统的智能决策提供及时、准确、全面的制造过程运行信息。

所采集的数据可向第三方系统主动推送或被第三方系统远程访问，并采用关联、聚类、分类、预测等方法对数据进行分析处理，为制造活动导航、物料配送、制造系统分析、诊断和协同提供数据基础。

2. 制造资源智能化建模

实际生产过程中，加急任务、计划变更等导致生产没有按照既定的生产计划执行，极大地增加了生产管理人员的负担，而且会出现执行系统运作效率低下、工序流程周转不畅、在制品量缺乏有效控制、库存积压等严重问题。

底层制造资源包括生产设备和搬运设备。生产设备包括数控机床等加工设备，搬运设备包括自动导引运输车（Automated Guided Vehicle，AGV）等搬运设备。通过对底层制造资源的智能化建模，建立制造资源多源数据与制造过程关键环节的多层映射关系和动态、高效的聚合模型，可实现制造活动的智能导航，实时响应生产过程的变化并进行加工任务的智能引导和动态安排。

3. 制造系统动态优化

现有的车间执行系统虽然可以实现车间日计划的准时下达，但由于缺乏在设备级的生产排序预测以及制造信息的及时反馈，上层管理难以对制造执行过程做到有效控制和动态协调、优化，缺乏对生产过程进行整体分析和合理、高效的动态优化策略及方法。

结合采集到的多源制造数据，应用层次分析、灰色理论、博弈决策、遗传算法等智能决策方法对制造系统的加工制造、物流配送、生产组织、制造系统性能等进行动态优化，实现对制造过程的有效控制和异常的及时处理，从而及时、精准地反映制造过程的一些关键环节，使得生产过程更加高效、高质和稳定。

4. 制造资源物理信息空间融合

随着制造资源在物理空间和信息空间的感知互动，车间级生产管理与过程控制在新的形势下呈现出新的转变：驱动方式由能量驱动型向信息驱动型转变；响应方式由被动响应向主动应对转变；过程控制由粗放控制向精确控制转变；决策方式正由行政指派向协商交互转变等。为了更好地响应这些转变，企业迫切需要利用先进信息技术与物联技术提升制造资源在物理空间和信息空间的融合。

制造资源物理信息空间融合是指将制造设备采集到的各类数据同步到信息空间中，在信息空间分析、仿真制造过程并做出智能决策，将决策结果反馈到物理空间的设备端，并对设备进行优化控制，实现制造系统的优化运行。

5. 制造过程和制造装备智能化

现有的车间虽然实现了自动化和信息化，但是生产过程遇到计划变更、设备故障等情况，制造设备是无法进行自主决策调整生产加工任务的，仍然需要车间管理者进行人为干预，导致管理人员付出大量精力。为了提高制造系统的自主性，迫切需要提高制造过程和制造装备的智能化，从而实现拟人化制造。

通过将专家的知识不断融入制造过程，从而实现设计过程智能化、制造过程智能化和制造装备智能化，使得制造装备和制造系统具有更好的判断能力，能够进行自主决策，从而更好地适应生产状况的变化，提高产品质量和生产效率，并将显著减少制造过程的物耗、能耗和排放。

3.2 物联制造系统智能控制参考体系构架

为了实现物联制造系统的智能决策，可设计图 3-1 所示的物联制造系统智能控制参考体系构架。此构架从底层到顶层依次包括对象感知、信息整合、智能建模、智能方法和应用服务五部分内容。

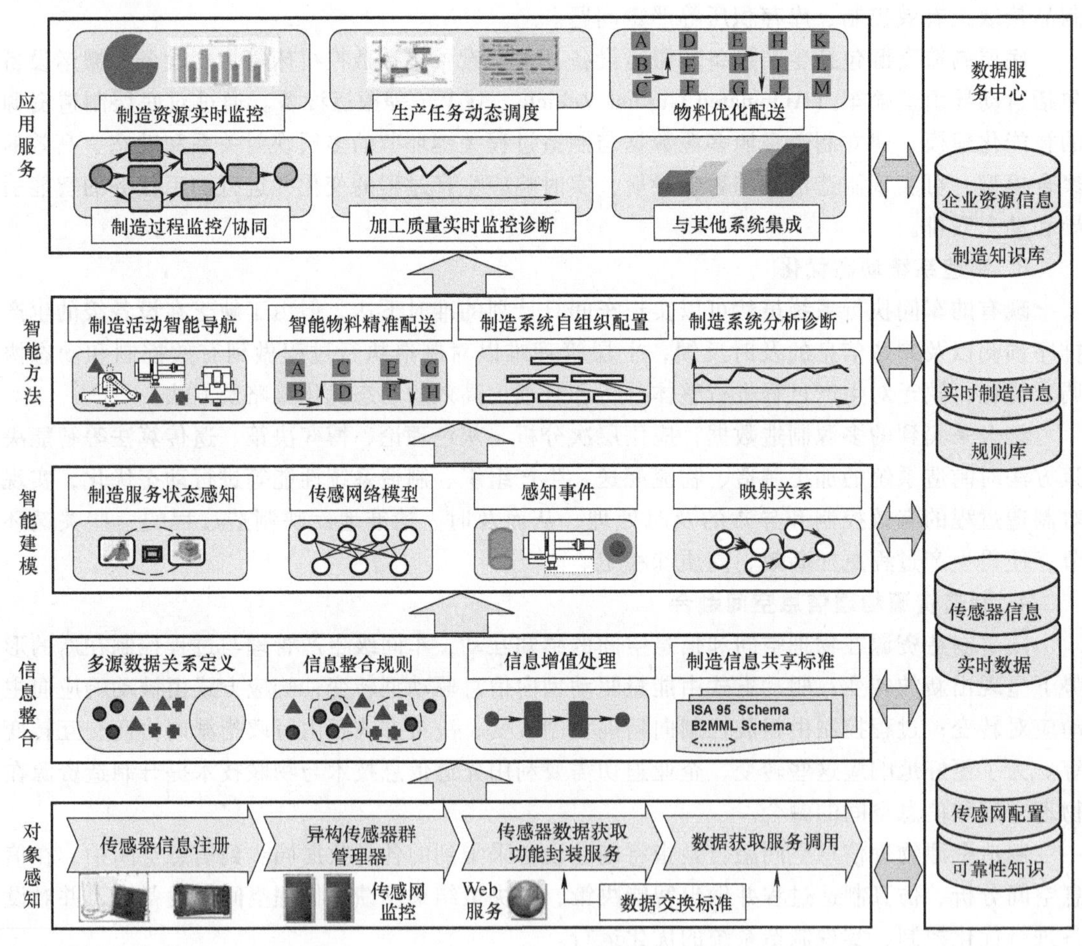

图 3-1 物联制造系统智能控制参考体系构架

1. 对象感知

对象感知是指面向物理制造资源，通过配置各类传感器和无线网络，采集多源制造数据，同时从管理的角度出发，在传感器信息注册、异构传感器群管理器、传感器数据获取功能封装服务、数据获取服务调用等技术的支持下，为各类传感器在异构通信网络环境下主动地感知和传输各类制造资源的实时制造活动提供服务，以实现物理制造资源的互联、互感，确保制造过程多源信息的实时、精确和可靠获取。

2. 信息整合

信息整合是在获得生产过程制造数据的基础上，对源自异构传感器上多源、分散的现场数据向可被制造执行过程决策利用的标准制造信息的转化提供服务的过程。通过对多源数据关系定义、建立信息整合规则、增值处理，实现多源数据在制造执行环境中的增值，最终整合并转换为可直接为制造执行过程监控与优化服务的标准制造信息（如 ISA95/B2MML 标准）。

3. 智能建模

智能建模是针对底层生产设备和搬运设备，在感知到的多源多维制造数据基础上，建立制造服务状态（如动态队列、服务负荷、服务流程状态、设备能耗、加工质量等）与感知事件间的映射关系，从而能够通过感知的事件理解制造服务的状态，提高制造资源的透明性和自身的感知交互和主动发现能力，提升制造服务的决策能力和智能水平。

4. 智能方法

智能方法包括制造活动智能导航、智能物料精准配送、制造系统自组织配置以及制造系统分析诊断。在制造资源智能化的基础上，可以实时知晓设备的状态，通过对制造活动的智能导航，将加工任务和装配实时、准确地和相应的制造资源匹配。智能物料精准配送是搬运设备通过接任务，完成配送任务，将物料在准确的时间送达准确的地点。为了应对计划变更、设备故障等问题，制造单元通过感知制造系统实时状态，主动发现任务，并进行动态配置，减少管理人员的调度工作量。制造系统分析诊断是通过对制造系统中的关键事件建模，基于决策树实时分析生产过程性能，从而及时消除制造系统出现的故障。

5. 应用服务

面向制造企业的不同用户，从利用生产现场的多源信息以实现制造执行过程的优化管理的角度出发，通过提供制造资源实时监控服务、生产任务动态调度服务、物料优化配送服务、制造过程监控/协同服务、加工质量实时监控诊断服务、制造系统运行协同优化服务以及与其他系统集成服务等，实现物联制造执行过程的信息透明、过程实时感知和动态优化管理。

数据服务中心主要从数据、信息和知识的层面，为物联制造执行系统的运行提供随用随到的信息服务，主要包括传感网配置信息、传感器注册信息、实时数据/信息、制造资源信息、用于物联制造执行系统决策服务的可靠性知识库、数据整合规则库、生产管理知识库等。

3.3　物联制造系统智能控制工作逻辑

物联制造系统通过应用物联网技术，实现制造信息的感知和制造资源的互联，进而通过智能控制实现生产质量、效率的提升以及生产物流的协同优化。物联制造系统智能控制的工作逻辑如下：

1）通过物联技术、信息技术和计算智能技术实现对底层制造资源（包括生产设备和搬运设备）的智能化建模，进而使各制造资源在制造执行过程中，就可以进行主动交互并实时与其他制造资源和上层管理系统共享实时状态信息。

2）在制造车间获取加工制造任务后，根据工序级任务的主要参数和各加工资源的实时状态，对待加工任务进行加工资源的优化配置，即将任务分配给最优的加工资源。

3）根据任务驱动的制造资源优化配置结果，采用智能算法对各待加工任务（工序级）进行排产，即得到每个工序的开始/完成加工时间。

4）通过综合考虑配送任务优先级、配送路径、搬运小车容量等，采用一种由搬运小车实时状态信息驱动的配送任务动态调度策略和方法，实现物料配送任务全程的动态监控与精准配送。

5）在制造执行过程中，各加工制造资源实时向上层信息管理系统反馈各工序的生产实况，根据各底层加工资源的实况，汇总并分析车间制造执行系统的主要性能，实现实时、精确地了解制造系统的生产状况和对产生异常的原因进行快速溯源的目的。

6）对于生产异常，通过与计划的比对，分两类处理。对于较小的异常，底层设备通过采用局部调整的策略自我调节解决此类异常；对于较大的异常，通过车间采取再调度进行全局动态调整，重新对所有待加工的工序级制造任务进行资源优化配置和调度，确保制造任务的高质、高效完成。

7）在制造系统的执行过程中，通过实时反馈生产和物流的信息，根据生产的实施进度，动态地调整物流的配送以适应生产的需求，将物料在准确的时间送达准确的地点，减少在制品以及由于缺料造成的停工损失，实现生产与物流的协同优化。

3.4 物联制造系统智能控制的关键技术

物联制造系统的智能控制涉及信息、计算机、自动化、工业管理、智能决策等多个学科的理论、方法和模型。本节从实现制造资源的物联化，以及由此形成的实时制造信息驱动的生产过程智能控制所涉及的 7 个关键技术的实现思路和方法进行阐述。如图 3-2 所示，这 7 个主要关键技术包括实时多源制造信息感知技术、制造资源智能化建模技术、制造服务主动发现与配置技术、加工任务动态调度技术、物料配送任务动态分配技术、制造系统性能异常分析技术和制造系统运行过程协同优化技术。它们为车间级生产过程的主动感知与动态调度提供了重要的支撑，其主要输入/输出关系如图 3-2 所示。

1. 实时多源制造信息感知技术

制造过程中制造系统产生大量信息，包括加工设备和搬运设备在各个时间状态下的工艺参数、加工状态、振动、压力、温度、能耗、位置等各类信息，通过对制造过程中的多源制造信息进行及时、精确的感知，实现对车间生产过程的主动感知与动态调度。为了实现对多源制造信息的实时感知，应用物联网技术，在传统制造环境中可配置多种传感器。常用的多源制造信息感知传感器见表 3-1。

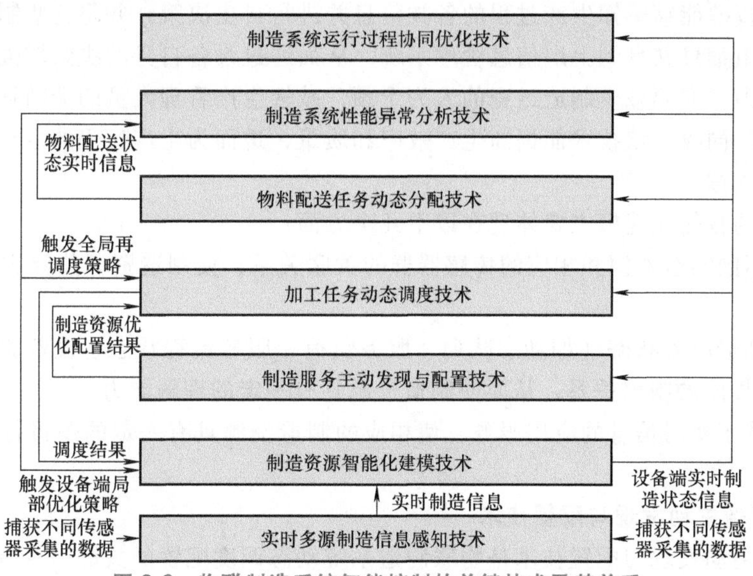

图 3-2 物联制造系统智能控制的关键技术及其关系

表 3-1 常用的多源制造信息感知传感器

传感器类型	作 用
数控系统	根据数控系统中数控代码的运行记录，获取数控加工任务的执行进度
RFID 传感器	将 RFID 传感器贴于原材料、零部件或托盘上，通过读取 RFID 的信息，从而自动收集物料和产品的位置及加工状态信息
条形码传感器	通过扫描条形码自动记录产品出入库、加工、装配等信息
激光位移传感器	感知原料、成品所处的位置信息
游标卡尺	测量零件的加工精度
表面粗糙度仪	测量零件的加工表面粗糙度
加速度传感器	感知设备加工过程的振动信息
温度传感器	感知环境、设备、工件等的温度
湿度传感器	感知环境的湿度
力传感器	测量零件加工过程 X、Y、Z 三个方向的切削力
电流电压传感器	通过测量设备的电流和电压信息，计算得到设备运行过程的功率消耗

针对多源制造信息的采集频率、采样精度、数据采集量等信息，对异构传感设备进行选型和配置。通过传感器采集到的数据类型多种多样，且采集到的原始数据常存在数据缺失、格式不一致、逻辑错误等问题，因此需要对采集的原始数据进行预处理，包括数据清洗和数据集成。数据清洗包括对缺失数据去除或补全、数据校验、数据去重、矛盾数据修正等。针对数据分散在不同数据库的问题，可建立数据集成规则，设计中间件，得到全局数据模型来访问异构数据库，从而提供统一完整的数据逻辑视图，实现对异构传感器群和传感数据的集中管理，进而对采集的原始数据进行初级加工，形成制造系统能够理解的制造信息。

2. 制造资源智能化建模技术

制造资源包括设备、物料、工具等。传统上，制造资源只能被动地完成加工生产任务，当发生计划变更、设备故障等问题时，需要计划调度人员重新安排生产任务，耗费调度人员的大量精力，且容易造成任务安排不合理、任务不能及时完成等问题。相比而言，通过智能化建模，制造资源能够感知生产过程的各类信息并进行自主决策，并将这些制造资源的实时运行状态和决策信息共享到上层信息管理系统，从而通过设备自身的决策增强制造系统应对环境变化的能力，大幅减少制造过程的人为干预，减轻生产管理人员的劳动强度，提高制造系统的健壮性。同时，该技术能提高生产效率和质量，进而为生产过程的主动感知与动态调度提供重要的支撑。

制造资源的智能化建模主要体现在以下几个方面：

1）建立不同制造资源和相应的传感器群的关联关系，使制造资源能够主动感知周围制造环境的变化。

2）定义制造服务状态（如动态队列、服务负荷、服务流程状态、设备能耗、加工质量等）与感知事件间的映射关系，从而使制造资源具有一定的理解能力。

3）建立基于实时信息的应用服务，使相应的制造资源具有一定的逻辑行为能力和决策能力。

3. 制造服务主动发现与配置技术

制造服务主动发现与配置技术是物联制造系统动态调度配置的关键。与传统制造执行系统的动态配置相比，制造物联环境下的底层加工设备具有相应的感知与交互能力，能够主动发现待加工的任务需求，并对相应的任务进行优化配置，从而更加及时、合理地完成加工生产任务。

制造服务主动发现与配置技术主要包含以下几个方面的内容：

1）制造任务驱动的潜在制造服务集的主动发现机制。

2）潜在制造服务集的优化配置模型构建。

3）潜在制造服务集的优化配置模型求解。

4. 加工任务动态调度技术

加工任务动态调度技术是实现车间级生产过程主动感知与动态调度的核心。制造物联技术为制造执行过程全方位的感知提供了技术支持，从而能够实时获取生产过程的异常事件。综合生产过程中的任务加工进度、设备状态、异常事件等信息，借助多 Agent 的理念和体系构架，设计相应的设备 Agent、制造能力评价 Agent、生产过程监控 Agent、调度/再调度 Agent 及其协同工作流程等，实现复杂产品生产过程加工任务的动态调度。

加工任务动态调度技术主要包含以下几个方面的内容：

1）加工任务动态调度 Agent 设计。

2）加工任务多 Agent 系统的通信与交互。

3）加工任务动态的算法设计。

5. 物料配送任务动态分配技术

生产准备是保证制造活动能够按计划执行的关键。在制造物联环境下，每个配送载体、托盘等的状态信息（如位置、物料类别、数量等）均可被实时感知。因此可以建立一种基于实时过程感知的物料配送任务动态分配策略、方法与模型，提升物料配送载体的装载率和有效行程（指配送载体上装载有物料的行程），从而能够在准确的时间将原料送到准确的地点，保证生产加工任务的顺利进行。

物料配送任务动态分配技术主要包含以下几个方面的内容：

1）物料配送任务动态分配策略设计。

2）物料配送任务动态分配模型设计。

3）基于博弈论的物料配送任务动态分配求解方法。

6. 制造系统性能异常分析技术

制造系统性能异常分析技术是确保物联制造系统高效、高质运行的关键和核心。制造资源的智能化建模，为生产过程关键性能感知与分析提供了生产执行过程的精准源数据。通过及时、精确的生产过程关键性能（如生产订单实时进度、制造成本、生产质量、在制品等）感知，建立关键性能与各相关制造资源间的动态聚合、时序、关联关系，并基于决策树、规则库、组合运算、数据挖掘等对多源制造信息进行分析，实现对制造系统性能异常分析的目的。

制造系统性能异常分析技术主要包含以下几个方面的内容：

1）生产过程实时关键性能与各相关制造资源间的动态聚合、时序、关联关系建立。

2）基于决策树、规则库、组合运算、数据挖掘等方法实现多源制造信息的增值。

3）制造执行系统实时性能分析与异常精准溯源。

7. 制造系统运行过程协同优化技术

制造系统运行过程协同优化技术是对制造系统的加工、装配、物流等多个过程进行协同优化。传统的制造环境下，加工、装配、物流等过程的优化均独立进行，得到的往往是单个系统的局部优化结果。在物联制造环境下，加工进度、装配进度、设备状态、物料信息等均可被实时感知和共享，设备也具有感知和决策能力，分别从设备、单元、系统三个层级对制造系统的生产和物流过程进行协同优化。

制造系统运行过程协同优化技术包含以下几个方面的内容：

1）制造系统运行过程多层级模型建立。

2）制造系统运行过程系统优化机制。

3）基于目标层解分析法的制造系统运行过程系统优化方法。

复习小结

物联制造系统智能控制是实现智能制造的基础之一，能够基于获取的多源制造信息，通过智能决策，实现对生产制造、装配、物流等过程的智能控制，从而实现制造资源的优化配置，提高生产和物流效率，并及时处理生产故障。本章从需求分析出发，设计了针对物联制造系统智能控制的参考体系构架，并分析相应的工作逻辑，最后详细阐述了实现智能控制的七大关键技术。本章内容为物联制造系统智能控制体系的设计提供了有效的参考。

习　题

3-1　物联制造系统的智能控制对智能制造的实现具有重要的意义，为什么？

3-2　物联制造系统智能控制的需求包括哪些内容？

3-3　物联制造系统智能控制参考体系构架包括哪些内容？

3-4　试举例说明物联制造系统智能控制的工作逻辑。

3-5　物联制造系统智能控制的关键技术都包括哪些内容？

3-6　对于物联制造系统未来的发展趋势，你有何建议？

第 4 章 多源制造信息感知技术

知识点

1. 制造系统多源信息源包括：设备、质量、物料、人员以及环境。

2. 制造系统多源信息主动感知的需求包括：生产现场传感器优化配置、传感器管理以及多源制造数据的采集与传输。

3. 制造系统多源信息的主动获取技术与传输方法包括："即插即用"式异构传感器管理、事件驱动的实时多源制造信息获取方法、基于B2MML的多源制造信息标准化以及实时多源制造信息与现有系统的共享与集成。

4.1 制造系统多源信息源分析

产品生产过程包含多种生产资源，每种生产资源的状态信息会随着生产进程的变化而变化，而这些变化对制造过程的动态优化和反馈控制具有非常重要的作用。传统制造企业中存在生产过程与上层管理脱节、信息传递滞后、不增值的问题，如果管理者不能根据制造资源信息变更及时做出相应的调整，轻则造成生产缓慢、资源浪费，重则造成生产中断，直接影响生产任务的交货期。因此，及时掌握制造资源的状态信息不仅对企业决策层具有重要意义，也是实现"数字化精确生产""工业4.0项目"的重要基础。通过对多种典型制造企业的调研，发现生产过程中主要存在以下几种制造资源信息（图4-1），下面将分别对其进行论述。

4.1.1 与设备运行工况相关的信息源

生产设备作为生产资源的重要组成部分，其运行状态对企业的经济效益至关重要，如果设备一直处于良好的状态，与之相对的操作人员各司其职，就能够为产品的数量与质量提供可靠保障；反之如果设备经常处于故障待修状态，不仅会直接影响产品的产出，造成产品供应不足，而且会使产品市场占有率降低，严重影响其他生产部门的正常生产。设备的运行工况能够反映出当前设备的运行状况以及设备各系统的功能是否正常。因此，掌握这些工况信息对于设备管理、设备维护是非常重要的。

在实际生产中，通常把设备的关键部件和薄弱环节作为巡检的重点对象，如设备的传动部分、滑动部分、原料接触部分、回转部分、易受腐蚀部分、荷重支撑部分等。通常，设备出现故障需要一个过程，达到一定程度之后才会在产品质量上反映出来，在这个过程中通常伴随着声、热、振动等现象，如果能够记录设备的加工质量信息，并及时捕捉产生的异常信息，并对这些信息与异常现象做专业分析，预测将要发生的异常，及时采取补救措施，就能够避免废品的出现与生产中断的发生。例如常见的机床振动，通过专业的测量设备能够根据加速度的时间历程与振动频率找出机械振动的根源和产生机械噪声的原因。

4.1.2 与工件加工质量相关的信息源

机械产品使用性能及使用寿命与组成产品的零件的质量密切相关，零件的加工质量是保

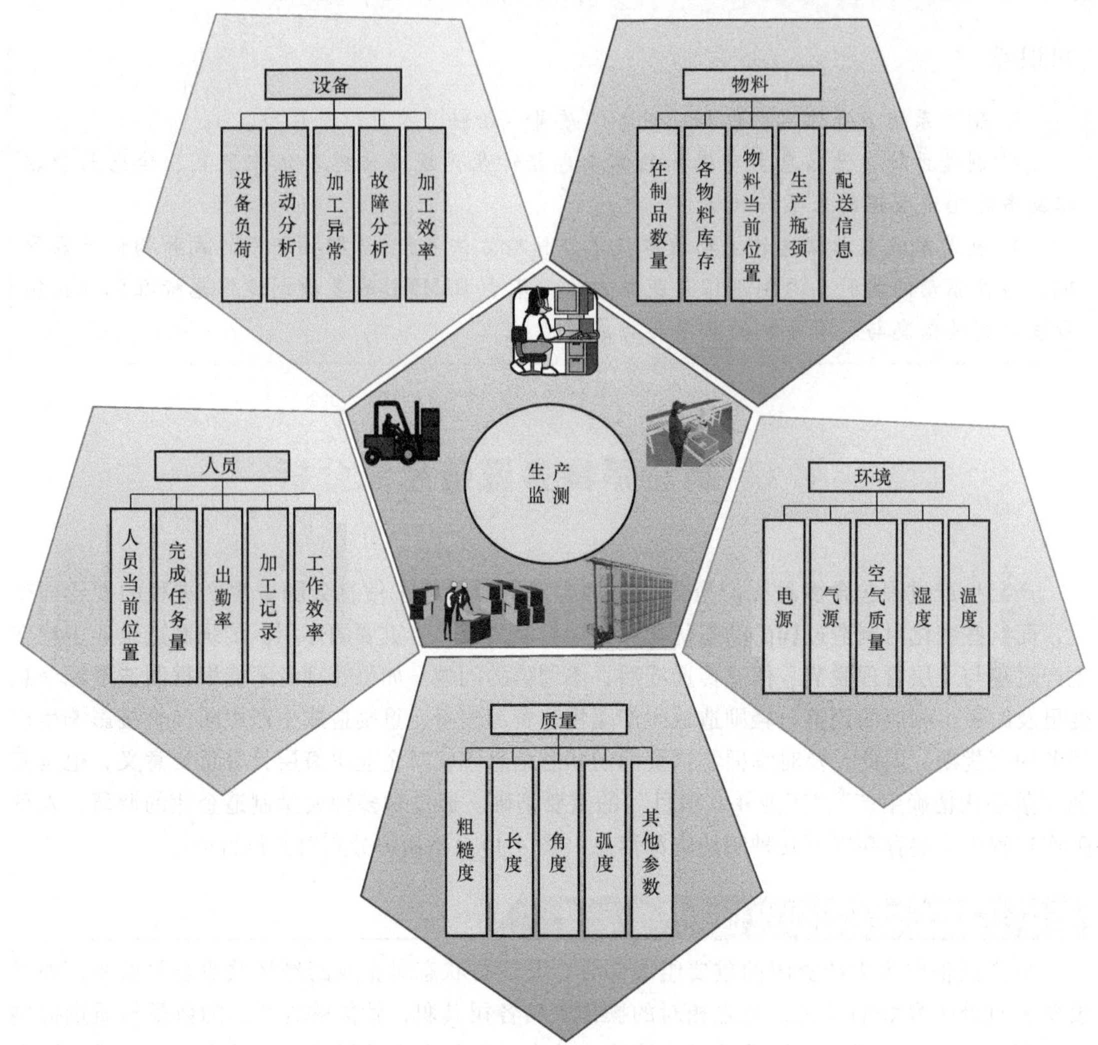

图 4-1 生产过程中的制造资源信息

证机械产品工作性能和产品寿命的基础，衡量加工质量的指标有两个方面：加工精度和表面质量。

1. 加工精度与加工误差

加工精度是指零件加工后的实际几何参数（尺寸、形状和相互位置）与工艺几何参数的接近程度，实际值直接反映加工精度。零件的加工精度包含尺寸精度、形状精度和位置精度三方面的内容。

加工过程中有很多因素影响加工精度。实际加工不可能把零件做的与理想零件完全一致，总会产生大小不同的偏差。从保证产品的使用性能分析，也没有必要把每个零件都做得绝对精细，只要求它符合某一规定的范围，这个规定的范围就是公差。零件加工后的实际几何参数（尺寸、形状和相对位置）对理想几何参数的偏离量称为加工误差。制造者的任务就是要使加工误差小于图样上规定的公差。而保证和提高加工精度的问题，实际上就是控制和减少加工误差的问题。影响加工精度的因素有：

1）工艺系统的几何误差，包括机床、夹具和刀具等的制造误差及其磨损。

2）工件装夹误差。

3）工艺系统受力变形引起的加工误差。

4）工艺系统受热变形引起的加工误差。

5）工件内应力重新分布引起的变形。

6）其他误差，包括原理误差、测量误差、调整误差等。

2. 表面质量

任何机械加工所得到的零件表面，实际上都不是完全理想的表面。实践表明，机械零件的破坏，一般总是从表面层开始的。这说明零件的表面质量至关重要，它对产品的质量有很大影响。零件的表面质量包括表面粗糙度和表面层的物理力学性能。

工件在加工生产过程中，需要经过多次检验来判断工件质量是否合格，确定成品或半成品的质量等级或缺陷的严重性程度，检验工序流程，监督工序质量，收集、统计、分析质量数据，为质量改进和质量管理活动提供依据。不同的工件在不同的加工过程中需要检测加工精度和表面质量中的多项指标。检测的意义在于帮助操作人员及时发现问题，避免后续加工的资源浪费，更重要的意义在于可为其他部门提供生产过程中的现场数据，帮助其在制定相关服务时能够考虑到实际生产中的问题，消除人为记录数据费时、易出错、数据增值困难等问题。例如，对维修人员来说，加工质量数据可以有助于预测将要出现异常的部件，而对产品工艺员来说质量检测数据能够用来验证产品设计是否合理以及是否需要对操作人员的加工顺序进行调整。此外，检测数据也可为评估操作人员绩效提供有力支撑。

4.1.3　与物料/人员相关的信息源

物料当前位置、数量、状态信息对于库存的及时补充、保持各种物料在安全库存范围内、在制品数量的管理与控制具有重要意义。在制品管理工作就是对在制品进行计划、协调和控制的工作。在加工-装配型的工业企业中，搞好在制品管理工作有着重要的意义。它是调节各个车间、工作地和各道工序之间的生产，组织各个生产环节之间平衡的一个重要杠杆。合理地控制在制品、半成品的储备量，做好保管工作，使它们不受损坏，可以保证产品质量，节约流动资金，缩短生产周期，减少和避免物品积压的发生。

搞好在制品的管理工作，要求对在制品的投入、出产、领用、发出、保管、周转做到有数、有据、有手续、有制度、有秩序。有数就是在制品要计数；有据就是收发进出要有凭证；有手续就是收发进出要有核对、签署、登录手续；有制度就是对在制品要建立一套原始记录管理制度，及时入账，经常对账等制度；有秩序就是要把在制品管得井井有条。传统的在制品管理工作费时、费力，信息传递缓慢滞后且不增值，不适应当前生产管理信息化、数字化的趋势。各工序的在制品数量信息可为预测任务交货期提供生产现场数据支撑。实时掌握各工序的在制品数量，对于消除生产瓶颈、提高生产效率有重要作用。

人员信息包括操作人员与生产相关的信息，例如工龄、擅长工种以及在生产过程中产生的加工信息、加工记录、完成任务历史记录，这些信息的采集对于上层管理者根据物料、在制品、人员进行合适的配置调度，以应对生产过程中出现的异常情况造成的生产排产变更具有重要作用，并且为实现“智能工厂”提供实时现场多源数据支撑。

4.1.4 与生产环境相关的信息源

根据人因工程的思想，生产环境、生产者、生产设备三者是相互作用的，生产环境不仅对人的体力负荷、智力负荷、心理负荷等有显著影响，而且可以对设备的运行状况有类似的作用，例如设备的周围环境对设备的寿命、生产加工精度等都有重要影响。良好的环境一方面不仅可以有效减轻工人在生产过程中产生的疲劳，缓解生理与心理因长时间劳动所产生的不适。另一方面，随着加工设备科技含量越来越高，功能越来越强大，对环境的变化越来越敏感，对生产环境的要求越来越高。工作环境对很多仪器设备的性能有较大影响，例如，灰尘不但可以影响仪器的灵敏度，而且会造成零部件间的接触不良或电气绝缘性能变差，进而影响到仪器的正常使用；环境的温度、湿度对仪器的影响也很大。由于电子元器件特别是集成电路要求在合适的温度范围内工作，因此，为保证仪器的精度和延长其使用寿命，应让仪器始终处于符合要求的环境温度中。此外，许多挥发性的化学物质一旦接近精密仪器，就可能对仪器产生腐蚀作用，无形之中就会损坏某些零部件；有些化学溶剂肉眼不易察觉，但会侵蚀印刷电路板等。

生产设备的运行状况、使用寿命、加工精度都需要特定的生产环境条件。从生产产品的角度看，良好的环境因素有助于原料、在制品、成品的保存，降低存储过程中出现的发霉、变质、失效、生锈等情况的发生。因此，根据不同季节、不同产品、不同生产线、不同设备为生产环境设定不同的参数对于保证生产的顺利进行、提高生产效率、减少生产故障的发生尤为重要。

4.2 制造系统多源信息主动感知模型

4.2.1 需求分析

制造系统多源信息主动感知是指通过在生产现场配置各种信息采集装置，采集制造系统多源信息，并对之进行有效的分析处理，使上层管理者了解实时、精确、全面的生产现场状态。多源制造数据感知系统的体系框架如图 4-2 所示。通过对一些典型制造企业的调研发现，当前制造企业在多源制造数据感知系统方面存在如下的需求与挑战。

1. 生产现场传感器优化配置

产品生产过程涉及物料、设备、人员、库存、在制品、产品质量等信息，需要配置传感器以获取这些数据，但不同的传感器监测对象不同，测量的数据类型不同，这就需要对传感器进行选择。例如物料信息的获取可以使用 RFID 阅读器来完成，成品尺寸方面的检验可以通过数显游标卡尺来完成。

不同的传感器具有不同的通信方式、连接端口、感知距离，同时同种传感器的价格因采集的精度等因素的差异变化较大。如何选择不同的传感器类型及安装位置，在满足信息采集需求的基础上，使整体信息采集系统的价格更低、安装更方便，是一个企业需要考虑的问题。

2. 传感器管理

传感器配置以后，需要依据各传感器本身的参数与驱动模式进行调整，才能实现采集数

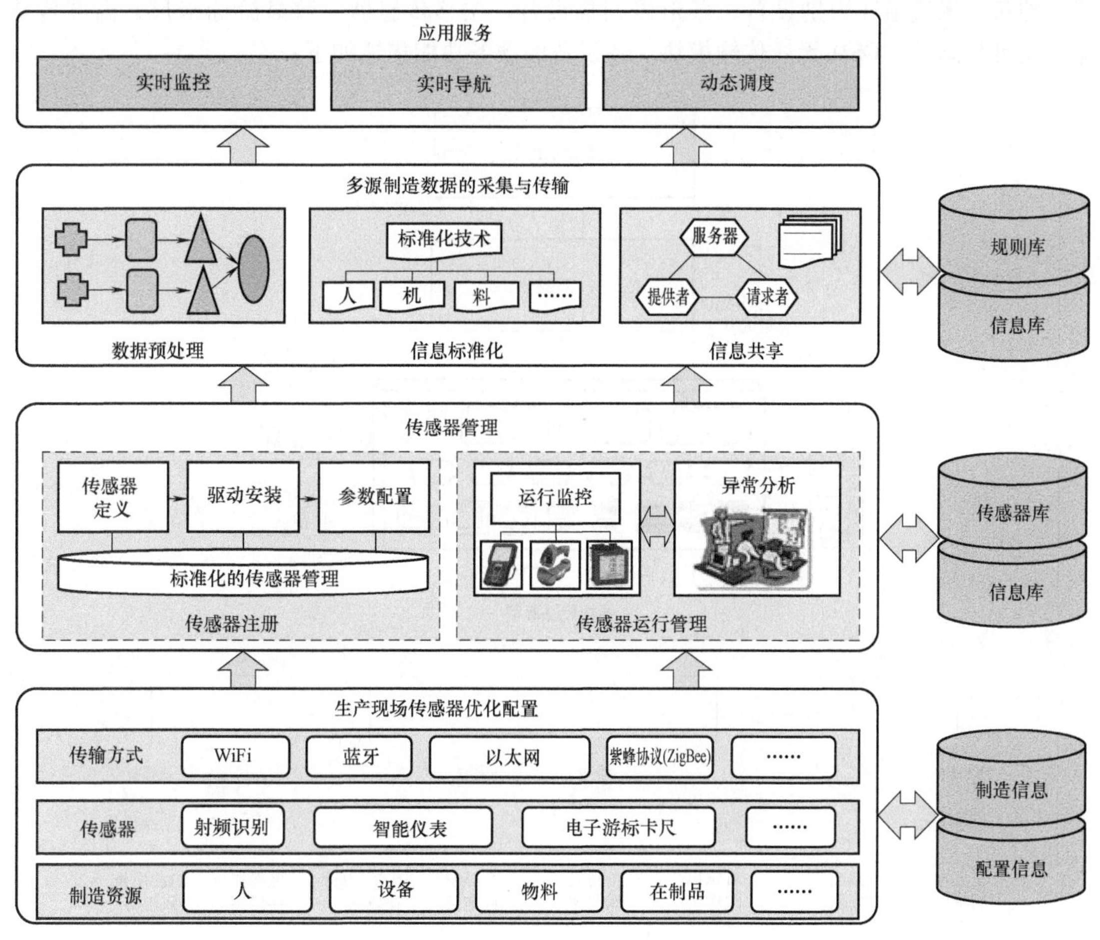

图 4-2　多源制造数据感知系统

据的功能。如何统一地管理各种传感器的运行，为每种传感器配置不同的参数，使之按照自己的方式运行同时又服从管理者统一的调用、查询、配置、绑定，从而实现制造信息的有效采集是关键问题。另一方面，传感器运行过程中，不可避免地会出现传感器损坏的情况，如何依据传感器反馈的信息，对传感器的运行状态进行评估，发现异常的传感器，以保证传感器的稳定、可靠运行也是关键问题之一。

3. 多源制造数据的采集与传输

通过传感器采集而来的信息，包含许多重复、错误、无效的信息，需要选择相应的数据预处理规则（如分类、整合、筛选、排序），将信息精炼为有效的生产状态信息，并进一步通过数据标准化处理，将生产过程信息包装为标准化的制造资源数据，通过数据服务中心响应信息请求者的需求。

4.2.2　硬件设计

本节通过集成异构传感器群与工控机，形成一种嵌入式多源制造信息感知装置，从硬件层面上实现对制造运行过程的多源实时制造数据的自动获取与传输。针对生产过程中涉及的人、物料等的状态信息，工件加工的质量信息，制造环境信息所设计的装置（图 4-3）集成了工控机、无线射频识别设备、条形码扫描设备、位移传感器、数显游标卡尺、温度传感器、湿度传感器、GSM无线传输模块。各设备的服务功能描述如下：

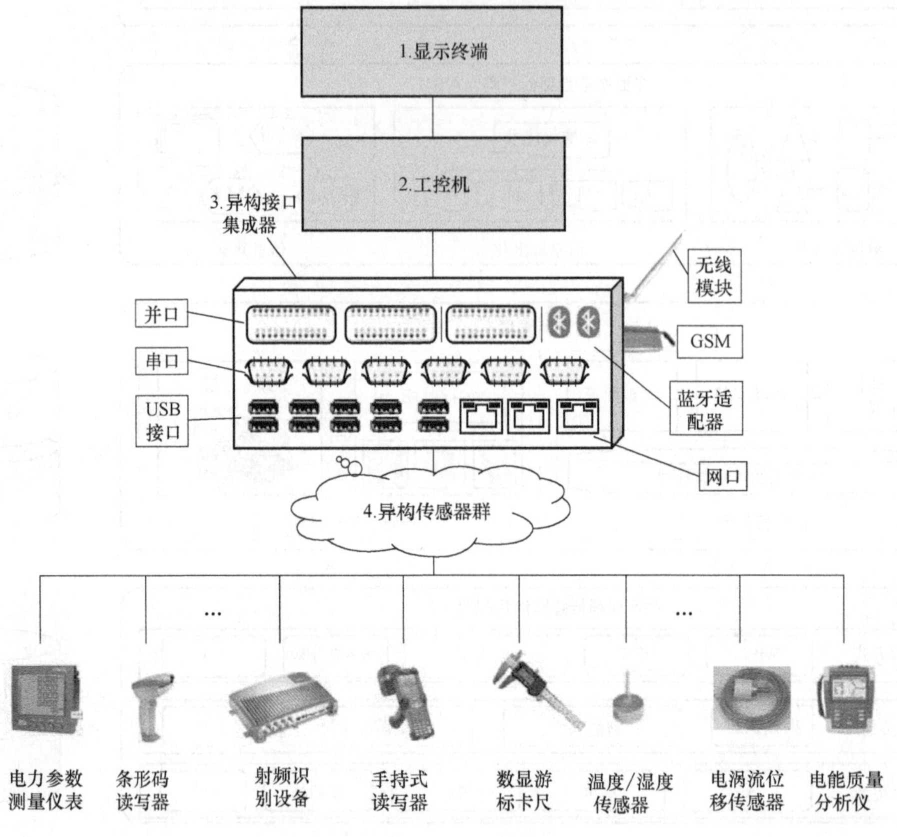

图4-3 系统硬件设计

(1) 显示终端　用于可视化显示各传感器的运行状态、感知的实时多源制造信息等。

(2) 工控机　多源制造信息感知装置与方法的核心，用于部署和运行多源制造信息感知所涉及的软件系统，以集中管理采集多源制造信息的传感器节点和封装多源制造信息感知、推送、远程访问服务等。

(3) 异构接口集成器　用于集成多种异构接口终端，实现对具有多种异构接口（串口、并口、USB、蓝牙）的传感器、通信模块（GSM、WiFi）、第三方终端（显示终端和手持式设备）与工控机的连接与通信。

(4) 异构传感器群　用于感知多源制造信息的异构传感器群形成的感知网，传感器种类及相关功能如表4-1所示。

表4-1 传感器种类及相关功能

编号	名称	功　能
1	射频识别设备	与电子标签配合使用，用于感知特定范围内移动的制造资源如员工、物料、在制品等的变化信息
2	条形码读写器	与条形码配合使用，用于感知特定范围内移动的制造资源

（续）

编号	名称	功　能
3	位移传感器	用于感知工件加工过程的质量信息
4	数显测量仪	用于检测工件完工后的加工尺寸信息和表面质量信息，包括数显游标卡尺和数显粗糙度测量仪
5	环境传感器	为人因工程分析提供源自生产现场的数据源，包括温度传感器和湿度传感器
6	加速度传感器	可快速、准确、安全地测出机械振动加速度，通过分析加速度的时间历程找出机械振动的根源和产生机械噪声的原因。振动传感器多采用压电加速度计，用加速度计测得振动的加速度，通过一次积分求得速度，通过二次积分求得位移
7	电力参数测量仪	通过连接路由器实现远程访问，可实现在线监控机床的参数，如频率、电流、电压、功率、功率因数等。降低电力成本，实时监测电力参数，提高系统运行效率

4.2.3 软件设计

在系统硬件配置的基础上，设计了相应的多源制造信息感知器软件系统，以实现对异种传感器的集中管理、数据采集、处理与实时传输。为了实现这一目标，设计了如图4-4所示的多源制造信息感知器软件系统。该系统主要包括“即插即用”式异构传感器管理、事件

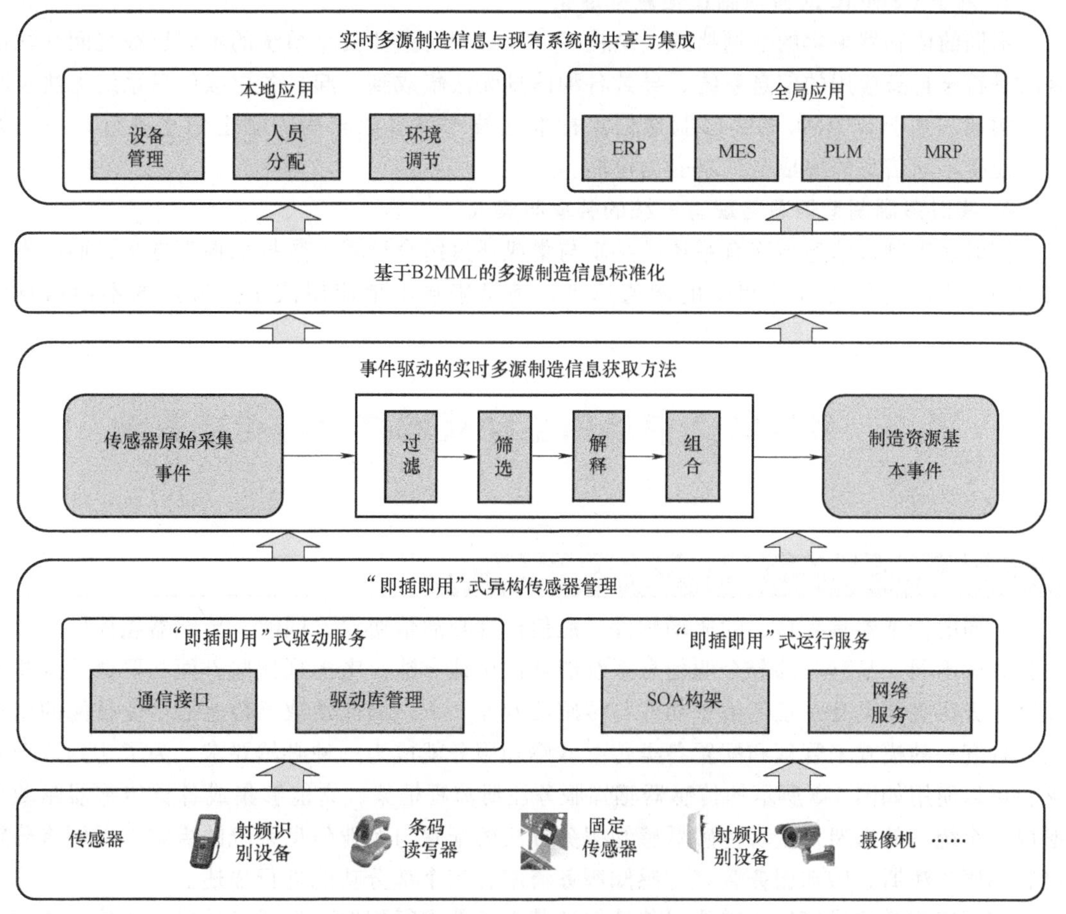

图4-4　软件设计整体架构

驱动的实时多源制造信息获取方法、基于 B2MML（Business to Manufacturing Markup Language）的多源制造信息标准化和实时多源制造信息与现有系统的共享与集成四个模块。

1. “即插即用”式异构传感器管理

“即插即用”式异构传感器管理能够实现传感器与多源制造数据感知系统的“即插即用”式连接，并为传感器实时数据的采集提供接口。“即插即用”式异构传感器管理模式包括两个核心模块，即“即插即用”式驱动服务和“即插即用”式运行服务。前者包括通信接口和驱动库的管理，以支持异构传感器在接入到嵌入式多源制造信息感知装置时能正常运行；后者采用面向服务的架构（Service Oriented Architecture，SoA）通过部署网络服务（Web service）接入的异构传感器，实现其感知服务（如读取信息和写入信息等），可在嵌入式多源制造信息感知装置中进行集中运行和标准化管理。

2. 事件驱动的实时多源制造信息获取方法

为了更好地对制造执行系统（MES）的主动感知和动态调度过程进行建模，有一种基于关键事件的生产过程主动感知模型（8.1.1 节）可对生产过程进行分析，该模型将生产过程的分析过程转化为多层次事件分析过程，能够高效精确地获取生产关键性能信息。本节所提的事件驱动的实时多源制造信息获取方法，可将传感器采集的原始制造资源信息整合成为制造资源基本事件信息。

3. 基于 B2MML 的多源制造信息标准化

不同的传感器采集的数据格式、结构不一样，同时企业信息系统的不同层级之间往往部署的是符合自身应用的信息系统，导致各种信息无法集成到一起，各层级信息系统无法及时有效沟通，基于 B2MML 的多源制造信息标准化技术将多源异构的制造信息进行归一化处理，使得不同信息的集成与共享变为可能。

4. 实时多源制造信息与现有系统的共享与集成

实时多源制造信息与现有系统的共享与集成通过组合运算、数据挖掘等方法，面向不同的用户与应用对信息进行相应的增值运算，满足来自本地应用或全局应用的不同信息化需求。

4.3 多源制造信息的主动获取技术与传输方法

4.3.1 “即插即用”式异构传感器管理

不同的传感器具有自己的驱动软件、通信标准与通信协议，同时，传感器能提供的感知服务方法不同，只有一部分企业信息系统能够使用该方法。考虑到这些方面，要调用这些感知服务方法必须具有一定的编程功底与传感器专业知识，因此使缺乏传感器专业技能的用户以一种统一的模式来管理和配置各类传感器感知服务就成为一种必然要求。为了达到这个要求，可以使用如图 4-5 所示的传感器感知服务注册流程框架，它能够集成各类传感器驱动来形成一个统一的框架，实现传感器感知服务方法的配置与企业信息系统的绑定。下面将分别对感知服务注册、感知服务管理与感知服务流配置三个部分功能进行描述。

在感知服务注册模块，需要对传感器的基本参数进行配置，如通信接口、通信方式、工作频率、服务 URL 地址等，此过程是传感器感知服务进行正常工作的基础。接下来要根据通信接口对连接的传感器进行测试，首先采用基于通信接口的运行模式测试传感器的服务功能，若不能启动其服务功能，则通过基于第三方驱动库的运行模式测试其服务功能，当其能成功运行时，则可以进行下一步的感知服务配置。

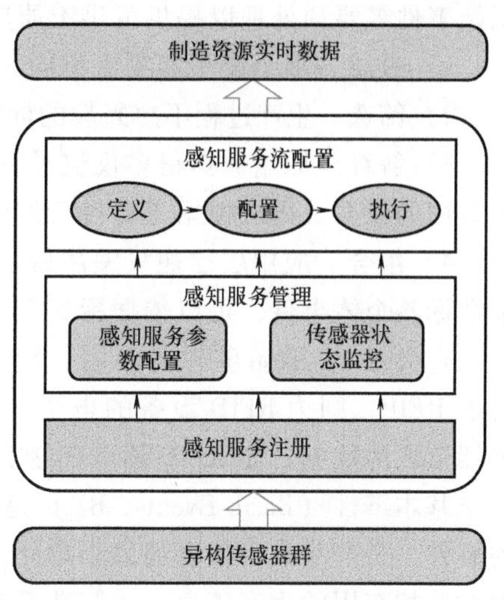

图 4-5 传感器感知服务注册流程

感知服务管理模块包含两个部分，一个是感知服务参数配置，一个是传感器状态监控。在感知服务参数配置模块，要对传感器的感知服务参数进行配置与服务，如采样周期、工作频率、工作方式、时间等参数，该模块采用 JDOM、WSDL、AXIS、SOAP 等技术将各种传感器的感知服务转化为标准的服务接口，并提供各种感知服务调用时需要的参数格式；传感器状态监控模块实现对传感器状态的实时监测，当出现故障时及时提醒操作人员，以免因为传感器处于不可用状态而造成相应感知服务的工作失灵。

感知服务流配置模块能够实现以下功能：用户根据产品加工过程定义用到的感知服务的工作流，根据产品特性或者加工特性配置工作流参数、过程，协调涉及的感知服务按照定义的工作流执行实时数据感知服务。感知服务流配置模块包括三个子模块：定义模块、配置模块和执行模块。定义模块用于根据加工特性来制定服务流，制定各感知服务之间的逻辑顺序关系；配置模块用于给各项感知服务设定服务参数；执行模块不仅可以使各项感知服务按照制定的流程与逻辑关系工作，而且可以在执行时监控各项感知服务的状态，保证工作流的正常执行。

4.3.2 事件驱动的实时多源制造信息获取方法

事件驱动的实时多源制造信息获取方法是实现 MES 实时生产信息主动感知的前提和基础，为制造执行过程的主动感知和动态调度决策提供制造资源基本事件信息。通过配置智能传感设备获取的制造资源数据，具有多样性、连续性、不确定性等特点，许多信息以隐形方式存在，必须通过信息的过滤分析，挖掘出隐含的生产性能信息。由于每个监测节点采集的数据只反映某一时刻或一段时间内单种制造资源的运行数据，以此为基础提取的生产信息只反映局部的生产状况。按一定时序或规则对这些局部信息进行提取，并根据其信息结构进行层次化、结构化关联，逐步叠加、融合，可以形成制造资源具有实际意义的生产过程基本信息，再对这些信息进行排序、组合，形成与生产任务、生产过程紧密相关的实时多源制造数据，为生产信息系统提供数据支持。

传感器采集的制造资源数据可以看作原始事件（Primitive Events，PE），指某一时刻传感器读取并传递的信息，往往数据量非常大且无法直接利用。以 RFID 读取制造信息为例，RFID 阅读器采集的标签原始事件，是事件处理过程中最基本的组成单元。由于 RFID 数据采集技术本身固有的高速性和自动性，即使小规模的 RFID 应用也会在短时间内产生大量的原始事件，而且这些事件又多是零碎、重复、多余的，甚至会出现异常、错误数据，故这些原始事件需要预处理以提供可供上层应用的标签事件。预处理过程主要包括：

1）过滤。多个读写器覆盖相同区域所产生的空间重复事件可过滤掉。

2）筛选。生产过程不感兴趣的标签事件直接忽略，误读的数据通过数据匹配直接删除。

3）解释。原始数据很多仅仅是一个数字，需要赋予它含义或者进一步运算处理才能得到有用的数据，用户根据需要自行设定数据解释规则。

4）组合。应用层往往只关注特定区域内物品的进入、离开、停留、集合事件，而忽略单个标签个体事件，可以依据标签个体的不同事件组合得到相应事件。

定义 4.1：原始事件可以用（SID，VID，T）表示，其中，SID 代表传感器本身的 ID，对于 RFID，则为 RFID 设备的电子产品代码（Electronic Product Code，EPC）；VID 指代传感器读取的数据，如 RFID 读取的物品的 EPC；T 代表原始事件的发生时间。

基本事件（Basic Events，BE）是反映单个或同类物品的实时时空状态或制造状态变化的事件，是产品有用信息的最小单元。由于原始事件携带信息较少，需要对其进行聚合以获取对监控有用的生产信息，在制造系统中的关键事件提取过程中，基本事件主要有领料出库事件，加工及装配事件，在制品流通事件，质量检测事件，完工入库事件五种。

定义 4.2：基本事件用（Object_ID，Attributes，Context，T）表示，其中，Object_ID 为物品的 EPC；Attributes 为事件的属性，如事件发生的车间信息，工位信息，执行人员信息等；Context 给出事件的具体内容以及属性之间的关系；T 为事件发生的时间，包括开始时间与结束时间两种。

4.3.3 基于 B2MML 的多源制造信息标准化

随着计算机技术和网络技术的发展与普及，传统制造技术不断升级，越来越多的生产制造企业实现了生产管理信息化。然而，不同生产层级各自部署符合自身应用的生产信息系统，不同的信息采集装置输出多样异构的数据，这样就形成了大大小小的“信息孤岛”，各个系统的信息无法相互理解，难以满足企业信息系统集成的要求。

针对上下层系统的信息数据结构不同，描述方法不一致，各系统之间数据无法相互理解的问题，世界批量论坛（World Batch Forum，WBF）的 XML 工作组研发了企业制造标记语言（Business To Manufacturing Markup Language，B2MML），为生产厂商提供免费的 ISA-95 企业 XML 格式应用，使其符合控制系统集成标准。ISA-95 标准提供模块和术语，使企业系统和生产控制系统使用的信息变得标准化。其主要作用在于为企业不同层次应用系统提供数据交换标准，使数据交换容易被实现。

WBF 公布了 B2MML 包含的七个与生产信息相关的信息模型，分别是：①设备/Equipment；②物料/Material；③人员/Personnel；④加工片段/Process Segment；⑤产品定义/Product Definition；⑥生产能力/Production Capability；⑦生产绩效/Production Performance。

这些信息模型里分别包含不同的类型、元素，并且给出了一些基本的类型描述以及各元素之间的包含关系。例如在设备模型中，B2MML 文件定义了设备类别信息，设备信息与能力测试信息，这些信息能够在商业系统与生产操作系统之间进行交换，并且基于 ANSI/ISA 95.00.02 企业/控制系统集成标准中定义的数据模型和属性。在 B2MML 设备信息模型中所表示的数据从下面的信息模型导出，其中的数据不是分层的，所以该模型关键假设是信息能够从三个出发点中的任意一个来访问数据：设备类别信息、设备信息和能力测试信息，如图

4-6 所示。

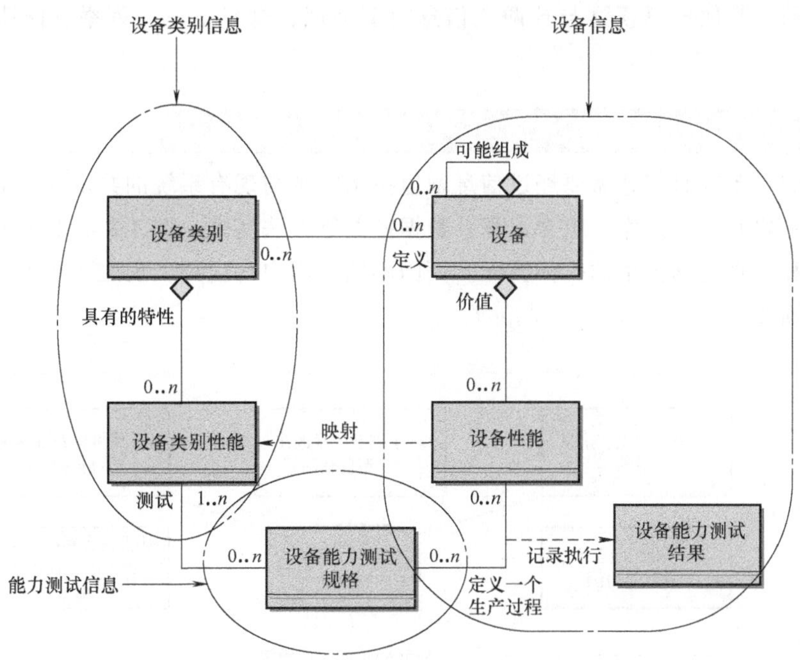

图 4-6 设备信息交换模型

图 4-7 所示为产品定义信息交换模型，该信息模型是具有层级关系的，并且引用了物料

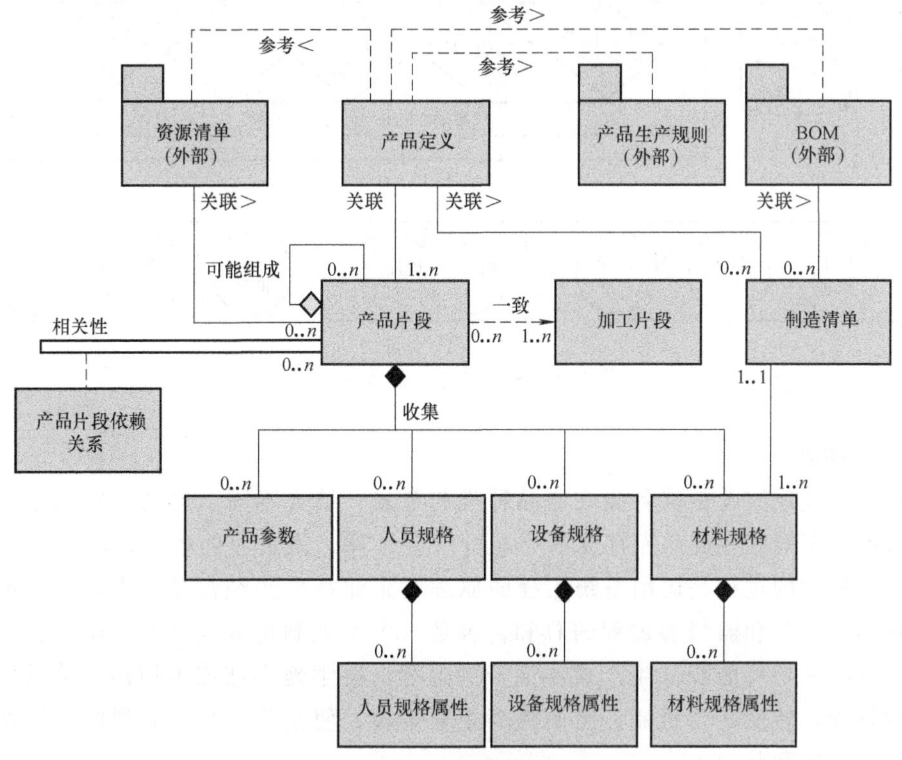

图 4-7 产品定义信息交换模型

清单和资源清单，但是该模型并不包括这两个清单。模型的关键假设是信息能够通过产品生产规则来访问。其他信息模型与这两个信息模型类似，这里不一一列举，详情可查阅相关资料。

4.3.4 实时多源制造信息与现有系统的共享与集成

采集到的多源实时信息需要经过信息增值技术实现与现有系统的共享与集成，多源实时信息的增值主要基于规则库、组合运算、数据挖掘等方法实现，图 4-8 给出了生产过程数据传感、监控和全程追溯技术的整体流程。面向不同的用户与应用，现主要在以下五方面对现有信息进行描述：

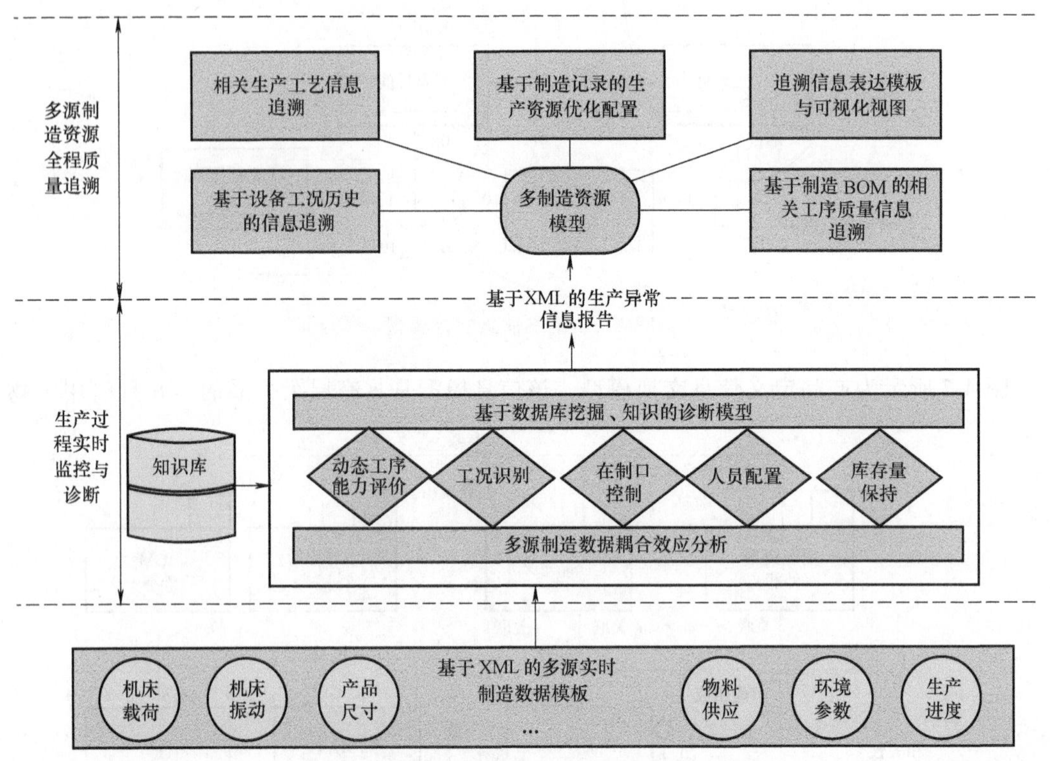

图 4-8　生产过程数据传感、监控和全程追溯技术

1. 成本控制

根据实时统计的设备端各类在制品种类与数量，结合不同工序的工时成本，对产品的制造成本、车间的在制品库存成本等进行组合运算，为企业的生产成本控制提供增值信息。成本控制的过程是运用系统工程的原理对企业在生产经营过程中发生的耗费进行统计、计算、调节和监督的过程的总和，也是一个发现制造薄弱环节，挖掘企业内部生产潜力，寻找一切可能降低生产成本途径的过程。科学地实施成本控制，可以促进企业改善经营管理，转变经营机制，全面提高企业素质，使企业在当前激烈的市场竞争的环境下生存、发展和壮大。

2. 生产准备时间的标准化

通过对员工操作过程进行详实记录，对不同员工在各个工序的生产准备时间进行历史统计，采用取平均数等数学方法逐步对生产准备时间进行标准化，为车间排产提供增值信息。生产准备时间标准化有利于稳定和提高产品、工程、服务的质量，促进企业走质量效益型发展道路，增强企业素质，提高企业竞争力；严格地按标准进行生产、检验、包装、运输和贮存，产品质量就能得到保证。标准的水平标志着产品质量水平，没有高水平的标准，就没有高质量的产品。

3. 实际生产进度与计划和交货期的对比

源自各类在制品的实时信息，结合产品物料清单（Bill of Material，BOM）关系，对客户订单任务的实际生产进度和计划进度、任务交货期进行对比，为生产管理人员对生产计划的优化提供增值信息。交货期是企业核心竞争力强弱在市场上的主要表现因素，缩短交货期不仅对于增强企业竞争力有重要意义，而且对提高新产品投放市场周期、提高人力资源生产能力、降低生产成本都有良好的促进作用。

4. 生产过程在线质量信息的监控与诊断

造成工件生产过程质量问题的因素非常复杂，可能由设备的工况异常、刀具的磨损、夹具的定位误差等引起，也可能由产品的多工序造成加工误差的累积而引起。为此，采用基于XML的实时质量信息模板对引起加工质量的各类信息进行分类抽取，通过载入各类实时质量信息，如制造设备的振动等工况量，以及工件的长度、形位误差等几何量，采用动态工序能力评价、基于支持向量机的工况状况监控、多质量信息间耦合效应分析、质量控制图等对实时信息进行综合全面的分析和对比，通过数理统计知识和专家系统对生产过程的质量信息进行在线诊断。

5. 多制造资源质量信息全程关联追溯

所建立的质量问题驱动的多制造资源质量信息全程关联追溯模型如图4-8所示，该追溯模型分别从不同纬度和深度对可能引起该质量问题的各种因素进行信息追溯，如基于生产设备工况历史数据对设备质量信息进行追溯，基于制造BOM对该问题工序相关的所有已完成的其他工序质量信息进行追溯，以及对与生产问题相关的制造工艺过程进行追溯等。采用标准的追溯信息表达模板实现质量追溯全程信息的视图，能够实现对生产过程质量信息的诊断与追溯，为分析造成质量问题所涉及的各类不同制造资源，快速排查和锁定最可能造成质量问题的制造资源提供全方位的质量信息。

4.4 多源制造信息主动感知系统的设计与实现

4.4.1 硬件原型

基于上述设计，西北工业大学研发了一个多源制造信息感知器原型产品，其硬件部分如图4-9所示，目前，可支持对数显游标卡尺、RFID标签信息的采集。

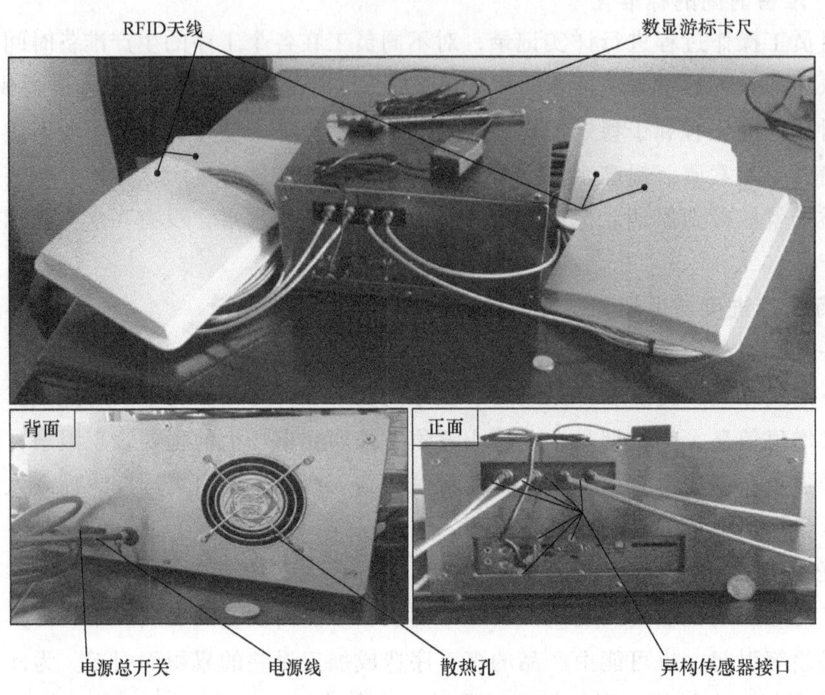

图 4-9　多源制造信息感知器硬件原型

4.4.2　系统界面

1. 传感器驱动

所设计的传感器“即插即用”式运行是基于嵌入式系统理念，对接入到多源制造信息感知装置的异构传感器进行集成运行管理，通过建立异构传感器和标准接口驱动库集中管理系统，在面向服务的构架下，为每类传感器的驱动和运行服务设计标准化的调用接口，对新接入的传感器部署标准化的驱动和运行服务调用接口，进而通过这些标准的接口来管理所接入传感器的感知服务（如传感器的读取、写入等功能服务），进而实现异构传感器在感知装置中的“即插即用”式驱动和运行。

2. 传感器管理

嵌入式实时多源制造数据感知器监控系统的软件界面如图 4-10 所示。登录系统之后，可通过“信息管理”菜单下的“系统设置”选项对系统基本参数进行设置，包括登录图片、主页图片、滚动字幕与数据上传频率。在“信息管理”菜单下有“设备管理”选项，用户可以在该选项下进行设备的添加、删除、修改参数等操作。添加设备时，需要提供设备的编号、地址、名称、类型和通信方式等信息，如图 4-10a 所示。添加完成后，可以在“感知器监控”菜单下找到相应的设备名称，并在界面下方显示设备的参数信息，如图 4-10b 所示。图 4-10c 所示为通过两种方式将采集到的数据发送出去，包括地址传送与 GSM 短信发送，并可以添加与删除发送对象。以 XML 格式分类存储并发送传感器设备采集到的数据（图 4-10d），从而为生产管理层提供源自生产现场的多源实时制造数据，为生产的高效提供保障。

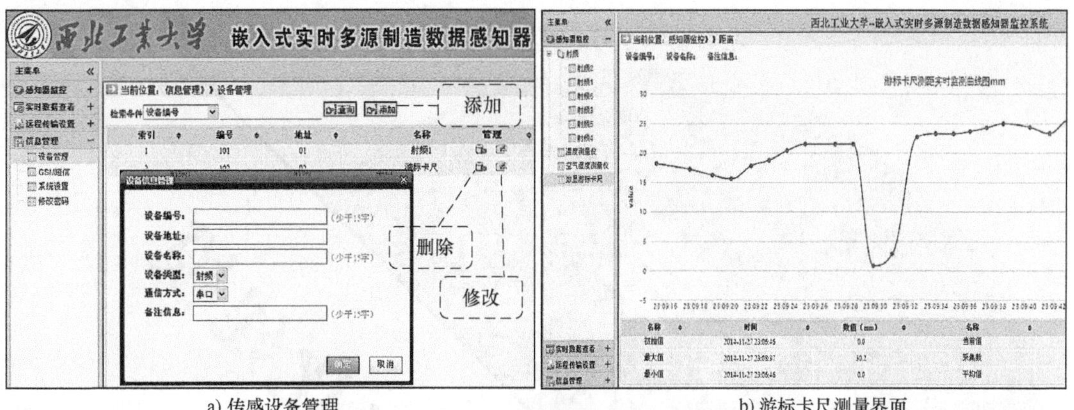

a) 传感设备管理　　　　　　　　b) 游标卡尺测量界面

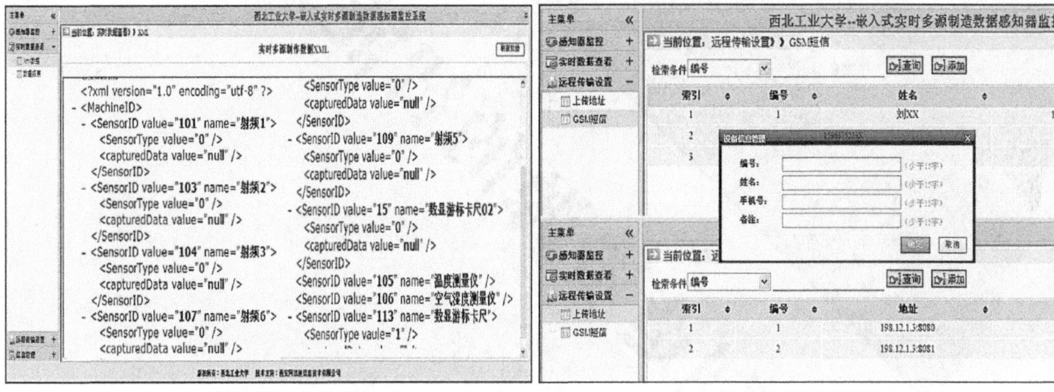

c) 数据传输参数设定　　　　　　　　d) XML多源实时数据

图 4-10　多源制造数据感知器监控系统的软件界面

复习小结

制造过程会产生设备工况、加工质量、物料、人员、生产环境相关的各种信息，通过多源制造信息感知，得到物联制造系统的各类信息，从而为物联制造系统的智能决策提供基础的数据。本章结合多源制造信息感知的需求，阐述了制造系统多源信息主动感知模型、多源制造信息的主动获取技术与传输方法，并给出了多源制造信息主动感知系统的设计与实现。本章内容能够为物联制造多源信息感知的设计和实现提供有效参考。

习　题

4-1　制造系统的多源信息源有哪些，各信息源的主要信息有哪些？

4-2　制造系统多源信息感知过程所面临的需求与挑战有哪些？

4-3　请说明多源制造信息感知器的软、硬件系统的构成。

4-4　常用的数据预处理手段有哪些？

4-5　请举例说明如何进行实时多源制造信息与现有系统的共享与集成。

第5章 底层制造资源的智能化建模

知识点

1. 制造环境的智能性很大程度上依赖于生产系统对于物理环境中底层制造资源所建立的模型的智能程度。

2. 智能生产系统需要根据制造及装配进度和相关加工需求动态地对加工操作流程加以引导，这将大大提升系统的稳定性及生产效率。

3. 工序协同服务机制可以及时获取生产链服务和工艺流程信息，从而动态调配各工作站的任务序列，建立上下游环节的紧密联系，实现资源的有序共享，同时最大程度上降低个别生产环节的等待时间。

4. 任务队列优化可以根据实时的任务需求及生产状态及时调整任务队列，避免传统调度计算复杂且不易应对异常的特点。

5.1　加工制造资源智能化建模需求分析

底层加工设备和制造资源位于整个物联制造体系的底部，构成了整个硬件系统的核心。对于整个生产过程而言，它又是上层指令和调度信息的主要执行者，同时也是一线生产信息的反馈者。因此将传统的加工制造资源和工业化生产与计算机、传感器等物联网技术相结合是实现系统相关成员的互联互通、制造执行过程的主动感知和动态优化等物联制造体系智能化、信息化、自动化建设的关键。加工制造资源的智能化极大的区别于传统的车间生产案例，它将信息反馈迟滞、易出错、效率低下的“黑箱”式生产模式转换为主动反馈、服务优化同时具有容错重构能力的透明式作业。利用相关的网络和计算机技术将生产器械拟人化为人机互联、机器与机器互联的实体对象，实现分布式环境下的信息汇报和采集、数据整合、生产优化、实时监控等功能，从而达到提高生产效率，资源配置合理化，生产过程绿色化的目的。

相关人员通过对企业和工厂长时间的科学调研和归纳总结，发现现代化企业生产流水线已在一定程度上摆脱了对人力资源的依赖，保证了生产的流畅性。但同时由于生产模式的简单、单一，导致工业系统在遇到突发事件时缺乏稳定性、灵活性和自我容错及调整能力，轻则易造成生产停止、减缓，重则导致产品不达标、订单违约等严重后果。比如由于突发的紧急任务可能导致周转不畅、生产线利用率不高，生产原料不足，原料漏装错装等情况。将所有问题追本溯源的来看，造成被动生产局面的根本原因是决策层和执行层之间信息沟通的不及时、不充分。使得决策层无法在第一时间进行错误纠正，致使错误蔓延和堆积最终导致生产活动的混乱和崩溃。同时由于实时生产数据的收集和整合力不足，也导致上层调度对于下层生产活动缺乏预见性和指导性，为日后车间的正常运作埋下隐患。因此有关底层生产资料和生产过程的信息感知、优化管理、监督指导等问题一直是工业工程领域研究的热点课题。为了能够切实提高企业生产各个环节的沟通协作力和生产效能，需要从以下几个方面进行具体研究：

1. 操作引导问题

现代生产对产品质量及供货期都提出了很高的要求。在生产任务密集的工业生产中，由于缺乏生产现场的相关数据以及相关数据处理方法，生产系统无法根据制造装配进度和相关加工需求动态地对加工操作流程加以引导，从而可能引发由于某些生产环节的操作不当而造成的交货期推迟甚至是产品质量缺陷。

2. 生产协作问题

在线性生产过程中涉及多个环节和生产资源的协调。当缺少对设备的实时监控和管理时，一个过程的出错就可能导致应急预案失效和处理不当而影响上下游节点的生产。因此智能制造系统需要具有协调上下游生产关系、错误回滚、自我修复等机制保证生产线的稳定性和健壮性。

3. 任务优化问题

为了能够及时完成订单任务并实现流水线的最大利用率，决策层需要根据相关的生产信息考虑不同的生产任务中的具体作业和工艺流程的差异、权重的不同等因素来对生产任务进行合理的统筹规划和动态优化调整。

通过上述相关背景和问题分析，底层加工制造资源的智能化建模是构建现代化的工厂制造体系、践行《中国制造 2025》发展规划、实现生产过程主动感知与动态调度的核心技术和必由之路。在具体实现上也只有通过相关物联网与建模技术，提高底层设备的智能化和感知能力，才能实现空间上分散的、异构的生产对象和生产资源的跨平台访问，提高底层制造资源的兼容性和可扩展性，确保与上层调度系统的及时有效的沟通和透明的信息共享，最终构建出智能系统的底层智能化架构。

5.2 实时信息驱动的装配活动智能导航服务的体系构架

5.2.1 智能装配处理框架

在实际生产运行的过程中，装配站的高效有序运作需要整个复杂产品生产线上的多个工序协作配合。鉴于装配过程涉及的生产资源繁多，任务安排复杂，决策难度较大，本节以装配资源的智能化建模及相关决策方法为主，展示生产制造过程中可以运用的建模方法及决策工具。

与传统的装配站相比，本节设计的智能装配站为生产管理提供了科学有效的决策方案或决策依据，其智能化水平直接表现在生产状态的主动感知以及任务安排的智能化决策两方面。为了实现生产资源的主动感知，生产线上需要安装相关的传感器等设备，从而实现加工状态的实时感知，由此获取的数据利用数据处理模型及相关信息增值方法，可以向用户提供相应的生产服务，如任务的调度或装配操作的引导提示等。鉴于 5.1 节的需求分析，智能装配站在制造资源可以被实时感知交互的基础上，设计了实时操作引导服务、工序协同生产信息服务、任务队列优化服务等模块，以面向服务的结构为生产管理者提供了易于获取且调用方便的决策信息。本节讨论的由实时信息驱动的装配活动智能导航服务的体系构架如图 5-1 所示。

装配智能导航服务体系的底层结构是由生产现场信息的实时采集技术与主动感知策略等

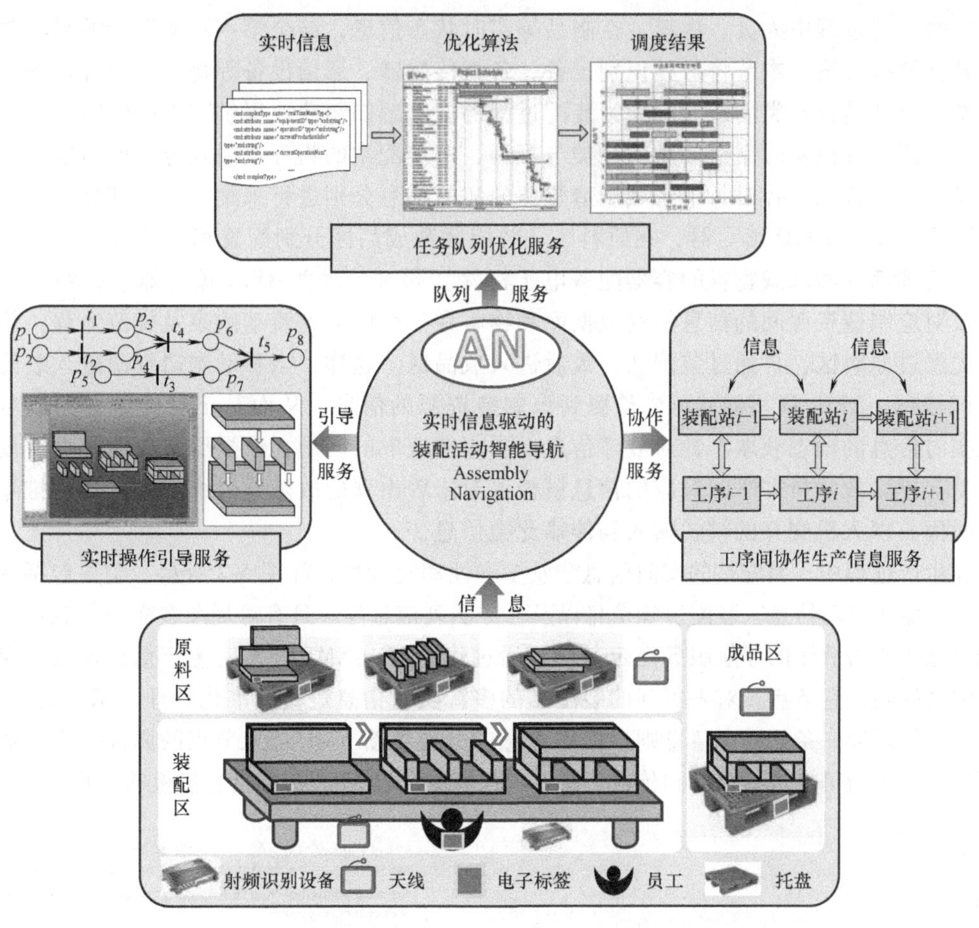

图 5-1　实时信息驱动的装配活动智能导航服务体系构架

共同组成的。通过运用 RFID 技术对人员、工作台和在制品等信息进行采集，在每个装配站安置 RFID 读写器，在原料区、装配区和成品区分别配置相应的天线，为生产员工、关键零部件和承载物料的容器配备电子标签，并建立电子标签与对应绑定的制造资源的注册表，实现对制造资源的生产活动或装配过程等动态信息的采集和记录。

实时操作引导服务用于为员工的装配操作提供实时引导和丰富的辅助信息，减少装配环节中因操作不当或物料错装而引起的质量问题。依据采集的实时状态信息，捕获当前时刻装配进程，基于该任务的 Petri 网模型，调用多媒体信息库中该操作的多元信息，为操作员工提供装配过程可视化操作引导。工序间协作生产信息服务是用于及时获取与当前装配任务相关联的上下游工序所在的装配站的实时生产信息，建立上下游装配站之间的动态联系，以及时了解协作装配站群上的实时信息，辅助导航系统做出正确的优化与决策。任务队列优化服务是依据装配站上的实时信息以及工序间的协作信息，针对在装配过程中所出现的异常，以最小化加权总提前时间和总滞后时间为优化目标，动态地优化每个装配站的任务序列，减少在制品的停滞等待时间，确保整个生产系统装配过程的流畅性。

5.2.2　实时信息采集方法

实时装配导航的顺利实施依赖于高效可靠的制造信息采集工具及手段。为了获取与装配站有关的生产过程中人员、物料、在制品等实时状态信息，结合第 4 章所设计的采集制造信息的整体解决方案，本节将射频识别设备、各类传感器、通信设备等物联网硬件设施运用于装配站，协助整合各类制造资源，为装配过程的信息感知与获取提供有力的保障。

为了便于多源实时制造信息的分类与管理，将装配站的物理空间划分为原料区、装配区和成品区三个区域，针对每个区域制造资源的实时信息分别进行采集。在此基础上，通过在每个装配站安置 RFID 读写器，在原料区、装配区和成品区分别配置相应的天线，为生产员工、关键零部件和承载物料的容器配备电子标签。同时，建立 RFID 读写器、天线、电子标签以及对应制造资源间的信息关联数据库和物料在三个区域的流动约束及规范流程，使物料必须先经过原料区，再通过装配区，最后进入成品区。这样，当移动制造资源进入装配站的每个区域时，RFID 读写器就可以检测到该制造资源的信息，从而基于硬件设备完成对装配过程实时信息的动态获取。针对故障信息无法直接获取的问题，依据历史故障数据，设计故障类型与排除故障所需时间对应的信息模板，对未曾出现的故障，由维修人员预估排除故障所需时间，以人机交互的模式输入和传输此类信息。

在生产过程中，装配站的实时信息涉及多样性和复杂性，如图 5-2 所示，主要包括物料信息、当前操作员工信息、装配过程信息以及任务队列信息等。只有对复杂多样的信息进行分类和标准化才能为后续的导航服务奠定基础。通过建立基于 XML 的实时生产信息模版，定义整个装配过程的信息节点，对采集到的装配站的多源实时信息进行标准化处理。基于此 XML 信息模板，每采集一条的动态信息则根据该信息的分类更新 XML 信息节点的属性，有效对装配站端的多源制造信息进行存储和传输。图 5-2 右侧展示了 XML 标准信息模板的结构。

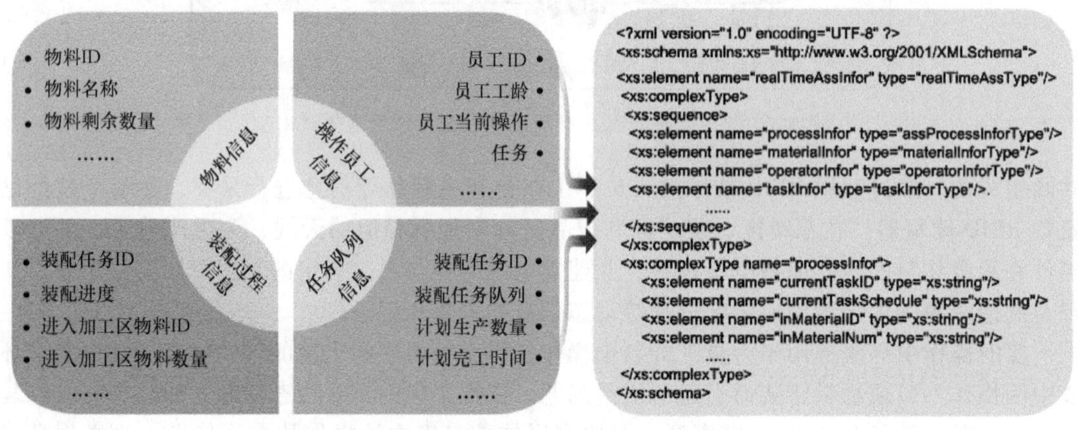

图 5-2 装配站信息建模

5.3 设备端制造活动智能导航的应用服务

5.3.1 生产指导服务

为实现自动化的工业生产模式，解决人工参与带来的高成本和低效能问题，本节将介绍设备端制造活动智能导航应用服务中的实时生产指导服务。该服务以客户的需求为基础，以

XML 文件为数据的主要承载和传输方式，并结合工业环境中的实时生产信息，生成针对需求的工业制造具体流程，为相关人员和设备提供指导服务。

由图 5-3 可知，生产指导服务主要依靠装配过程的实时信息和 Petri 网进行建模。通过解析相关的实时信息库和模型，建立工艺流程上下游关系和可视化动态流程图，并辅以实时进度看板和图纸、文档等其他多媒体功能。力求全方位多角度的为用户展示生产流程和进度，使其能够全面掌握生产信息，准确地指导生产服务。在按照引导服务进行运转的过程中，散布在底层的传感器如 RFID 设备等会实时采集信息，并以 XML 格式进行传输。系统结合当前环节、传感器反馈的信息以及 Petri 网反映的约束关系进行下一环节的生产预测和动态指导服务，从而增强生产线的流畅性和系统的鲁棒性。Petri 网利用实时生产数据可以对制造过程精准建模，用于展现并监控制造过程，同时基于生产计划及加工知识对操作者提供引导服务。

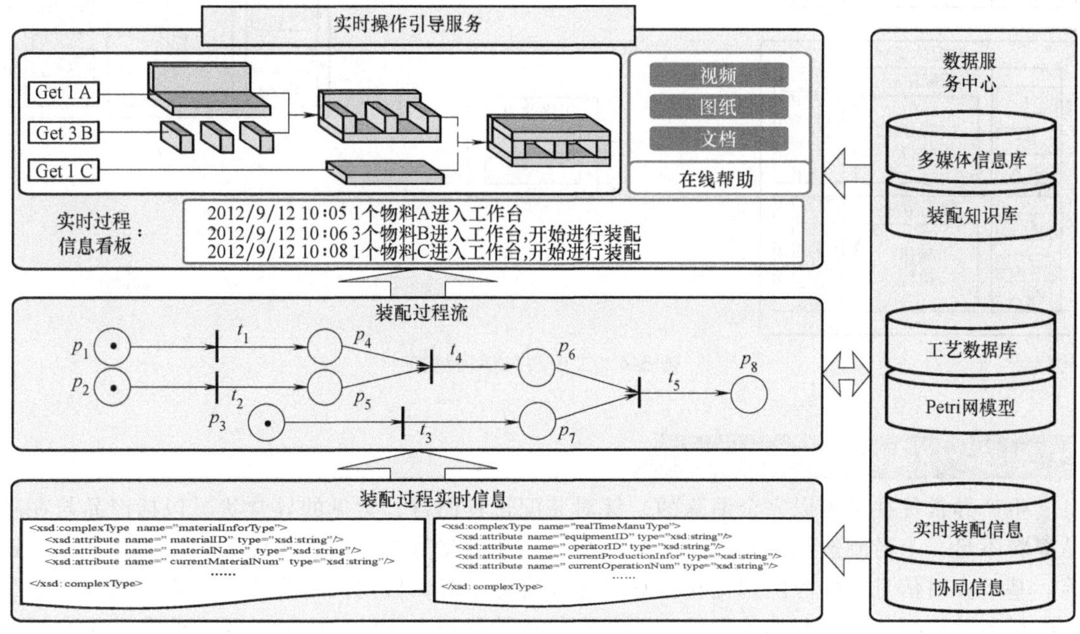

图 5-3　操作引导服务实施框架

5.3.2　工序间协同服务

工业生产过程中由于任务的顺序、优先级不同，天然存在关键环节的生产约束问题，在没有合理协同调度机制时可能会导致上下游生产迟缓，工作站“饥饿”，甚至致使整个流水线彻底瘫痪等问题。为解决这些问题可在生产指导服务的基础上，引入工序协同服务机制，及时获取生产链服务和工艺流程信息，从而动态调配各工作站的任务序列，建立上下游环节的紧密联系。通过建立统一的通信机制，注重相关生产资源间的信息和数据共享服务，统筹规划，变单一静止的生产资源为多样动态的工作网络。最终建立健全、稳定流畅、利用率高的工业运转体系。

工序间协同服务的实现原理图如图 5-4 所示。在解析来自订单或者客户的需求形成以 Petri 为主的生产流程图之后，通过信息配置环节，确立作业过程中的物理设备和所有上下游关系以及约束条件。在软总线的支持下，具有约束条件的生产资源建立通信接口和逻辑连接，并随着生产活动的开展动态进行调配，从而实现生产网络上的信息共享和协调机制。各个工作站具备相应的信息输入与输出接口，站点在相应事件触发后可以接收或发送生产信息，协助同步生产进度或实现加工过程的协作。在此环境中，装配站可以对周围相关工序及生产环境的状态实现感知，有利于资源的主动调度、提前准备，提高了系统的整体资源效率。

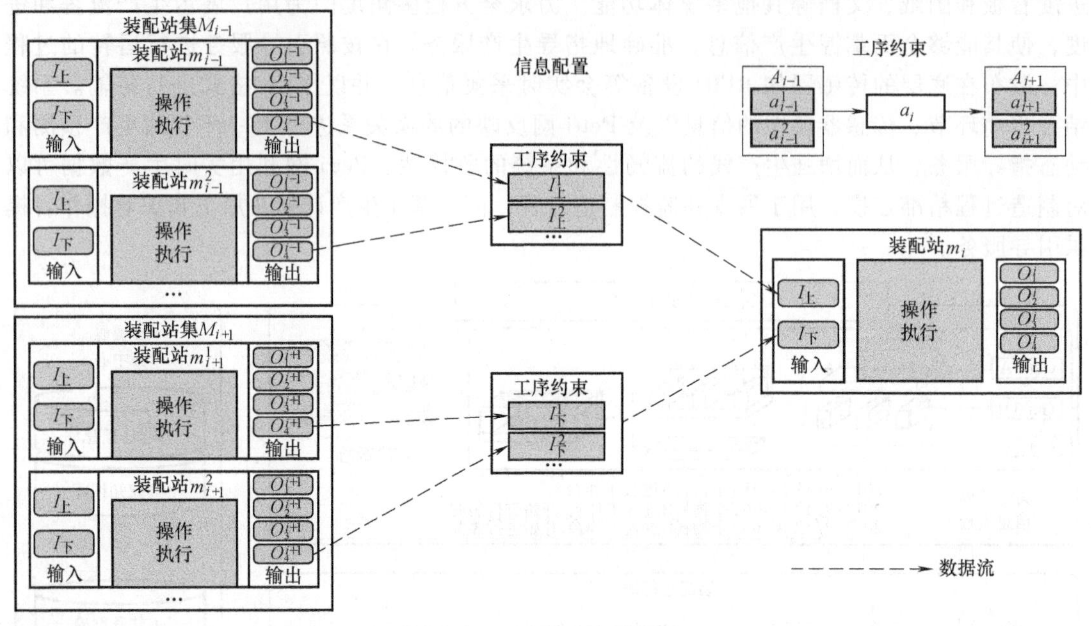

图 5-4　工序信息协同框架

5.3.3　任务队列优化服务

生产异常往往是难以完全消除的，针对装配过程而言，常见的异常状况包括产品与在制品原料不足、上游制造设备故障、装配线故障、产品交货期提前、新任务插入而打乱原计划等。基于实时信息的任务队列优化服务可在异常发生时，做出及时快速的响应，把当前装配站中任务的执行状况，与本装配站中待装配任务关联的上下游装配站的状态信息等作为新的输入，重新对装配站进行任务队列优化排序。为了能够快速的得到优化结果，依据任务交货期的先后截取前 m（$m\leqslant10$）项任务进行任务队列优化，将前 m 项任务更新后的工序交货期与初始调度结果进行比对，如果有一定的偏离，通过生产系统预先定义的规则判断能否通过局部队列调整解决，对于能够通过局部调整处理的异常，可采用相应算法，对任务序列进行优化调整。对于无法在局部处理的异常，则及时提交上层管理决策系统，以尝试对系统整体进行资源布局的调整。

5.4　智能决策方法在底层制造资源智能化建模中的设计与应用

5.4.1　操作引导服务中的智能决策运用

如图 5-3 所示，为了实现由一个 A、三个 B、一个 C 组成的某部件生产实例，首先结合装配过程的实时生产信息和客户的具体需求生成装配过程流，并运用 Petri 网工具建模。在 Petri 网中，用圆圈表示状态，用黑色竖线表示状态变迁，以原点表示 token 来表达当前的进度和状态。同时通过 Petri 网过程流结合数据服务中心，最终生成动态可视化实时操作引导服务界面图。初始状态下，系统通过底层感知设备已知 A、B、C 三个原料在工作台或者操作间准备就绪，因此将三个 token 置于 p_1、p_2、p_3 位置，同时为用户更新上层可视化界面。在衡量约束条件和上下游生产关系后，通过打磨、拆解、组装等状态变迁过程，token 可以分别迁移至 p_4、p_5、p_7，再次更新可视化流程图以表示流程的转变，为用户反映当前工作进程，直到 token 迁移至 p_8 结束为止。而右侧的数据服务中心则是辅助操作引导服务的数据库集合，该数据库系统记录了所有与生产相关的数据信息，如协同信息、装配信息、Petri 网、多媒体信息库等。从搭建数据库的角度，以科学合理的方式对数据进行组织和存储，从而实现系统快速的增删改查，提高系统性能。

5.4.2　面向工序协同的智能决策方案

在图 5-4 所设计的加工场景中，对于工序 a_i 和所在的装配站 m_i 而言，它们的上游为包含 a_{i-1}^1 、a_{i-1}^2 等的工作集 A_{i-1} ，分别由装配站集 M_{i-1} 中的 m_{i-1}^1 和 m_{i-1}^2 等子装配站处理。对应的下游工序则为包含 a_{i+1}^1 、a_{i+1}^2 等的工作集 A_{i+1} ，分别由装配站集 M_{i+1} 中的 m_{i+1}^1 和 m_{i+1}^2 等子装配站处理。为了使工作站能够透明共享生产信息，每个工作站有表达和存储自身信息的数据库，其中 O_1 表示原料供应情况，O_2 表示岗位员工情况、O_3 表示流程信息、O_4 表示任务队列信息。同时还具有接受上下游信息的数据缓存模块 $I_{上}$ 和 $I_{下}$，用于实时监控来自约束环节的信息，以便于对自身的任务队列进行快速调整，提高车间运转效率。在实际生产过程中，系统根据以 Petri 网为主的需求订单确定上下游工序，并利用信息配置服务，动态建立约束中各元素的会话关系。该工作站通过建立的接口请求上下游的实时信息作为输入，并结合四项输出信息来优化任务队列，减少系统的拥堵和等待时间。

5.4.3　任务队列优化决策算法

在传统的单机调度理论中，著名的调度规则加权最短加工时间优先（Weighted Shortest Processing Time，WSPT）、最早工期优先（Earliest Due Date，EDD）等均没有考虑任务的释放时间以及任务提前完成的惩罚，从而导致制造系统中的在制品成本居高不下。因此本节所设计的启发式算法，同时考虑任务提前完成的惩罚与滞后完成的惩罚（默认提前惩罚小于滞后惩罚），以最小化加权总提前时间和总滞后时间为优化目标，基于初始的调度结果与生产过程中的多源实时信息，采用启发式的规则，对装配站上的前 m 项任务队列顺序进行快速的优化调整，同时确定任务的开始时间与完工时间，针对系统中出现的异常做出及时的响应。

为了便于理解，定义了如表 5-1 所示的符号及其说明。

定义 5.1：工序的交货期为

$$d_j = \max\{c_{j-1} + p_j, s_{j+1}\} \tag{5-1}$$

式中，c_{j-1} 为当前时刻任务 j 前一道工序的完工时间，当任务 j 没有前一道工序时，$c_{j-1} = 0$；s_{j+1} 为当前时刻任务 j 的后一道工序的开始时间，当任务 j 没有后一道工序时，$s_{j+1} = 0$。

引理 5.1：若 $c_{i-1} \leqslant c_{j-1}$，且 $d_i \leqslant d_j$，那么存在一个最优排序，其中任务 i 排在任务 j 之前。

表 5-1 符号及其说明

符 号	说 明	符 号	说 明
p_j	任务 j 的装配时间	$T_j = \max(c_j - d_j, 0)$	任务 j 的滞后时间
d_j	任务 j 的工序交货期	$E_j = \max(d_j - c_j, 0)$	任务 j 的提前时间
s_j	任务 j 的开始时间	w'	任务的提前惩罚
c_j	任务 j 的实际完工时间	w''	任务的滞后惩罚
j^{-1}	任务 j 的上游工序	$t_{j,j+1} = s_{j+1} - c_j$	任务 j 完工到任务 $j+1$ 开始的间隔时间
j^{+1}	任务 j 的下游工序	Δ_j	任务 j 向后移动一个单位使得惩罚的变化

当装配过程中出现异常状况，任务 j 的 c_{j-1}、s_{j+1} 可能会发生相应的变化，从而使得任务 j 的 d_j 会与原始调度的 d_j^* 有一定的偏离，用 Δd_j 表示任务交货期的变化量 $\Delta d_j = |d_j - d_j^*|_{j \in [1, m]}$，系统根据队列中前 m 项任务交货期变化之和相对于装配时间之和的偏移度 $\frac{\sum \Delta d_j}{\sum p_j}$，判断是否能在局部进行处理，当任务交货期变化的偏移度超过上限（默认为 20%），则提交上层管理决策系统进行处理。

基于上述符号定义，以最小化加权总提前时间和总滞后时间为优化目标，建立的目标函数如式（5-2）所示，其物理意义是通过对每一项任务的提前和滞后给予相应的惩罚，从而达到缩短在制品在各个装配站的等待时间，减少在制品数量，提升装配任务的按期交付能力。

$$\text{目标函数}: \min F = \min\left(\sum w' E_j + \sum w'' T_j\right) \tag{5-2}$$

$$\text{约束}: c_j - c_{j_{-1}} \geqslant p_j \tag{5-3}$$

$$(c_j - c_i \geqslant p_j) \vee (c_i - c_j \geqslant p_i) \tag{5-4}$$

其中，式（5-3）保证了同一任务的一道工序必须在其前一道工序都完成后才可以开始装配，为任务唯一性约束；式（5-4）保证了任务装配过程不允许抢占，为机器唯一性约束。

具体优化流程描述如下：

Step1：初始化。依据实时数据 c_{j-1} 和 s_{j+1}，更新 d_j，并按 d_j 大小排序，截取前 m 项任务（$m \leqslant 6$），以便快速计算结果。

Step2：计算任务交货期偏移度 $\frac{\sum \Delta d_j}{\sum p_j}$，依据 $\frac{\sum \Delta d_j}{\sum p_j}$ 大小，判断是否能在局部进行处理，若能则执行下一步，否则提交上级管理决策系统处理，进行重新调度。

Step3：依据引理 5.1，生成满足约束的任务队列集 $Q\{q_1, q_2, \cdots\}$，并确定每个队列下的任务开始时间：

1）依据约束式（5-3）和式（5-4），以每项任务的最早可开始时间为初始开始时间。

2）计算每项任务的 E_j 和 Δ_j，找到任务序列中第一个 $E_j>0$ 任务 r（不考虑开始时间固定的任务），并找出距离该任务最近的时间间隙 $t_{s,s+1}(r \leqslant s \leqslant m)$。

3）求最小的满足 $\sum_{j=r}^{u}\Delta_j<0$ 的 $u(r\leqslant u\leqslant s)$，固定任务 r，$r+1$，…，u 的 s_j，若$u=m$，那么跳转到 Step4，否则，跳转到 2；若不存在这样的 u，则进行下一步 4。

4）对任务 r，$r+1$，…，s 的 s_j 增加 $\min\{E_r, \cdots, E_u, t_{s,\ s+1}\}$，跳转到 2。

Step4：按确定的队列集 $Q\{q_1, q_2, \cdots\}$ 及每个队列的任务开始时间计算目标函数 $F(q_i)$，求得目标函数的最小值 $\min F=\min\{F(q_1), F(q_2), \cdots\}$，以及 $\min F$ 下的队列 q_i，调整结束。

本节所设计的启发式算法适用于单个装配站，且装配站上的任务已经有初始的调度结果，依据装配过程中实时变化的信息，快速调整任务队列的顺序，同时确定优化序列中的任务开始时间与完工时间。其目的在于当制造系统中出现的异常影响制造任务的进度，但又不足以让车间管理层进行重新调度时，由装配站针对异常状况主动地调整其上的任务队列，动态减小甚至消除异常造成的影响。需要说明的是，由于该算法依据引理 5.1，生成所有满足约束的可行解，因此能够得到当前时刻的最优解，但是当队列中任务较多时，可行解空间就会很大，导致得到最优解的时间较长，失去了快速调整队列的优势。另外，本节提出的优化方法是考虑制造系统实际情况，默认任务提前完成的惩罚小于滞后的惩罚，并且认为所有任务的权重相同，否则引理 5.1 不成立，本方法不再适用。

5.5　基于云计算信息构架的加工资源制造服务云端化接入方法

5.5.1　底层智能加工资源服务化需求分析

近年来由于计算机技术和信息化建设的爆炸式增长，给人们的生活带来便利的同时，粗犷式开发的背后也存在一些不易察觉的缺陷和隐患。比如多系统间平台异构性突出、代码层耦合度高、系统扩展和兼容度低及“信息孤岛”等问题。同时由于底层编程语言多样化在不同系统间形成了双向通信的壁垒，造成资源和服务重复建设的局面。在这样的应用背景下，面向服务的体系架构（Service Oriented Architecture，SOA）应运而生。它将分布式环境下各个节点的功能和逻辑接口以服务描述语言的形式统一封装，将不同体系下的系统进行整合，以服务流程化的思想实现业务灵活性。面向服务的思想使异构平台和多语言系统之间的通信变为可能，从而达到可重用、易插拔、松耦合的设计标准。

服务化思想的种种优势和相关应用的迅猛发展在工业制造领域也促成了一种制造新模式——云制造。它在制造资源和加工设备智能化的基础上将其暴露的接口服务化，使物理上相互分离的体系逻辑紧密整合在一起，从而促进工业生产的网络化、绿色化和智能化，最终便于用户根据具体的任务和环境对底层资源进行动态的访问和控制。

因此，本节采用云制造和云服务技术，利用前面介绍的现代化生产架构，借鉴设备制造能力描述模型、实时多源制造信息主动感知、实时信息驱动的自决策与智能协同等模型对加工制造资源进行服务化封装和网络化接入。从而在系统设计之初，将实现灵活性、扩展性以及兼容性纳入设计标准，从源头上彻底解决工业生产环境下的服务冗余、兼容性不足、平台异构性等问题。

5.5.2 基于云制造的加工资源服务化封装和云端化接入模型

本部分结合物联制造技术和前几节设计实现的智能化制造模型，提出基于云制造的加工资源服务化封装和云端化接入模型，如图 5-5 所示。将配备了电子标签和传感器等智能化设备的底层加工资源通过可编程技术、网络化布局形成一个互通互联的传感网络，并在软件层面利用将各平台不同的功能接口服务描述化，整合为统一的资源注册发布到网络中，形成了一种资源松耦合、可插拔、平台无关、利用率高的现代化生产体系。

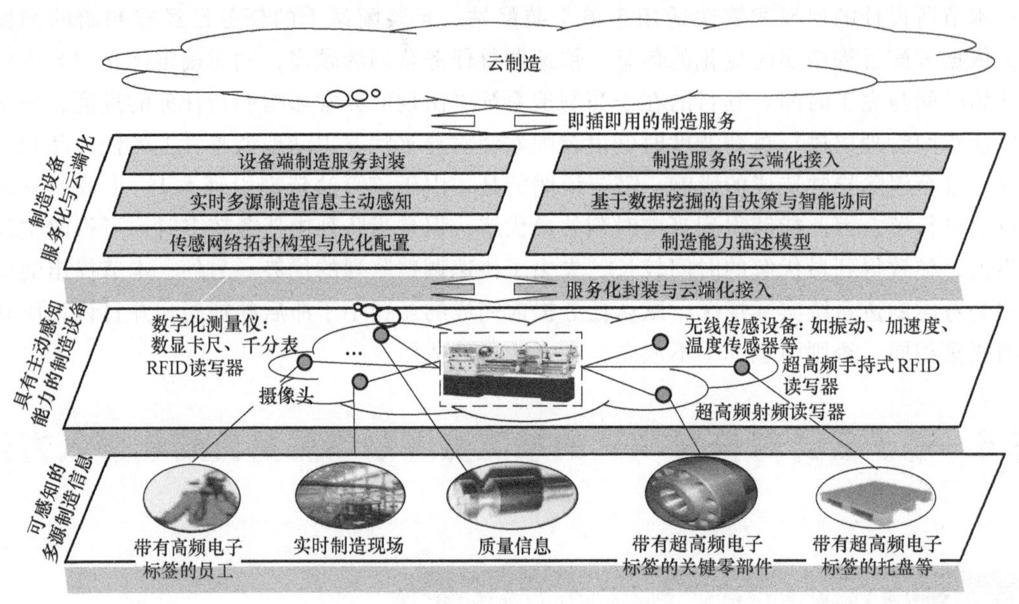

图 5-5　加工资源服务化封装和云端化接入模型

如图 5-5 所示，首先利用工控机、传感器网络拓扑构造优化配置及实时多源信息主动感知模型等，将部署于各个终端的工业传感汇集起来，并对传感器信号进行转换过滤、搜集和处理，实现多源设备生产信息的实时精确的把控，构建物联制造系统的感知神经网络。然后将多源数据进行整理和归档，当数据量足够大时可配合数据挖掘技术立体化展示底层制造设备工况和加工流程。同时利用统一的描述模型、网络服务、服务描述语言（WSDL）和 SOAP 等轻量级独立通信技术，达到屏蔽底层复杂设备和通信，整合软硬件资源，实现制造设备的服务化升级的目的。在上层应用端实现系统的自决策和智能协同算法，对工业系统进行实时的作业优化调度、资源分配、容错重构等跟踪指导服务，最终形成自下而上加工资源智能化运行网络体系。

5.5.3 制造能力和服务状态描述模型

考虑到数据存储和传输的通用性及高效性，本章使用扩展标记语言（XML）作为制造信息的载体，尤其是其独立于软件和硬件的突出特点符合系统的设计需求。参照 ISA-95（Industry Standard Architecture）和 B2MML 等标准，采用 XML 对设备级制造资源静、动态信息进行描述，最终设计的描述模型框架如图 5-6 所示。

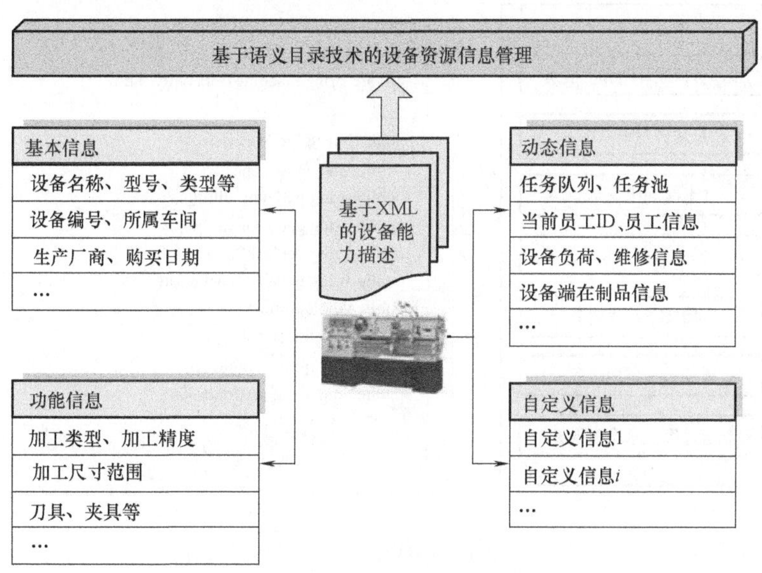

图 5-6 制造能力和服务状态描述模型图

加工制造资源的描述信息包括静态信息和动态信息两大类。其中静态信息主要包括设备的类型、相关参数、输入输出产品的规格等；动态信息则主要包括设备的运转状况、原料使用情况、加工作业队列等。使用图 5-6 的描述模型，将相关的实时和静态信息进行层次化的存储，清晰准确的向上层应用表达、传输这些信息，从而为决策层对工厂内复杂工业体系的优化提供参考。

5.5.4 设备端制造服务抽象与封装

设备端制造服务的抽象与封装是实现加工制造设备智能化、云端化的前提和基础，将分为两部分内容来实现。首先对基础设备端不同语言实现的功能接口进行统一的整理归档，同时结合用户具体需求可再开发出能满足实际生产需要的新接口。其次，利用面向对象编程技术（如 Java 语言）对所提供的生产制造信息服务进行软封装，如图 5-7 所示，利用网络服务技术（Web Service）以统一的调用机制实现无关平台和语言，打消地理限制和人为干预的工业化生产信息感知新模式。对于本节内容而言，所需要实现和封装的主要上层服务包括：

1. 实时生产与智能分析服务

该服务根据分布式智能感知设备对车间流水线及生产状况的实时感知和反馈，将数据处理后以图表的形式呈现给用户，直观的反应任务进度和设备运转情况。进一步利用数据挖掘技术对采集的信息进行统计分析，使工业生产体系具有对异常、突发状况的提前预测，以及相关应急预案的动态配置功能。

2. 生产调度服务

该服务一方面依托实时生产与预测服务，根据设备的使用情况和生产任务去动态协调两者关系，达到产能最优化；另一方面考虑任务的优先级与截止日期以及生产原料等客观情

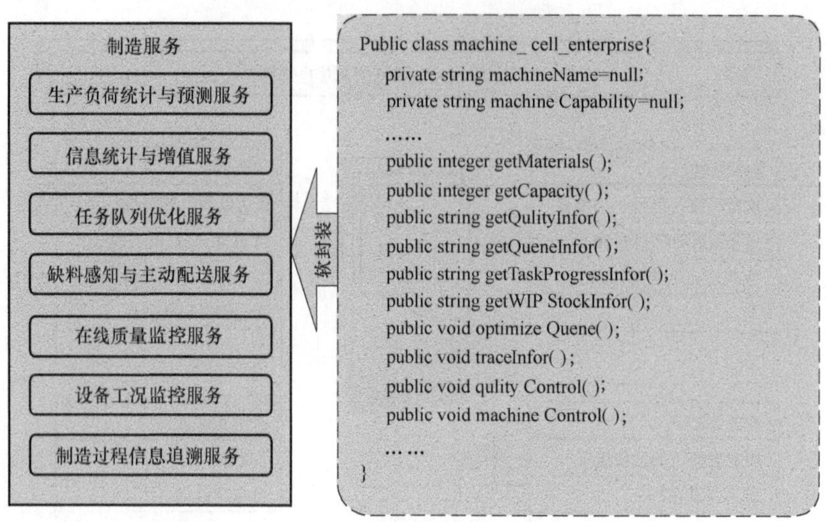

图 5-7　生产制造信息服务软封装示意图

况，对未完成任务池中的任务进行动态的排序，提高系统自我完善和优化的能力。

3. 统计服务

该服务主要支持一些具体的与生产相关的统计计算，如生产进度、合格率、制造成本等。

4. 原料检测与配送服务

利用底层的传感器对原料的储备地进行实时的感知，对原料的进出进行严格的检测。当原料储备量低于设定值时可以提前呼叫智能物流配送服务进行及时的后勤补给，以免影响生产的进度。

5. 成品质量检测服务

可以利用现代化的质量监测仪器对成品工件进行逐一的检验，以保证正品率。同时分析数据，汇报发现的问题，便于决策层或者决策人员能够迅速做出调整，将损失减少到最低。

6. 生产人员监测服务

在需要保密生产的特殊公司和部门，可以利用电子标签和 RFID 设备对重要车间员工实时活动范围及在岗情况进行监控。通过此服务，利用计算机模拟技术可以有效的掌握员工或者重要生产资料的分布状况，保证生产有效顺利进行。

5.5.5　服务化模型的发布与云接入

服务化模型的发布与云接入将固定不变的物理资源和指令的汇报接收功能虚拟化，以网络技术为基础，底层智能设备为核心，实现了实体的远端访问，打破了地理上和逻辑层级的限制，真正呈现出全方位的互联互通、感知反馈。它不仅提供针对于 5.5.4 节所提出相关服务的发步注册、绑定、发现机制，便于及时响应用户的需求，而且也兼顾系统的可拆解性、低耦合性和可复用性。从而使物联制造系统和智能决策方法成为实现产业升级，优化产业结构，打造绿色生产环境的新模式。

正如需求中所言，实现服务化模型的发布与接入主要基于 SOA 架构的网络服务技术。它是一种可以通过互联网接受和处理远端调用请求的通信技术。主要组成部分如下：

网络服务描述语言（Web Services Description Language，WSDL）是一种用来描述服务的 XML 格式文档，主要包括服务接口描述和服务通信协议绑定规则描述。

简单对象存取协议（Simple Object Access Protocol，SOAP）是一种基于 XML 和 HTTP 的通信访问协议，用于支持服务提供者和服务请求者的访问操作。

UDDI（Universal Description，Discovery，and Integration）扮演服务注册、发现、整合的中介角色。本质上是属于对目标进行检索和收集的目录服务。

网络服务调用原理如图 5-8 所示。服务的提供方使用 WSDL 进行服务的具体描述主要包括接口信息和参数信息等，通过 UDDI 进行服务注册使调用端能够发现和搜索，同时使用 SOAP 协议进行绑定和通信支持。

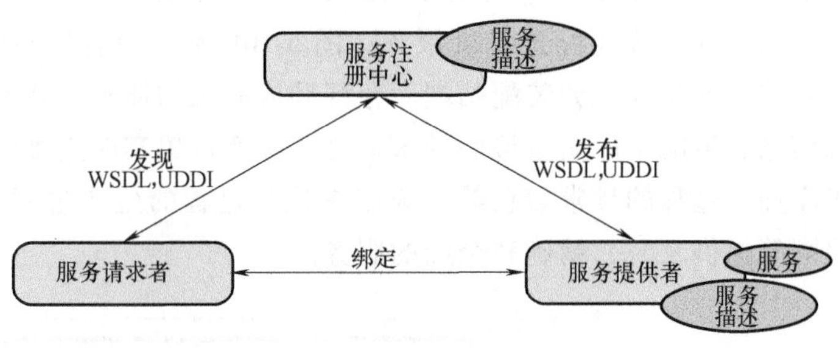

图 5-8 网络服务调用原理图

本节设计的服务化模型的发布与云端接入方案示意图如图 5-9 所示，通过 Web 和 Http 完全实现了设备间的松耦合和可拆解以及跨平台的访问。首先在服务的发布端通过面向对象技术完成设备功能接口封装以及 IP 地址和端口的绑定工作。进而在 UDDI 中心完成服务的发布和注册工作，将不同的功能服务汇集到云制造平台中，实现服务的共享和资源的集成。对于请求方而言，通过对目标服务的检索和 WSDL 文件的解析，利用 SOAP 协议与服务提供端绑定，最终完成请求响应和执行。

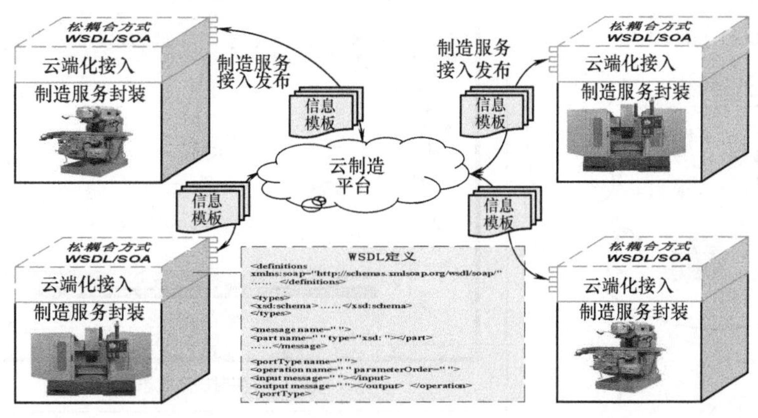

图 5-9 服务化模型的发布及云端接入方案

5.5.6 原型系统设计与实现

基于上述云制造资源的服务化封装与云端化接入方法和实现技术，可以从概念层面设计一种附加 RFID 读写器和数显粗糙度测量仪于传统装配站的方案。如图 5-10 左所示，其中天线①用于监控工作台的物料进入事件；天线②、③和④分别用于监控设备端原料区和成品区的物料、在制品的实时事件；数显粗糙度测量仪⑤用于检测工序的质量是否合格，在工控机⑥的管理下实现对生产过程涉及的人、物料等状态信息、加工质量数据的自动获取与处理，原型系统采用 .NET 技术和网络服务对装配站的生产能力服务和实时状态服务进行了封装，其运行界面如图 5-10 右所示。

如图 5-10 所示，通过将传统装配站端的生产服务进行封装和接入到制造服务管理平台，第三方用户和系统可直接通过制造服务管理平台了解相应加工资源的制造服务。其中图 5-10a所示为装配站的生产能力服务，包括能提供的生产能力和用户指定时间段的动态负荷，为制造服务资源的主动发现与优化配置提供服务；图 5-10b 所示为装配站的实时生产服务，包括实时反映装配站端生产实况，如装配站端库存区和成品区的原料及在制品实时数量、装配区实时生产动态信息、装配工序质量检验结果信息、生产订单实时进度信息、与本装配工序相关的上下游工序加工过程的异常信息等，为制造执行过程的生产过程监控、队列优化、协同制造、质量追溯等提供及时、精确和全面的服务。

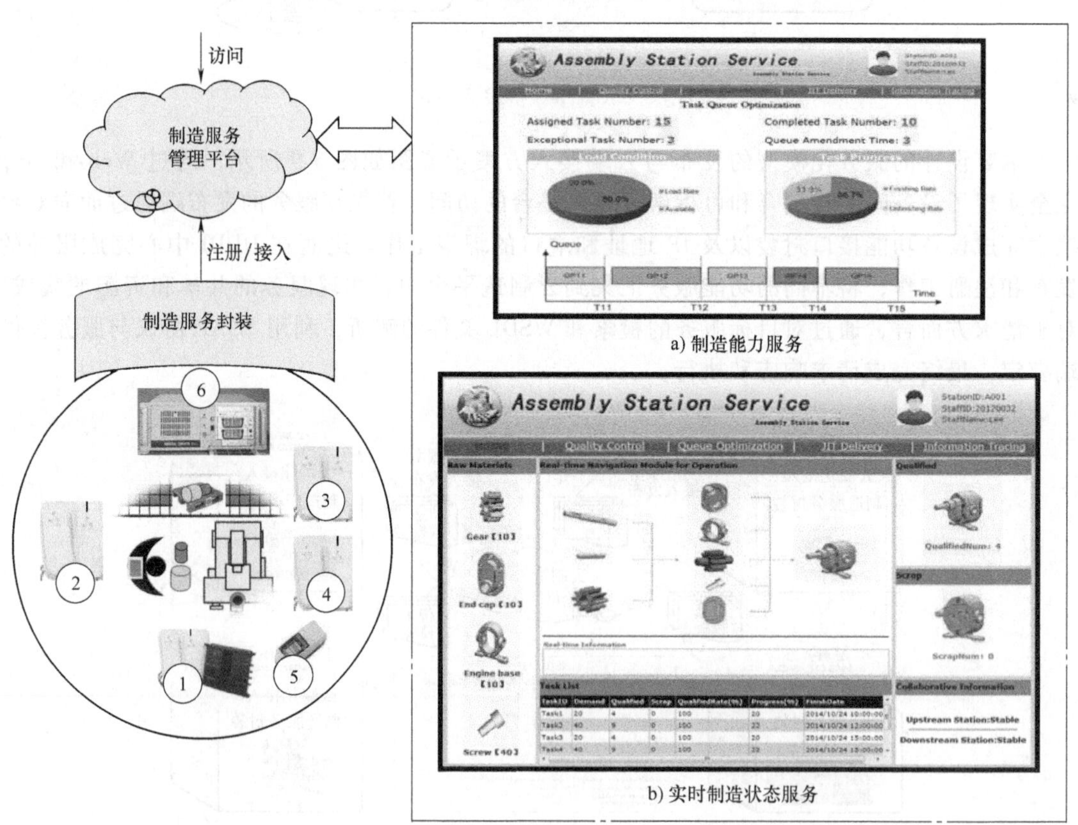

a) 制造能力服务

b) 实时制造状态服务

图 5-10 装配站加工服务智能化封装与云端化接入原型系统

复习小结

本章设计的智能装配站为生产管理提供了科学有效的决策方案或决策依据，其智能化水平直接表现在生产状态的主动感知以及任务安排的智能化决策两方面。

装配智能导航服务体系的底层结构是由生产现场信息的实时采集技术与主动感知策略等共同组成的。在此基础上，系统包含了实时操作引导服务，工序间协作生产信息服务，任务队列优化服务等智能化服务，以提高系统的资源效率、优化生产调度方案。

习　题

5-1　请列举当前制造系统中存在的典型问题与不足，并说明如何通过制造资源的智能化建模解决这些问题。

5-2　试举例说明智能装配站包含哪些应用服务，同时说明这些服务的运作目标、主要流程、关键技术。

5-3　请简要说明 Petri 网等建模工具是如何协助制造系统实现智能决策的。

5-4　请阐述云制造的含义与特点，并尝试构建云制造的一般性框架体系结构。

5-5　试简要说明制造资源封装发布的过程，并列举一些资源封装后可以提供的服务。

第6章 智能物料精准配送方法

知识点

1. 智能物料配送的构成：智能物料配送过程主要由物料、配送任务、配送资源三部分组成。

2. 以搬运载体为核心的主动配送模型和方法包括：有感知和交互能力的搬运载体构建方法，搬运载体端的实时信息感知模型和信息传递机制，实时信息驱动的两段式物料任务动态分配方法。

3. 智能搬运载体对车间物料的智能精准配送体现在：实时多源信息的采集与封装、实时配送信息的交互机制以及搬运载体端的实时配送导航三个方面。

4. 两阶段的物料配送任务动态分配方法包括：实时需求信息驱动的配送任务预优化和基于层次分析法的配送任务组合优化两个阶段。

6.1　智能物料配送简介

6.1.1　物料任务动态配送的需求分析

随着工业无线网络、传感网络、射频识别（RFID）、微电子机械系统等技术的迅猛发展，企业管理对生产过程的实时监控与动态优化提出了更高的要求。作为保证生产过程高效、高质进行的关键环节的车间物料配送方法也因此得到了广泛的关注与研究，特别是如何提升物料配送任务的动态可优化性。

车间物料配送属于生产物流的一部分，与生产工艺的过程密不可分，它是指伴随企业内部生产过程的物流活动，即按照产品工艺流程及生产过程要求，实现原材料、零部件、半成品、成品等物料在工厂内部中转、存储，仓库与车间、工位与工位之间流转。生产制造企业物料配送的基本思想就是对生产供应中的各类物料实施多品种、小批量的准时配送，保证生产的高速稳定运行，从而实现对车间物流的合理组织。物料能否及时、准确、以合理的方式到达生产节点，决定了企业生产物流是否顺畅，也决定了企业生产效率高低，生产物料的及时有效配送是制造过程顺畅运转的保障。

物料配送分为两种模式：推动式物料配送和拉动式物料配送。

1. 推动式物料配送

推动式物料配送是指在推动式生产模式下进行的物料任务配送，在这种模式下，车间的仓储部门根据企业内部制定的生产计划，向生产的各个环节供应部件或原材料，各个制造车间按生产安排进行产品的制造，当某种产品上道工序制造完毕后，半成品或在制品被送至该产品的下一道工序，当前工序所需的附加物料也会依照生产计划提前送达，决策层依靠企业信息管理系统对车间的物料配送进行指导，使其满足生产所需。生产计划不断向前指导推动物料的配送并完成产品生产。从整体物料配送流向与决策层所做出的配送计划方向来看，在这种物料配送模式下，是决策层在推动着车间物料的配送。

2. 拉动式物料配送

拉动式物料配送是指在拉动式物流模式下进行的物料任务配送，因其是根据准时制（Just-In-Time）生产理念提出的，又被称作准时制物料配送。在拉动式物料配送模式下，物料生产及配送的驱动力来自产品生产的最后一道工序，即车间生产时把最后一道工序作为关注点，要求这一关键工序按时完成特定数量的某类产品，同时把完成这道工序的生产需求向上传递至前一道工序，使前道工序按照需求指令完成生产及物料传输，生产的驱动力也随之向前传递，最终传递到第一道生产工序。由生产需求来促进工序间的物料传输，拉动式物料配送就是以这种方式来拉动车间的物流及生产的。

无论是近年发展迅速的拉动式物料配送还是发展多年的推动式物料配送都对车间物料的配送起到了积极的作用，并促进了企业的生产，但是在应对全球市场竞争加剧方面，仍需在以下方面作出突破：

（1）物料配送任务的分配模式　当前物料配送任务的分配模式主要是由物料配送系统根据待完成的物料任务、搬运员工和搬运载体的数据，以整体时间最短为目标，将物料配送任务分配至相应的搬运员工和搬运载体上。然而，这种集中式的分配方法难于处理因搬运任务、搬运工人和搬运载体较多时产生的 NP-hard 问题，即难于获得全局最优解，而且优化时间长，难于适应因生产变更等导致的物料配送任务实时优化情形。

（2）配送资源的实时状态信息　作为物料搬运主体的载体（如推车）的配送资源实时状态信息较少被考虑到现有的物料配送模型中，然而，对于物料搬运任务的动态分配，其卸货后的实时位置信息将为选择下一个搬运任务提供非常重要的基础信息。

（3）配送任务的组合优化　现有物料配送模型和方法较少涉及配送任务的组合优化问题，事实上，结合搬运载体的实时容量对将要执行的配送任务进行组合，并通过生产的实时需求对搬运任务组合进行优化，对保证物料的配送质量、提升物料配送的效率和降低物料搬运成本具有重要的影响。

6.1.2　物料配送过程中的“资源-任务”描述

车间物料配送的过程主要包括三个部分：物料、配送资源、配送任务。物料是指车间生产过程所需的零部件、配套件、在制品、原材料等，它是生产能够顺利完成的保证；配送资源是车间物料配送的主体，是完成物料配送任务的执行者；配送任务是车间生产过程中产生的对物料的需求，它由配送资源来完成。三者之间的关系如图 6-1 所示，依据配送任务的优先级、交货期等要求，配送任务匹配相应的配送资源，同时配送资源从配送任务处获得车间生产过程中的物料需求，在物料存储处获取完成任务所需的物料，然后根据任务要求，对获取的物料进行配送，物料被配送至任务指定的地点后，配送任务完成。

1. 配送资源

配送资源是物料配送任务的执行者，车间物料配送过程中的配送资源主要包括搬运载体（如搬运小车、叉车等）和搬运工人。搬运载体主要是实现承载物料的功能，而搬运工人主要实现装卸功能，即在物料存储处将任务指定的物料装载到搬运载体上，同时在物料需求处卸下任务指定的物料。搬运载体和搬运工人都有各自不同的属性，下面对二者各自的属性作简要介绍。

搬运载体主要包括两类属性：静态属性和动态属性。静态属性是指搬运载体在车间内固

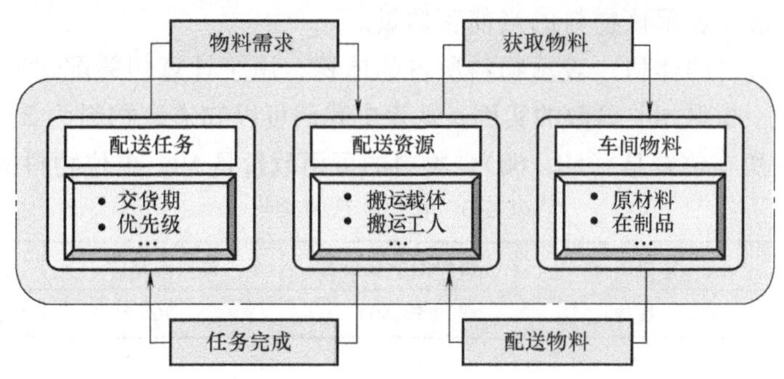

图 6-1 物料、配送任务和配送资源的相互关系

有的性质，而动态属性是随着车间的生产过程进行，会出现变化的性质。搬运载体的静态属性主要包括搬运载体的身份标识号（ID）、搬运载体的种类、搬运载体所属的车间、搬运载体的额定载重。搬运载体的动态属性主要包括搬运载体的服务状态、搬运载体的使用人员ID、配送任务序列。各属性的含义如表 6-1 所示。

表 6-1 搬运载体各属性的含义

搬运载体的静态属性	搬运载体的动态属性
搬运载体 ID:搬运载体的编号,用于标识搬运载体 搬运载体的种类:解释是什么类型的搬运载体,如搬运小车、叉车等 所属车间:用于识别搬运载体所处的生产车间 额定容量:表明搬运载体可以承载物料任务的最大容量	服务状态:用于说明搬运载体所处的工作状态,有空闲、正常工作、故障三种状态 使用人员 ID:识别使用该搬运载体的搬运工人编号 配送任务序列:该搬运载体所承担的配送任务

搬运工人与搬运载体一样，同样具有两类属性：静态属性和动态属性。搬运工人的静态属性主要包括搬运工人的 ID、搬运工人的姓名、搬运工人的所属车间；搬运工人的动态属性主要包括搬运工人的服务状态、搬运工人正在使用的搬运载体的 ID、搬运工人的配送任务序列。各属性的含义如表 6-2 所示。

表 6-2 搬运工人各属性的含义

搬运工人的静态属性	搬运工人的动态属性
搬运工人的 ID:搬运工人的编号,用于标识搬运工人 搬运工人的姓名:搬运工人的名字 搬运工人的所属车间:用于表示搬运工人所处的生产车间	服务状态:用于说明搬运工人所处的工作状态,有空闲、正常工作、事假三种状态 搬运载体的 ID:用于说明该搬运工人使用的搬运载体的 ID 配送任务序列:该搬运工人所承担的配送任务

2. 物料

车间物料主要由两部分组成，一部分是车间的仓储物料，另一部分是车间的在制品，仓储物料一般由配送资源从车间仓库配送至车间生产所需地点，而在制品一般是在车间的生产环节之间流动。与车间物料有关的参数主要包括物料的编号、物料的名称、物料的所在位置、物料的数量、单位物料所占的体积。各个参数的含义如下：

1）物料的编号：物料的标识，用于识别物料信息。

2）物料的名称：用于说明该物料属于哪一种物料。

3）物料的所在位置：用于指示物料的存储地点，配送资源可根据该位置获取物料。

4）物料的数量：表示该物料的当前存储量。

5）单位物料所占的体积：表示物料所占的体积，用于计算相关配送的体积。

表 6-3 所示为一物料相关参数的实例，从表中我们可以知道该物料为 2 号物料，物料的名称是螺栓，物料的所在位置是（50，60），物料的可用数量是 50，单位物料所占的体积是 10。

表 6-3　物料参数的实例

物料编号	物料名称	物料的所在位置	物料的数量	单位物料的体积
2	螺栓	(50,60)	50	10

3. 配送任务

配送任务表示的是车间生产过程中的物料需求，是配送资源获取物料、执行物料配送操作的标准。配送任务主要包括以下参数：任务编号、任务的起始地、任务的目的地、任务的交货期、任务的优先级、物料索引编号、任务的完成时间、任务所属的搬运载体编号以及任务所属的搬运工人编号。各个参数表示的含义如下：

1）任务编号：配送任务的标识，用来识别配送任务。

2）任务的起始地：任务所需求物料的所在地，是配送资源获取物料地点。

3）任务的目的地：车间内有物料需求的地方，是配送资源卸载物料的地点。

4）任务的交货期：配送任务完成的截止时间，对物料的配送质量有重要影响。

5）任务的优先级：表示物料配送任务的重要程度，越重要的任务，优先级越高。

6）物料索引编号：用来确定任务中包含的物料种类、名称、数量、物料的所在位置、物料所占的体积等。

7）任务的完成时间：用于表示该物料配送任务的完成时间。

8）任务所属的搬运载体编号：用于识别完成该物料配送任务的搬运载体信息。

9）任务所属的搬运工人编号：用于识别完成该物料配送任务的搬运工人信息。

图 6-2 所示为一个配送任务参数的实例，从图 6-2a 中的表格可以知道，该物料配送任务为 1 号配送任务，该任务所需物料的所在地坐标是（50，60），物料需求的地点坐标是（70，80），该任务的截止完成时间是 40 个工时，该任务的优先级是重要任务，与该任务相关的物料索引编号是 6，根据该索引编号可以查询任务中包含的物料信息，该任务的完成时间是任务发布后的 38 个工时，执行该任务的搬运载体编号是 3，根据该编号可以查询搬运载体的信息，执行该任务的搬运工人编号是 7，根据该编号可以查询搬运工人的信息。图 6-2b中的表格信息为物料索引编号 6 中包含的物料信息，从表中可以知道，该配送任务中包含 2 号和 4 号两种物料，其中 2 号物料代表的是螺栓，所在位置的坐标是（50，60），所需配送的数量是 10 个，每个螺栓的体积是 10，而 4 号物料代表的是垫片，所在位置的坐标是（50，60），所需配送的数量是 5 个，每个垫片的体积是 7，这样就可以获取物料同时计算任务所占的体积。

6.1.3　物料配送任务动态分配过程中的优化目标

物料配送任务的动态分配过程是一个优化过程，这个过程中最常见的优化目标有物料的配送时间、物料配送的成本、物料配送的质量，当然还有一些其他优化目标。下面对这些优化目标做简单介绍。

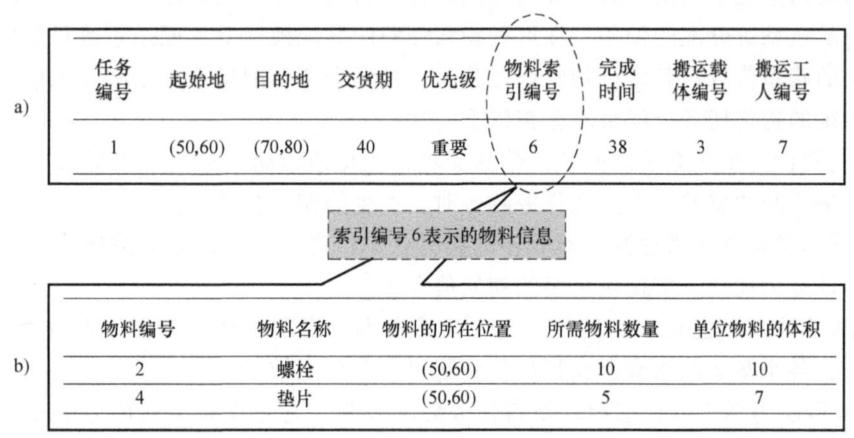

a)

任务编号	起始地	目的地	交货期	优先级	物料索引编号	完成时间	搬运载体编号	搬运工人编号
1	(50,60)	(70,80)	40	重要	6	38	3	7

b)

物料编号	物料名称	物料的所在位置	所需物料数量	单位物料的体积
2	螺栓	(50,60)	10	10
4	垫片	(50,60)	5	7

图 6-2　配送任务参数的实例

1. 合理的物料配送时间

物料配送的时间是指从物料配送任务发布直至任务完成所需要的时间。在合理的时间内将物料配送至最需要的生产节点处，是企业追求的生产目标之一，是物料配送任务动态分配过程中的重要优化目标。

2. 较低的物料配送成本

物料配送的成本是指在整个物料任务完成过程中各个配送环节产生的相关费用之和。物料配送成本是生产总成本的重要组成部分，因此较低的配送成本是企业在进行物料配送任务动态分配过程中追求的重要目标之一。

3. 高的物料配送质量

物料配送的质量是指物料需求方对所配送物料的满意程度，物料的配送质量是衡量企业生产水平的重要指标。高质量的物料配送是指在满足生产环节物料需求的同时，保质、保量、及时完成物料配送任务，实现车间物料安全、可靠的运输和装卸。

4. 其他优化目标

在物料配送任务的动态分配过程中，除了上述的优化目标之外还有一些其他优化目标，比如以配送路径最短为优化目标进行物料配送任务的动态分配，或者是以最小延迟为目标进行的物料任务动态分配。节能减耗越来越成为当今制造企业的发展方向，针对车间物料配送这一生产过程的重要环节，建立以最少能耗为优化目标的物料任务动态分配模型显得尤为重要。

需要指出是，上述的优化目标并不是独立存在的，它们是相互影响的。因此，在建立物料任务动态分配模型时，要充分了解车间物料和配送资源的实际状况，并综合考虑多种目标。

6.2　以搬运载体为核心的主动配送模型

6.2.1　配送策略

图 6-3a 所示为传统的物料任务分配策略，它是以物料配送系统为中心进行物料任务分

配的。物料配送系统采用集中式的优化方式，将物料任务分配至搬运载体，而搬运载体被动地接受来自配送系统分配的任务。在这种物料任务的分配模式下，配送系统只是根据搬运载体最初提交的状态信息对其进行物料任务分配，配送资源与配送系统之间并无信息交流。因此，这种传统的物料任务分配策略存在以下问题：

1）配送资源与配送系统之间缺乏信息交流，使得该策略难以处理因异常引起的配送计划和配送结果之间的偏差，当配送任务越多时，产生的偏差会越大。

2）该配送策略并未考虑到搬运载体的实时状态信息，然而，搬运载体的实时状态信息可以为配送任务的优化分配提供重要的初始信息。

3）这种集中式的优化方式复杂度高，计算量大，当配送任务和搬运载体数目增加时，优化时间长，各个搬运载体难以获得最优的物料任务分配结果。

图 6-3b 所示为基于过程感知的物料任务分配策略，它是以搬运载体为中心来进行物料任务分配的。在这种分配策略下，所有的配送任务会形成一个配送任务池，搬运载体也会将它的实时状态信息传递到后台服务器。搬运载体处于空闲状态时，它就会向任务池中的任务发出执行请求，通过与服务器进行信息交互，搬运载体会获得与其实时状态匹配的最优任务队列，并按照获取的操作信息执行配送任务。一旦搬运载体获取的任务都被其执行完毕后，它就会自动将其实时状态信息发送给服务器，并继续请求执行任务，直至所有的物料配送任务执行完毕。可以看出，搬运载体是通过一种“抢”任务的形式主动获取配送任务的，所以，基于过程感知的物料任务分配策略是一种主动式的分配策略。与传统的物料任务分配策略相比，基于过程感知的物料任务分配策略具有以下优势：

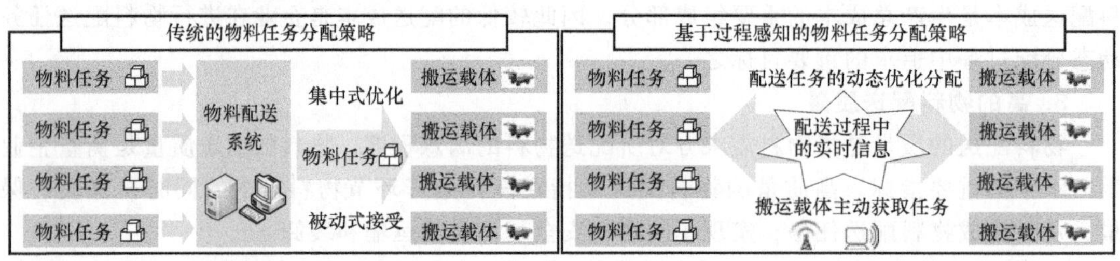

a) 传统的物料任务分配策略　　b) 基于过程感知的物料任务分配策略

图 6-3　两种配送策略对比

1）在任何时间，搬运载体都能够根据其实时状态信息获取最优的配送任务序列去执行。

2）因为每次只对一个搬运载体进行任务优化分配，所以，该策略的复杂度是稳定的，并不会随着搬运载体和任务的增加而增加。

3）因这种分配策略是由实时信息驱动的，所以，因异常信息不能及时反馈导致的计划和执行之间的偏差会大大减少。

6.2.2　解决方案

图 6-4 所示为通过分析 6.2.1 所述的基于过程感知的物料任务分配策略，结合现有的软件和硬件技术的一种以搬运载体为核心的主动配送模型体系构架图。该模型包括三个部分：具有感知和交互能力的搬运载体构建方法，搬运载体端的实时信息感知模型和传递机制，实

时信息驱动的两段式物料任务动态分配方法。

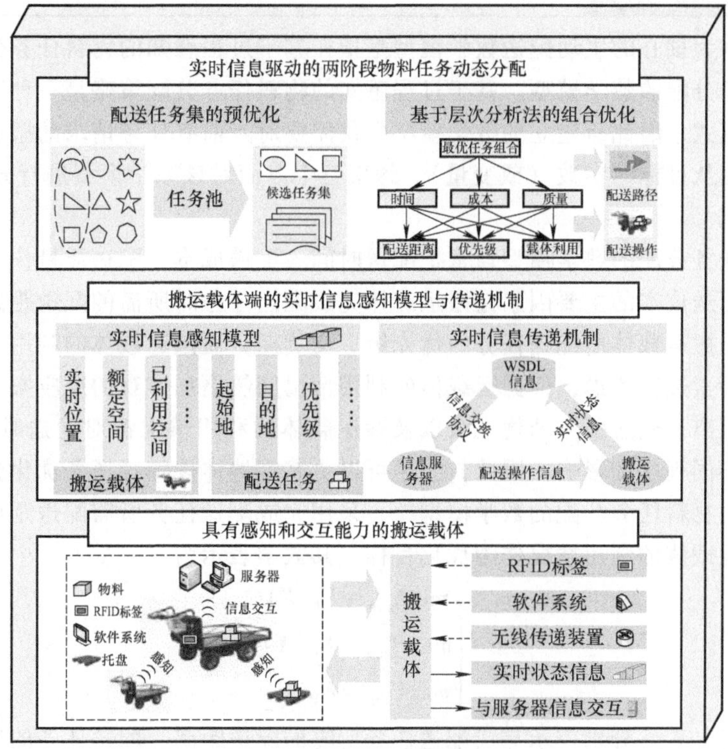

图 6-4　体系构架图

具有感知和交互能力的搬运载体是实现以搬运载体为核心的主动配送的基础，它位于所提出模型的最底层，为搬运载体端实时信息感知模型和信息传递机制提供准确、可靠的实时信息。通过对搬运载体配置各类传感器（如 RFID 标签）、软件系统和无线传感装置，实现搬运载体的智能化，使得搬运载体能够感知自身的实时状态信息（如工作状态、承载情况等），同时获取当前的车间物料任务信息，并通过软件系统实现搬运载体与后台服务器的交互，得到与自身匹配的最优配送任务。

搬运载体端的实时信息感知模型与传递机制是以搬运载体为核心的主动配送模型的中间环节，起到建立信息感知模型和信息传递的作用。它能够将智能搬运载体获取的实时信息转换成信息模型，并将获取的信息感知模型通过信息传递机制传递给后台服务器，服务器会根据当前搬运载体以及物料任务的实时状态信息，并利用实时信息驱动的分段式物料任务动态分配方法，对车间物料任务进行优化分配，同时信息传递机制会将获得的优化信息传递给底层的智能搬运载体，以便搬运载体执行物料任务。

实时信息驱动的两段式物料任务动态分配方法是以搬运载体为核心的主动配送模型的优化环节，它位于所述任务分配模型的最顶层。两阶段的物料任务动态分配方法根据搬运载体端传递的实时信息模型，通过两个阶段对当前搬运载体进行任务的优化分配，一个阶段是配送任务集的预优化，在该阶段，服务器会根据车间的实时配送需求从配送任务池中选取部分任务形成候选任务集；另一个阶段是基于层次分析法的组合优化，在该阶段，服务器会利用层次分析法从形成的多种配送任务组合中得到最优的配送任务序列，并输出对应的配送信息。

6.2.3 数学模型

以搬运载体为核心的主动配送数学模型是指在基于过程感知的物料任务分配策略下建立的关于物料任务分配的数学模型。基于过程感知的物料任务分配策略是一种以搬运载体为中心的实时分配模式，因此所建立的数学模型中仅需要对当前有任务请求的搬运载体进行优化任务分配。下面从目标、参数（或变量）、约束三个方面对该数学模型进行分析。

1. 目标

传统物料任务分配的数学模型通常把配送时间、配送成本、配送质量作为优化目标，影响配送时间、配送成本的主要因素是搬运载体完成配送任务时所需的配送距离，影响配送质量的主要因素是搬运载体所配送任务的优先级、交货期，而搬运载体的利用情况未被作为配送质量的影响因素进行考虑，但搬运载体的利用情况能够更加客观的反应搬运载体的配送质量，同时配送距离、配送任务的优先级以及搬运载体的利用情况都对配送时间、配送成本、配送质量有着不同程度的影响。因此，为了可以更客观地体现物料任务优化分配的目的，在基于过程感知的物料任务分配的数学模型中，采用完成配送任务所需配送距离、配送任务的优先级以及搬运载体的利用情况作为优化目标，其数学表示为

$$\begin{cases} \min L_{\text{sum}} = F_L(X) \\ \max P_{\text{sum}} = F_P(X) \\ \max V_{\text{sum}} = F_V(X) \end{cases} \tag{6-1}$$

式中，L_{sum}、P_{sum}、V_{sum}分别表示完成配送任务所需的配送距离、配送任务的优先级、搬运载体的利用情况；min、max 分别表示最小化、最大化；X 表示模型中涉及的参数。

2. 参数

在基于过程感知的物料任务分配模型中，涉及的参数主要有配送任务的优先级，配送任务的体积，搬运载体的额定容量，搬运载体的配送距离，搬运载体与配送任务的关联系数。假定，当前车间内有 K 个搬运任务，则模型中的参数（或变量）可表示为 M_i，$V_i^{\max}$，L_i，$J=\{J_k \mid k=1, 2, 3, \cdots, K\}$，$V=\{V_k \mid k=1, 2, \cdots, K\}$，$P=\{P_k \mid k=1, 2, \cdots, K\}$，$r_{ik}=\{0, 1\}$。其中，$M_i$ 为当前编号是 i 的搬运载体；$V_i^{\max}$ 为 i 号搬运载体的额定容量；L_i 为 i 号搬运载体完成任务所需的配送距离；J 为配送任务集；J_k 为编号为 k 的配送任务；V 为配送任务体积集；V_k 为配送任务 k 的所需体积；P 为配送任务的优先级集；P_k 为配送任务 k 的优先级；r_{ik} 为搬运载体 i 与配送任务 k 的关联系数，1 表示搬运载体 i 执行配送任务 k，0 表示搬运载体 i 不执行配送任务 k。

3. 约束

该数学模型中的约束有等式约束和不等式约束，等式约束用来分析目标中的各个函数值，不等式约束用来确定各参数的范围，模型中的约束表示为

$$F_L(X) = L_i \tag{6-2}$$

$$F_P(X) = \sum_{k=1}^{K} r_{ik} P_k \tag{6-3}$$

$$F_V(X) = \sum_{k=1}^{K} r_{ik} V_k \tag{6-4}$$

$$\sum_{k=1}^{K} r_{ik} V_k \leqslant V_i^{\max} \tag{6-5}$$

$$V_i^{\max}, L_i, V_k, P_k \geqslant 0 \tag{6-6}$$

式（6-2）用来计算搬运载体完成任务所需的配送距离；式（6-3）用来计算配送任务的优先级；式（6-4）用来计算搬运载体的利用情况；式（6-5）用来约束搬运载体所执行配送任务的体积不能超过其额定容量；式（6-6）用来保证 $V_i^{\max}$，L_i，V_k，P_k 是非负值。

6.3　基于物联网的智能搬运载体

智能搬运载体是实现基于过程感知的物料任务动态分配的基础，如图 6-5 所示，它是在传统搬运载体的基础上引入信息标识装置、信息识别装置、信息传递装置、信息处理装置，通过对车间内的实时多源信息进行采集与封装，利用实时配送信息的交互机制与搬运载体端的实时配送导航，实现对车间物料的智能配送。

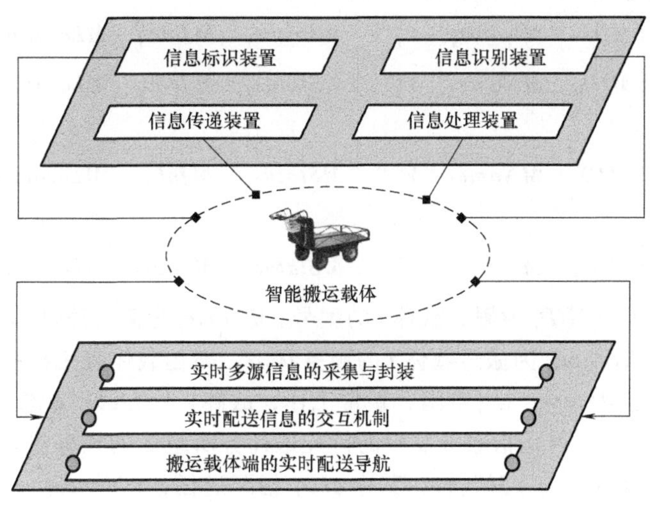

图 6-5　智能搬运载体的构建框架

信息标识装置、信息识别装置、信息传递装置、信息处理装置统称为物联网装置。其中，信息标识装置如 RFID 标签、条形码等用来标识车间内的配送资源、物料任务等；信息识别装置用来识别信息标识装置中所包含的信息，如 RFID 设备用来识别 RFID 标签中所包含的实时信息；信息传递装置主要包括蓝牙、WiFi 等无线传输装置以及车间内构建的无线传感网络，用来传递信息识别装置中识别的车间实时配送信息，同时将配送任务优化信息反馈给搬运载体；信息处理装置用来处理从信息传递装置中得来的实时配送信息，它能够根据车间内的实时信息并结合任务优化分配方法，实现物料任务的优化分配。

智能搬运载体主要从实时多源信息的采集与封装、实时配送信息的交互机制以及搬运载体端的实时配送导航三个方面体现其对车间物料的智能配送。实时多源信息的采集与封装是实时配送信息获取与输出的过程，通过信息识别装置获取搬运载体的实时配送信息，通过信息封装为配送任务优化分配提供标准的信息输出；实时配送信息的交互机制为实时配送信息和配送任务优化信息提供传递途径，并完成搬运载体与后台服务器的信息交互；搬运载体端的实时配送导航能够为智能搬运载体提供任务配送的导航信息，使得搬运载体准确、及时地执行获取的配送任务。

6.3.1 实时多源配送信息的采集和封装

智能搬运载体利用所配置的物联网装置，实时获取自身的配送信息，然后将实时的配送信息存储在信息矩阵中，完成实时配送信息的采集；然后通过软件技术将信息矩阵中存储的实时配送信息转化成可被传递的标准输出。下面分别对智能搬运载体实时配送信息的采集、实时配送信息的封装进行介绍。

1. 智能搬运载体实时配送信息的采集

智能搬运载体的实时配送信息主要包括搬运载体的编号、搬运载体的名称、搬运载体的额定容量、搬运载体的服务状态、搬运载体所包含的配送任务序列、搬运载体的实时位置。在物料任务的配送过程中，智能搬运载体需要对上述信息进行采集，并将采集的信息存储在信息矩阵 $\boldsymbol{M}$ 中，信息矩阵 $\boldsymbol{M}$ 中的信息可以表示为

$$M=\begin{pmatrix} MID_1 & MName_1 & V_1^{\max} & MStatus_1 & MJobs_1 & MLocation_1 \\ MID_2 & MName_2 & V_2^{\max} & MStatus_2 & MJobs_2 & MLocation_2 \\ \vdots & \vdots & \vdots & \vdots & \vdots & \vdots \\ MID_i & MName_i & V_i^{\max} & MStatus_i & MJobs_i & MLocation_i \\ \vdots & \vdots & \vdots & \vdots & \vdots & \vdots \\ MID_I & MName_I & V_I^{\max} & MStatus_I & MJobs_I & MLocation_I \end{pmatrix}$$

式中，$i \in [1, I]$；MID_i 为搬运载体 i 的编号；$MName_i$ 为搬运载体 i 的名称；$V_i^{\max}$ 为搬运载体 i 的额定容量；$MStatus_i$ 为搬运载体 i 的服务状态，搬运载体有三种服务状态：空闲、正常工作和故障，因此 $MStatus_i \in$ {空闲，正常工作，故障}；$MJobs_i$ 为搬运载体 i 所包含的配送任务序列，配送任务序列是指服务器中的待配送任务所组成的任务组合，因此，$MJobs_i \subseteq \{JID_1, JID_2, \cdots, JID_k, \cdots, JID_K\}$，其中 JID_k 指配送任务；$MLocation_i$ 为搬运载体 i 所处的实时位置，它可以用搬运载体所处的车间坐标来表示，即 $MLocation_i = (x, y)$，(x, y) 为车间的位置坐标。

2. 智能搬运载体实时配送信息的封装

在采集到智能搬运载体的实时配送信息之后，为了能够给信息服务器提供标准输出，需要对智能搬运载体的实时配送信息进行封装。结合前述的物联网装置，利用 Java 或 C#语言等面向对象的编程技术对获取的实时配送信息进行软封装，图 6-6 所示为搬运载体实时信息封装的一个实例，其中，需要封装的信息有搬运载体的编号、搬运载体的名称、搬运载体的额定容量、搬运载体的服务状态、配送任务序列、搬运载体的实时位置，采用的封装方法见表 6-4。

表 6-4 实时信息封装

函数/参数	定　义
public class trolley_shopfloor	声明封装信息的内容为搬运载体的实时信息
private string trolleyID	封装搬运载体的编号信息

（续）

函数/参数	定　义
private string trolleyName	封装搬运载体的名称信息
public string getRatedVolume( )	封装搬运载体的额定容量信息
public string getStatusInfor( )	封装搬运载体的服务状态信息
public string getTaskQueueInfor( )	封装搬运载体所包含的配送任务序列信息
public string getLocationInfor( )	封装搬运载体的实时位置信息
public void optimizeQueue( )	封装优化的配送任务序列

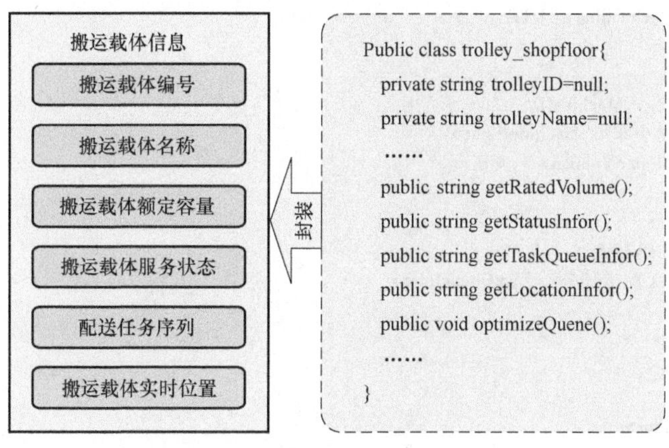

图 6-6　搬运载体实时信息的封装实例

6.3.2 实时配送信息的交互机制

智能搬运载体与信息服务器之间的信息交互是通过实时配送信息的交互机制来实现的。图 6-7 所示为实时配送信息的交互机制，在此交互机制中，智能搬运载体通过物联网装置采集车间内的实时配送信息（搬运载体的服务状态、实时位置等信息），并利用信息封装方法将其转化成可被传递的标准输出信息；这些标准输出信息（即封装后的实时多源信息）在 SOA 架构和网络服务技术的支持下，被传递到信息服务器。信息服务器在获取到可操作的

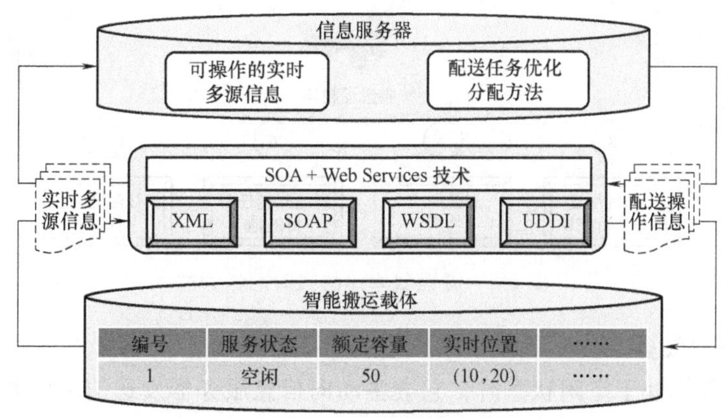

图 6-7　实时配送信息的交互机制

实时多源信息后，利用配送任务优化分配方法，为搬运载体提供最优的配送任务序列；信息服务器提供的配送操作信息，在 SOA 和网络服务技术的支持下，传递到智能搬运载体端，智能搬运载体根据获取的配送操作信息，执行车间内的配送任务。

实时配送信息的交互机制是通过 SOA 与网络服务实现的，并通过 SOAP 技术传输搬运载体的 XML 实例，以实现智能搬运载体和信息服务器之间的实时交互。搬运载体的 XML 语言描述模型如表 6-5 所示。

表 6-5　搬运载体的 XML 语言描述模型

XML 代码
(1)<? xml version="1.0" encoding="UTF-8" ?>
(2)<Machine>
(3)< MachineStaticInfor>
(4)< MachineID >MID001</ MachineID>
(5)< MachineName >配送小车</ MachineName>
(6)< RatedVolume>50</RatedVolume>
(7)</MachineStaticInfor>
(8)<MachineDynamicInfor>
(9)<StatusInfor>空闲</StatusInfor>
(10)<TaskQueueInfor>暂无配送任务</TaskQueueInfor>
(11)<LocationInfor>
(12)<XInfor>10</XInfor>
(13)< YInfor>20</YInfor>
(14)</LocationInfor>
(15)</MachineDynamicInfor>
(16)</Machine>

6.3.3　搬运载体端的实时配送导航

为了搬运操作人员更方便地使用，可以增加搬运载体端实时配送导航服务，以实现对物料任务配送全过程的实时引导，如图 6-8 所示，它主要包含以下内容：

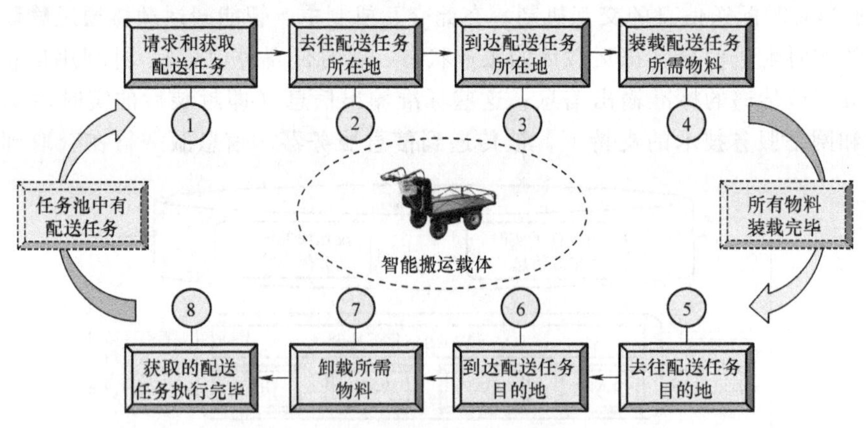

图 6-8　搬运载体端的实时配送导航

1. 请求和获取任务

当智能搬运载体处于空闲状态时，它会主动向信息服务器发送请求任务的信息；信息服务器根据智能搬运载体的实时状态对其进行配送任务优化分配，并将相应的配送操作信息传递给智能搬运载体。

2. 去往配送任务的所在地

智能搬运载体获取的配送操作信息中包含配送任务所含物料的所在位置信息和去往该位置的路径信息，智能搬运载体根据显示装置提供的路径信息去往配送任务所含物料的所在地。

3. 到达配送任务的所在地

智能搬运载体在去往配送任务所在地的过程中不断地与信息服务器进行交互，以判断是否到达物料的所在地，当到达物料所在地时，搬运载体会获取提示，进行物料装载的操作。

4. 装载配送任务所需物料

智能搬运载体根据配送操作信息中所提示的相关物料信息（如所需物料的种类、数量信息），通过附加的显示装置指引搬运工人进行物料装载，并判断所需的物料是否已装载完毕。

5. 去往配送任务的目的地

当确认所需的物料已装载完毕后，显示装置会显示去往配送任务目的地的路径信息，智能搬运载体根据路径信息的指示去往配送任务的目的地。

6. 到达需求配送任务的目的地

智能搬运载体在去往配送任务目的地的过程中不断地与信息服务器进行交互，以判断是否到达配送任务的目的地，当到达物料所在地时，搬运载体会获取提示，进行物料卸载的操作。

7. 卸载所需物料

智能搬运载体根据信息服务器提供的操作信息，通过附加的显示装置指引搬运工人进行物料卸载，并判断物料是否卸载完毕。

8. 配送任务执行完毕

智能搬运载体承载的物料全部卸载完毕后，搬运载体会获得“获取的配送任务已执行完毕”的提示；当任务池中还有配送任务时，智能搬运载体会继续请求和获取配送任务，并重复以上操作。

6.4　智能决策方法在物料配送中的应用

在本节中，智能决策方法主要是指层次分析法。本节将以两阶段的物料配送任务动态分配方法来说明智能决策方法在智能物料配送中的应用。

两阶段的物料配送任务动态分配方法位于以搬运载体为核心的物料配送模型的最顶层，是该物料配送模型的优化环节。当实时多源信息被传递到信息服务器后，信息服务器会根据当前车间的实时配送需求和搬运载体的实时状态，采用两阶段的物料任务动态分配方法，对车间的物料配送任务进行动态分配。顾名思义，两阶段的物料任务动态分配方法具有两个优化阶段：第一个阶段是实时需求信息驱动的配送任务预优化；第二个阶段是基于层次分析法的配送任务组合优化。

两阶段的物料配送任务动态分配方法的流程图如图6-9所示，首先根据信息服务器提供的配送任务信息模型和车间的实时配送需求信息对任务池中的配送任务进行预优化，形成候

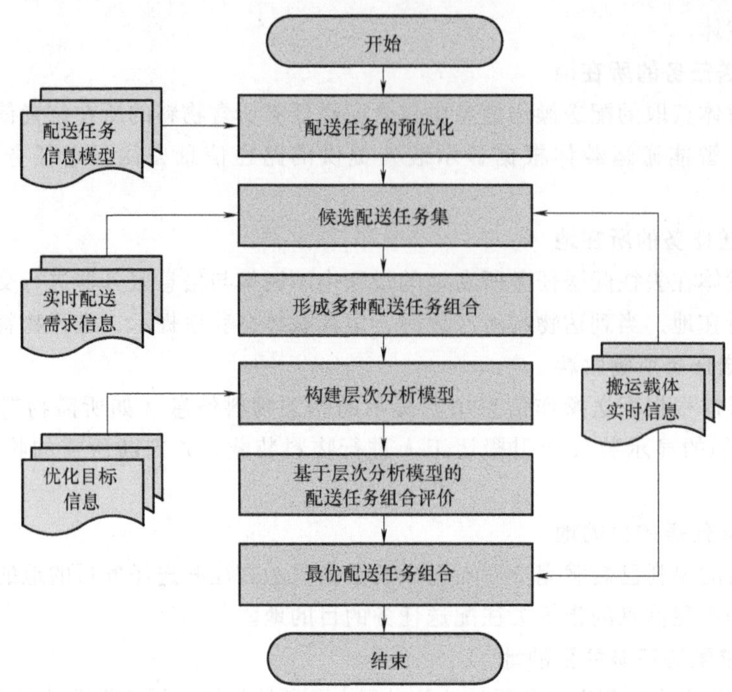

图 6-9　两阶段的物料配送任务动态分配方法流程

选任务集，在候选任务集的基础上形成多种可行的配送任务组合，这是两阶段的物料配送任务动态分配方法的第一个阶段；根据车间的优化目标信息，构建物料配送任务动态分配的层次分析模型，利用构建的模型对上一阶段形成的可行配送任务组合进行评价，从中选出最优的配送任务组合，这是两阶段的物料配送任务动态分配方法的第二个阶段。搬运载体的实时状态信息贯穿着整个任务分配过程。

两阶段的物料配送任务动态分配方法具有以下特点：

1. 基于实时配送需求信息的配送任务预优化

针对因任务池中配送任务数量大带来的任务动态分配困难、优化时间长的问题，结合车间的实时配送需求，采用配送任务预优化的方法，对任务池中的部分配送任务进行优先配送，从而避免了因任务数量大造成的数据冗余现象，在保证车间所需物料及时配送的同时，提高了配送任务的动态分配效率。

2. 多优化目标的层次分析模型

以搬运载体完成配送任务组合所需的配送距离、配送任务组合的优先级、搬运载体的利用情况代替传统的配送时间、配送成本以及配送质量，作为获取最优配送任务组合的优化目标，更加客观地体现物料配送任务动态分配的目的。通过层次分析法建立物料配送任务动态分配的层次分析模型，对可行的配送任务组合进行综合分析评价，最终得到最优的配送任务组合，实现配送任务的动态优化分配。

6.4.1　物料配送任务的描述方法

1. 物料配送任务的信息模型

物料配送任务的信息模型中主要包含配送任务的编号信息、配送任务的起始地信息、配送任务的目的地信息、配送任务的交货期信息、配送任务的优先级信息、配送任务的物料索引号信息、执行该配送任务的搬运载体信息、执行该任务的搬运工人的信息、任务的执行状态信息。当物料配送任务提交至配送系统时，信息服务器会将配送任务的信息存储在信息矩阵 $\boldsymbol{J}$ 中，直至配送任务完成。信息矩阵 $\boldsymbol{J}$ 的表示如下所示。

$$\boldsymbol{J}=\begin{pmatrix} JID_1 & FLocation_1 & TLocation_1 & D_1 & P_1 & \boldsymbol{IID}_1 & MID_1 & HID_1 & JStatus_1 \\ JID_2 & FLocation_2 & TLocation_2 & D_2 & P_2 & \boldsymbol{IID}_2 & MID_2 & HID_2 & JStatus_2 \\ \vdots & \vdots & \vdots & \vdots & \vdots & \vdots & \vdots & \vdots & \vdots \\ JID_k & FLocation_k & TLocation_k & D_k & P_k & \boldsymbol{IID}_k & MID_k & HID_k & JStatus_k \\ \vdots & \vdots & \vdots & \vdots & \vdots & \vdots & \vdots & \vdots & \vdots \\ JID_K & FLocation_K & TLocation_K & D_K & P_K & \boldsymbol{IID}_K & MID_K & HID_K & JStatus_K \end{pmatrix}$$

式中，JID_k 表示配送任务 k 的编号；$FLocation_k$ 表示配送任务 k 的起始地；$TLocation_k$ 表示配送任务 k 的目的地；D_k 表示配送任务 k 的交货期；P_k 表示配送任务 k 的优先级；$\boldsymbol{IID}_k$ 表示配送任务 k 的物料索引信息矩阵；MID_k 表示配送任务 k 匹配的搬运载体编号；HID_k 表示配送任务 k 匹配的搬运工人编号；$JStatus_k$ 表示配送任务 k 的匹配状态。需要说明的是：配送任务 k 的匹配状态是指该配送任务是否已被相应的搬运载体匹配，0 表示未被匹配，1 表示已被匹配，只有当匹配状态值为 1 时，MID_k 和 HID_k 才会有具体值。

配送任务 k 的物料索引信息矩阵中包含了配送任务中的物料信息，它的表示如矩阵 $\boldsymbol{IID}_k$ 所示

$$\boldsymbol{IID}_k=\begin{pmatrix} MatID_{k1} & MatName_{k1} & MatLocation_{k1} & Quan_{k1} & Vol_{k1} \\ MatID_{k2} & MatName_{k2} & MatLocation_{k2} & Quan_{k2} & Vol_{k2} \\ \vdots & \vdots & \vdots & \vdots & \vdots \\ MatID_{kn} & MatName_{kn} & MatLocation_{kn} & Quan_{kn} & Vol_{kn} \\ \vdots & \vdots & \vdots & \vdots & \vdots \\ MatID_{kN} & MatName_{kN} & MatLocation_{kN} & Quan_{kN} & Vol_{kN} \end{pmatrix}$$

式中，$MatID_{kn}$ 表示配送任务 k 的第 n 种物料的物料编号；$MatName_{kn}$ 表示配送任务 k 的第 n 种物料的物料名称；$MatLocation_{kn}$ 表示配送任务 k 的第 n 种物料的所在位置；$Quan_{kn}$ 表示配送任务 k 的第 n 种物料的数量；Vol_{kn} 表示配送任务 k 的第 n 种物料的单位体积。

2. 物料配送任务的数字化描述

为了实现物料配送任务信息在信息服务器与搬运载体端之间的传递，需要对物料配送任务的信息进行数字化描述。如表 6-6 所示为某物料配送任务信息的 XML 数字化描述模型。

表 6-6 基于 XML 的物料配送任务数字化描述模型

XML 代码
(1)<? xml version="1.0" encoding="UTF-8"? >
(2)<Job>
(3)<JobInfor>
(4) <JobID >JID003</JobID>
(5) <FromLocationInfor>
(6) <XInfor>50</XInfor>
(7) <YInfor>60</YInfor>
(8) </FromLocationInfor>

（续）

XML 代码
(9) <ToLocationInfor>
(10) <XInfor>110</XInfor>
(11) <YInfor>120</YInfor>
(12) </ToLocationInfor>
(13) < Duetime>50</Duetime>
(14) < Priority>50</Priority>
(15) < IID>003</IID>
(16) < MID>2</MID>
(17) < HID>5</HID>
(18) <JobStatus>1(已匹配)</JobStatus>
(19) </JobInfor>
(20) </Job>

6.4.2 实时需求信息驱动的配送任务预优化

实时需求信息驱动的配送任务预优化是两阶段的物料配送任务动态分配方法的第一个优化阶段。在该阶段，信息服务器首先根据车间制造过程对物料的实时需求信息，定义配送任务的优先级，然后根据配送任务的优先级从配送任务池中选取部分优先程度高的配送任务形成候选配送任务集，并根据当前搬运载体的状态信息，形成多种与搬运载体容量相关的可行配送任务组合，完成对车间配送任务的预优化。

1. 配送任务优先级

配送任务的优先级是根据车间的实时配送需求来确定的，它反映了车间制造过程对配送任务所包含物料需求的紧迫程度。配送任务交货期反应的是配送任务完成的截止时间，因此可以将配送任务的交货期作为设定配送任务优先级的重要因素。一般情况下，交货期越早的配送任务拥有越高的优先级。特别是当任务的交货期处于同一范围时，它们会被赋予相同的任务优先级。例如，可以设定交货期在 0~20 之间的配送任务具有相同的任务优先级，交货期在 30~50 之间的配送任务具有相同的任务优先级，同时交货期在 0~20 之间的配送任务的优先级比交货期在 30~50 之间的配送任务的优先级高。

2. 优先配送任务的选取

优先配送任务的选取是指根据有配送请求搬运载体的实时状态和配送任务的优先级，在配送任务池中优先选取部分配送任务形成候选配送任务集的过程，它既保证了车间实时配送需求，同时降低了配送任务优化分配的复杂度。优先配送任务的选取需要遵循以下原则：

1）选取配送任务时需按照任务优先级由高到低的顺序进行选取。

2）所选取配送任务所占的体积应不超过搬运载体的额定容量。

所选取的配送任务构成了候选配送任务集，其信息存储在信息矩阵 $\boldsymbol{J}_m$ 中，表示方法为

$$\boldsymbol{J}_m=\begin{pmatrix} JID_m^1 & FLocation_m^1 & TLocation_m^1 & D_m^1 & P_m^1 & \boldsymbol{IID}_m^1 & MID_m^1 & HID_m^1 & JStatus_m^1 \\ JID_m^2 & FLocation_m^2 & TLocation_m^2 & D_m^2 & P_m^2 & \boldsymbol{IID}_m^2 & MID_m^2 & HID_m^2 & JStatus_m^2 \\ \vdots & \vdots & \vdots & \vdots & \vdots & \vdots & \vdots & \vdots & \vdots \\ JID_m^k & FLocation_m^k & TLocation_m^k & D_m^k & P_m^k & \boldsymbol{IID}_m^k & MID_m^k & HID_m^k & JStatus_m^k \\ \vdots & \vdots & \vdots & \vdots & \vdots & \vdots & \vdots & \vdots & \vdots \\ JID_m^m & FLocation_m^m & TLocation_m^m & D_m^m & P_m^m & \boldsymbol{IID}_m^m & MID_m^m & HID_m^m & JStatus_m^m \end{pmatrix}$$

式中，上标 k 表示候选任务集中的第 k 个任务，参数含义同信息矩阵 $\boldsymbol{J}$ 中的参数。

3. 可行的配送任务组合

在构建完候选配送任务集之后，需要根据当前搬运载体的状态信息，形成多种与搬运载体容量相关的可行配送任务组合，这是配送任务预优化的最后一个阶段。从候选配送任务集中任选一个或多个配送任务，构成一个配送任务组合，然后判断该配送任务组合的体积是否大于当前搬运载体的可承载容量。若该配送任务组合的体积不超过当前搬运载体的可承载容量，则其为一个可行的配送任务组合；若该配送任务组合的体积超过了当前搬运载体的可承载的容量，则其不是一个可行的配送任务组合。

6.4.3　基于层次分析法的配送任务组合优化

1. 物料任务动态分配的层次分析模型

在以智能搬运载体为核心的物料任务动态分配模型中，层次分析法用来确定配送距离、配送任务组合的优先级以及搬运载体利用情况在最优配送任务组合的选取中所占的权重。下面，将根据层次分析法的基本步骤构建物料任务动态分配的层次分析模型，并对配送距离、配送任务组合优先级以及搬运载体利用情况在最优配送任务组合选取中所占的权重进行决策分析。

（1）确定物料配送任务动态分配过程中各元素之间的关系　物料配送任务动态分配的目的是根据车间的实时配送需求信息和提出执行配送任务请求的搬运载体的实时状态信息，为搬运载体提供最优的配送任务组合。最优配送任务组合是根据搬运载体完成任务所需的配送时间、配送成本以及配送质量来选取的，而影响配送时间、配送成本和配送质量的因素主要是搬运载体完成配送任务的配送距离、所配送任务组合的优先级以及配送任务组合占用的搬运载体空间。

（2）建立物料配送任务动态分配的层次分析结构　根据物料配送任务动态分配过程中各元素之间的关系，建立如图 6-10 所示的物料配送任务动态分配的层次分析结构。最优任务组合作为物料配送任务的目的，位于该层次分析结构的目标层，配送时间、配送成本以及配送质量作为最优配送任务选取的影响因素，位于中间层（准则层），而搬运载体完成配送任务的配送距离、配送任务组合的优先级以及配送任务组合占用的搬运载体空间即载体利用位于最底层（方案层）。

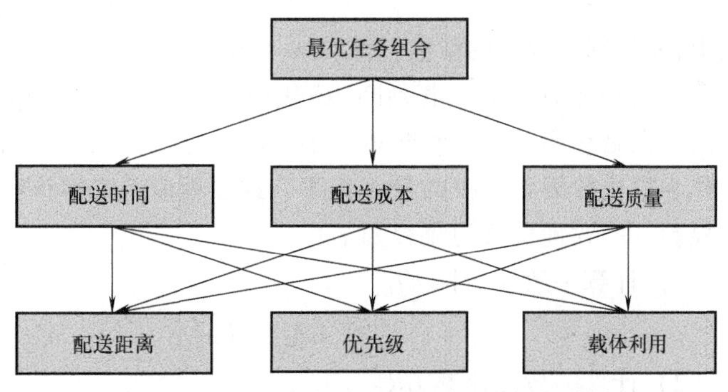

图 6-10　物料任务动态分配的层析分析结构

（3）构建层与层元素之间的判断矩阵　判断矩阵用来确定低层元素对于高层某个元素的重要程度。物料任务动态分配的层次分析结构建立以后，上下层元素的隶属关系便被确定，通过两两比较低层元素对于高层某元素的重要程度，构建低层元素对于该高层元素的判断矩阵。下面构建配送距离、配送任务组合优先级、搬运载体利用情况对于配送时间的判断矩阵

$$G_1 = \begin{pmatrix} h_{11} & h_{12} & h_{13} \\ h_{21} & h_{22} & h_{23} \\ h_{31} & h_{32} & h_{33} \end{pmatrix}$$

式中，G_1 表示配送距离、配送任务组合优先级、搬运载体利用情况对于配送时间的判断矩阵；h_{ij} 表示对于配送时间来说，H_i 相对于 H_j 的重要程度，i，$j \in \{1, 2, 3\}$；H_1、H_2、H_3 表示方案层元素，即配送距离、任务组合优先级、搬运载体利用情况。

显然，判断矩阵 G_1 中的元素 h_{ij} 有如式（6-7）所示的特点。

$$\begin{cases} h_{ij}>0 \\ h_{ij}=\dfrac{1}{h_{ji}} \\ h_{ii}=1 \end{cases} \tag{6-7}$$

（4）层次单独分析　层次单独分析是指获取判断矩阵 G_1 最大的特征值 $\lambda_{\max}^{G_1}$ 以及最大特征值对应的特征向量 $W_{G_1}=(w_{H_1}^{G_1}, w_{H_2}^{G_1}, w_{H_3}^{G_1})^{\mathrm{T}}$ 的过程。判断矩阵 G_1 最大的特征值是后续进行一致性检验的重要参数，最大特征值对应特征向量（正交归一向量）称为权向量，而其每个分量分别对应配送距离、配送任务组合优先级、搬运载体利用情况对于配送时间的权重。它们的计算方法如式（6-8）、式（6-9）所示。

$$w_{H_i}^{G_1} = \frac{\sqrt[n]{\prod_j h_{ij}}}{\sum_{i=1}^{n} \sqrt[n]{\prod_j h_{ij}}} \tag{6-8}$$

$$\lambda_{\max}^{G_1} = \frac{1}{n} \sum_{i=1}^{n} \left(\frac{(G_1 W_{G_1})_i}{w_{H_i}^{G_1}} \right) \tag{6-9}$$

式中，n 为判断矩阵的阶数，此处 $n=3$。

（5）一致性检验　若判断矩阵中的元素满足 $h_{ij}=h_{ik}h_{kj}$，那么称该判断矩阵具有完全一致性。但是在实际中，判断矩阵很难满足完全一致性，为了能用其最大特征值对应的特征向量作为被比较因素的权向量，其不一致性程度应在容许范围内，因此需对判断矩阵进行一致性检验。一致性检验的流程如下：

1）计算一致性指标 CI_{G_1}。

$$CI_{G_1} = (\lambda_{\max}^{G_1} - n)/(n-1) \tag{6-10}$$

2）计算一致性比率 CR_{G_1}。

$$CR_{G_1} = CI_{G_1}/RI \tag{6-11}$$

当 $CR_{G_1} < 0.1$ 时，则认为判断矩阵具有满意的一致性，否则要对判断矩阵进行修正。其中，随机平均一致性指标 RI 的值如表 6-7 所示。

表 6-7　随机平均一致性指标

n	1	2	3	4	5	6	7	8	9	10	11
RI	0.00	0.00	0.58	0.90	1.12	1.24	1.32	1.41	1.45	1.49	1.51

（6）层次总体分析　层次总体分析用来计算底层元素对于目标层元素的权重，即配送

距离、配送任务组合优先级以及搬运载体使用情况对于最优配送任务组合选取的权重。下面以计算配送距离对于最优配送任务组合的权重为例，对其进行说明。

1）根据步骤1~5，分别计算配送时间、配送成本、配送质量对于最优配送任务组合选取的权重 $w_{G_1}^E$、$w_{G_2}^E$、$w_{G_3}^E$，以及配送距离对于配送时间、配送成本、配送质量的权重 $w_{H_1}^{G_1}$、$w_{H_1}^{G_2}$、$w_{H_1}^{G_3}$。

2）计算配送距离对于最优配送任务组合的权重 $w_{H_1}^E$。

$$w_{H_1}^E = \sum_{i=1}^{3} w_{H_1}^{G_i} w_{G_i}^E \tag{6-12}$$

（7）总体一致性检验　当底层的配送距离、任务组合的优先级以及搬运载体的利用情况对最优配送任务组合的权重确定之后，也需要对其一致性进行检验，这个过程称为总体一致性检验。

1）分别计算配送时间、配送成本、配送质量对于底层一致性指标 CI_{G_1}、CI_{G_2}、CI_{G_3}，同时得到其随机平均一致性指标 RI_{G_1}、RI_{G_2}、RI_{G_3}（见表6-7）；

2）分别计算总体一致性指标 CI 以及总体随机平均一致性指标 RI。

$$CI = \sum_{i=1}^{3} w_{G_i}^E CI_{G_i} \tag{6-13}$$

$$RI = \sum_{i=1}^{3} w_{G_i}^E RI_{G_i} \tag{6-14}$$

3）计算总体一致性比率 CR。

$$CR = CI/RI \tag{6-15}$$

当 $CR < 0.1$ 时，则认为层次整体具有满意的一致性，否则的话，需要修正准则层元素对目标层元素的判断矩阵。

最终，按照步骤1~7分别获得配送距离、配送任务组合的优先级以及搬运载体利用情况在最优配送任务组合的选取中所占的权重（$w_{H_1}^E$，$w_{H_2}^E$，$w_{H_3}^E$）^{T}，为了方便识别，将其记作（w_L，w_P，w_U）^{T}。

2. 基于层次分析法的配送任务组合优化流程

图6-11所示为基于层次分析法的配送任务组合优化流程，下面对其步骤进行说明。

1）构建配送任务组合优化的目标函数。配送任务组合优化的目的是获取配送距离最短、优先级最高以及搬运载体的利用情况最大的配送任务组合，很显然这是一个多目标优化问题。对于多目标优化问题，最常用的解决方法就是将多目标问题转化成单目标问题。在这里采用加权综合法，根据配送距离、配送任务组合的优先级以及搬运载体的利用情况对于最优配送任务组合选取的权重，建立配送任务组合优化的单目标函数。

$$\max f(L_c, P_c, U_c) = w_L \frac{L_0}{L_c} + w_P \frac{P_c}{P_0} + w_U \frac{U_c}{U_0} \tag{6-16}$$

式中，下脚标 c 表示某个可行的配送任务组合；w_L 表示配送距离对于最优配送任务组合选取的权重；w_P 表示配送任务组合优先级对于最优配送任务组合选取的权重；w_U 表示搬运载体利用情况对于最优配送任务组合选取的权重；L_c 表示当前搬运载体完成可行配送任务组合 c 所

```
//基于层次分析法的配送任务组合优化流程

Input:可行的配送任务组合：从候选配送任务集中任选一个或多个配送任务，构成一个配送任务组合，然后判断该配送任务组合的体积是否大于当前搬运载体的可承载容量。若该配送任务组合的体积不超过当前搬运载体的可承载容量，则其为一个可行的配送任务组合；若该配送任务组合的体积超过了当前搬运载体的可承载的容量，则其不是一个可行的配送任务组合

Start

(1)    For c =1:S // c 表示某个配送任务组合；S 表示配送任务组合的总数

(2)    max f(L_c,P_c,U_c)=w_L L_0/L_c+w_P P_c/P_0+w_U U_c/U_0// 构建目标函数

(3)    L_c= 搬运载体完成给配送任务组合的最短距离

       P_c = Σ_{j∈v(c)} p_{c.j} , U_c = Σ_{j∈v(c)} Σ_{k∈v(j)} Q_{c.j.k} Vol_{c.j.k} // 计算配送距离、配送任务组合的优先级以及搬运载体的利用情况

(4)    L_0 = (1/S) Σ_{c=1}^{S} L_c , P_0 = (1/S) Σ_{c=1}^{S} P_c , U_0 = (1/S) Σ_{c=1}^{S} U_c //计算配送距离、配送任务组合的优先级以及搬运载体利用情况的平均数

(5)    将各个参数值代入到目标函数中，计算 f(L_c,P_c,U_c)的值

(6)    End

(7)    找到具有最大 f(L_c,P_c,U_c) 的配送任务组合作为最优配送任务组合

End

Output:最优配送任务组合的配送操作信息（搬运载体完成该配送任务组合所需的信息）
```

图 6-11　基于层次分析法的配送任务组合优化流程

需的配送距离；P_c 表示可行配送任务组合 c 的优先级；U_c 表示可行配送任务组合 c 占用的搬运载体容量，即载体的利用情况；L_0 表示配送距离的平均值，用来统一量纲；P_0 表示配送任务组合的平均值，用来统一量纲；U_0 表示搬运载体利用情况的平均值，用来统一量纲。

2）根据建立的层次分析模型计算配送距离、配送任务组合的优先级以及搬运载体的利用情况对于最优配送任务组合选取的权重 $(w_L,\ w_P,\ w_U)^{\mathrm{T}}$ 。

3）计算搬运载体完成任务组合所需的配送距离 L_c、配送任务组合的 P_c、搬运载体的利用情况 U_c。

$$L_c = \text{搬运载体完成配送任务组合的最短距离} \tag{6-17}$$

$$P_c = \sum_{j \in \nu(c)} P_{cj} \tag{6-18}$$

$$U_c = \sum_{j \in \nu(c)} \sum_{k \in \nu(j)} Q_{cjk} Vol_{cjk} \tag{6-19}$$

式（6-17）~式（6-19）中，$j \in \nu(c)$ 表示配送任务组合中任务编号为 j 的配送任务；$k \in \nu(j)$ 表示配送任务 j 中编号为 k 的物料；P_{cj} 表示配送任务组合 c 中的配送任务 j 的优先级；Q_{cjk} 表示配送任务组合 c 中的配送任务 j 所包含的物料 k 的数量；Vol_{cjk} 表示配送任务组合 c 中的配送任务 j 所包含的物料 k 的单位体积。

4）计算配送距离、配送任务组合优先级以及搬运载体利用情况的平均数 L_0、P_0、U_0。

$$L_0 = \frac{1}{S} \sum_{c=1}^{S} L_c \tag{6-20}$$

$$P_0 = \frac{1}{S} \sum_{c=1}^{S} P_c \tag{6-21}$$

$$U_0 = \frac{1}{S} \sum_{c=1}^{S} U_c \tag{6-22}$$

式中，S 表示可行的配送任务组合数。

5）将 w_L、w_P、w_U、L_c、P_c、U_c、L_0、P_0、U_0 的值代入到目标函数中，计算 $f(L_c, P_c, U_c)$ 的值。

6）综合所有可行配送任务组合的目标函数值，从中选出具有最大函数值的配送任务组合作为最优的配送任务组合，搬运载体将会按照配送操作信息执行该配送任务组合。

6.5　原型系统设计与实现

基于前面各节所提出的关键技术以及相关的理论分析，本节利用车间物料配送场景对所述的智能物料精准配送方法进行验证，在此基础上，通过搬运载体端的物料配送导航原型系统，对智能物料精准配送系统的操作流程进行说明。

6.5.1　物料配送场景设置

为了实现所述的智能物料精准配送方法，在本节中设计了如图 6-12 所示的车间物料配送场景。该场景主要包括以下部分。

1）生产区域。有十四个工作站位于该生产区域中，每一个工作站由两个物料缓冲区（In-buffer 和 Out-buffer）组成，In-buffer 用来储存工作站进行加工操作所需的物料，Out-buffer 用来储存工作站已加工完毕，用于其他生产制造环节的物料。

2）仓储区域。在该区域中包含一系列的立体货架，立体货架上存放了许多维持车间正常生产的物料，如供应生产制造的原材料，阶段性生产的在制品，以及将要出库的成品等。

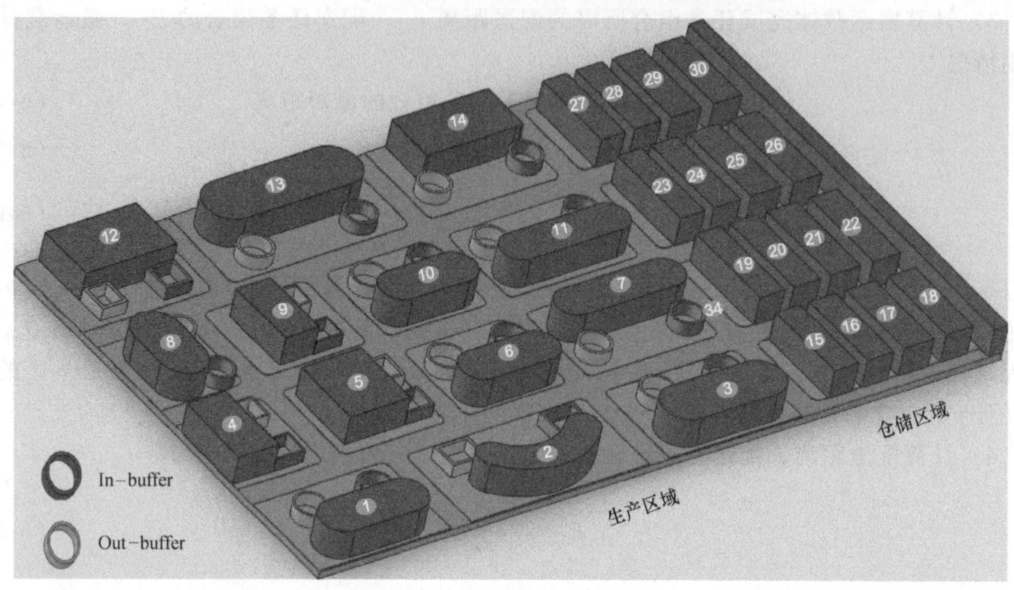

图 6-12 车间物料配送场景

每类物料都有特定标识，配送工人可以根据标识快速找到所需配送物料的位置，同时把将要存储的物料放置在指定位置。

3）智能搬运载体。该搬运载体通过附加物联网装置（信息标识装置、信息识别装置、信息传递装置），从而具有采集车间实时配送信息的能力，并能通过信息交互机制实现与信息服务器的动态交互，以获取实时配送操作，为配送工人提供实时配送导航服务。

4）其他辅助设备。在关键位置和配送资源处也附加了智能识别设备，以采集实时配送信息，如在车间的关键路口、物料缓冲区以及货架等位置处附加 RFID 标签，用来采集位置信息；在托盘处附加 RFID 标签用来采集物料信息；在配送工人身上附加 RFID 标签，用来采集配送操作信息。

通过上述设置，可实现车间物料配送过程的透明化，从而促进物料配送任务的动态分配，实现物料的高效配送。

在本节设计的应用场景中，有四个搬运载体和十五个配送任务用来说明所述的实时信息驱动的物料配送方法。表 6-8 所列为四个搬运载体的实时状态信息，表 6-9 所列为十五个配送任务的实时信息（需要注明的是，为了不失一般性，这里所列的配送任务并未考虑车间生产时工作站之间的工序限制）。

在表 6-8 中，所列的信息主要包括搬运载体的服务状态、额定容量、负荷状态和实时位置信息。表 6-9 中，所列的信息主要包括配送任务编号、起始地、目的地、交货期、物料索引编号、占用体积以及优先级信息。配送任务的起始位置信息以及目的地位置信息都采用工作站和仓库的编号来表示，如果任务起始地一栏中是工作站编号，表示的是该工作站 Out-buffer 的位置信息；如果目的地一栏是目的地编号，表示的是该工作站 In-buffer 的位置信息。各工作站 Out-buffer 和 In-buffer 位置坐标以及仓库位置坐标如表 6-10、6-11 所示。在表 6-9 的优先级一栏中，1 表示任务为“普通”任务，2 表示任务为“重要”任务，3 表示任务为“紧急”任务，4 表示任务为“非常紧急”任务。

表 6-8 搬运载体的实时状态信息

搬运载体编号	服务状态	额定容量	负荷状态	实时位置
1	正常工作	15	正常负荷	(10,35)
2	正常工作	15	正常负荷	(70,45)
3	闲置中	15	零负荷	(20,55)
4	维修	15	零负荷	—

表 6-9 配送任务的实时信息

任务编号	起始地	目的地	交货期	物料索引编号	占用体积/m^3	优先级
1	1	10	150	IID_1	11	1
2	5	14	140	IID_2	3	1
3	20	9	130	IID_3	5	1
4	2	25	120	IID_4	12	1
5	7	13	110	IID_5	8	1
6	4	11	100	IID_6	4	1
7	3	8	90	IID_7	10	2
8	17	7	80	IID_8	6	2
9	10	28	70	IID_9	9	2
10	16	4	60	IID_{10}	7	2
11	15	7	50	IID_{11}	5	3
12	9	2	40	IID_{12}	7	3
13	12	6	30	IID_{13}	10	3
14	13	24	20	IID_{14}	4	4
15	14	19	10	IID_{15}	6	4

表 6-10 工作站区域位置编号代表的车间坐标值

编号	In-buffer	Out-buffer	编号	In-buffer	Out-buffer	编号	In-buffer	Out-buffer
1	(25,15)	(5,15)	6	(70,45)	(55,45)	11	(105,75)	(85,75)
2	(70,15)	(40,15)	7	(105,35)	(85,35)	12	(25,95)	(5,95)
3	(105,15)	(85,15)	8	(10,65)	(10,75)	13	(70,95)	(40,95)
4	(10,35)	(10,45)	9	(40,65)	(40,75)	14	(105,95)	(85,95)
5	(40,35)	(40,45)	10	(70,75)	(55,75)	—	—	—

表 6-11 仓储区域位置编号代表的车间坐标值

编号	坐标	编号	坐标	编号	坐标	编号	坐标
15	(125,10)	19	(125,40)	23	(125,70)	27	(125,100)
16	(140,10)	20	(140,40)	24	(140,70)	28	(140,100)
17	(155,10)	21	(155,40)	25	(155,70)	29	(155,100)
18	(170,10)	22	(170,40)	26	(170,70)	30	(170,100)

6.5.2 方法实施

智能物料精准配送方法是以搬运载体为主体进行的，当搬运载体处于空闲状态时，将主动与信息服务器进行交互，信息服务器根据车间的实时配送需求和搬运载体的实时状态为搬运载体分配与其实时状态最匹配的配送任务。从表 6-8 可以得出四个搬运载体的服务状态：1 号搬运载体处于正常工作状态，即该搬运载体正在执行任务，2 号搬运载体处于正常工作状态，3 号搬运载体处于闲置状态，4 号搬运载体处于维修状态。规定只有搬运载体处于闲置状态时，才会主动获取配送任务；当搬运载体处于正常工作状态时，不会再获取其他任务去执行，直至所获取的任务执行完毕。此时，3 号搬运载体处于闲置状态，因此接下来的方法实施是围绕 3 号搬运载体进行的。

1）按照优先级由高到低的顺序选取若干个配送任务形成候选配送任务集。候选配送任务集中的配送任务数根据实时需求而定，在这里选取五个任务形成候选配送任务集，候选配送任务集中任务的信息如表 6-12 所示，并形成候选配送任务信息矩阵 $\boldsymbol{T}_5$。

$$\boldsymbol{T}_5=\begin{pmatrix} 11 & 15 & 7 & 50 & \boldsymbol{IID}_{11} & 5 & 3 \\ 12 & 9 & 2 & 40 & \boldsymbol{IID}_{12} & 7 & 3 \\ 13 & 12 & 6 & 30 & \boldsymbol{IID}_{13} & 10 & 3 \\ 14 & 13 & 24 & 20 & \boldsymbol{IID}_{14} & 4 & 4 \\ 15 & 14 & 19 & 10 & \boldsymbol{IID}_{15} & 6 & 4 \end{pmatrix}$$

表 6-12　候选配送任务集中的任务信息

任务编号	起始地	目的地	交货期	索引编号	占用体积	优先级
11	15	7	50	$\boldsymbol{IID}_{11}$	5	3
12	9	2	40	$\boldsymbol{IID}_{12}$	7	3
13	12	6	30	$\boldsymbol{IID}_{13}$	10	3
14	13	24	20	$\boldsymbol{IID}_{14}$	4	4
15	14	19	10	$\boldsymbol{IID}_{15}$	6	4

2）根据可行配送任务组合的构建方法，形成多个与 3 号搬运载体相关的可行配送任务组合：{(11)，(12)，(13)，(14)，(15)，(11，12)，(11，13)，(11，14)，(11，15)，(12，14)，(12，15)，(13，14)，(14，15)，(11，14，15)}。

3）按照基于层次分析法的配送任务组合优化方法，构建物料配送任务动态分配的层次分析模型，求解配送任务优先级、配送距离、搬运载体利用情况在物料任务优化分配中所占的权重；基于层次分析法的配送任务组合优化流程，计算各个配送任务组合的优先级、最短配送距离以及占用空间，最后代入到目标函数中，得到各配送任务组合的目标函数值。

目标函数的各参数值以及各个可行配送任务组合的参数值、目标函数值分别如表 6-13 和表 6-14 所示。从表 6-14 可知，配送任务组合（11，14，15）具有最大的目标函数值，因此 3 号搬运载体将获取这三个配送任务去执行。信息服务器会将相应的配送操作信息传递给 3 号搬运载体，这就完成了配送任务的动态分配。

表 6-13　目标函数的各参数值

参数	P_0	L_0	U_0	w_P	w_L	w_U
值	5.929	243.929	10.143	0.334	0.333	0.333

表 6-14 各个可行配送任务组合的参数值及目标函数值

载体编号	配送任务组合	P_c	L_c	U_c	$f(P_c, L_c, U_c)$
3	11	3	195	5	0.750
3	12	3	130	7	1.024
3	13	3	170	10	0.976
3	14	4	185	4	0.796
3	15	4	200	6	0.829
3	11,12	6	235	12	1.078
3	11,13	6	305	15	1.097
3	11,14	7	305	9	0.956
3	11,15	7	275	11	1.051
3	12,14	7	295	11	1.031
3	12,15	7	280	13	1.111
3	13,14	7	305	14	1.120
3	14,15	8	230	10	1.132
3	11,14,15	11	305	15	1.378

6.5.3 搬运载体端的物料配送导航系统

1. 系统开发环境

本节介绍的搬运载体端物料配送导航系统是基于微软的 .Net Framework 平台、在 Visual Studio 2010 集成环境下进行开发的，同时采用 C#作为后台编程语言，采用 Microsoft SQL Server 2008 作为系统开发的数据库。搬运载体端通过 6.3 节所述的信息交互机制与信息服务器进行信息交互，获取实时的配送情况，对配送任务进行分配。系统的整体开发环境如表 6-15 所示。

表 6-15 实时信息驱动的搬运载体端物料配送导航系统开发环境

项目	项目属性	项目	项目属性
操作系统	Microsoft Windows 7	后台开发语言	C#
开发平台	.Net Framework	数据库	Microsoft SQL Server 2008
系统集成环境	Visual Studio 2010	服务器	Apache Tomcat

2. 系统操作流程

实时信息驱动的物料配送任务动态分配方法以智能搬运载体为主体，通过获取车间配送过程中的实时信息，实现物料配送任务的动态分配和智能配送。

如图 6-13 所示为系统的初始界面，从图中可以看出该系统共分为六个模块：第一个模块是登录模块，当有配送工人对该搬运载体进行操作时，会显示相关信息；第二个模块是获取任务模块，当搬运载体处于闲置状态时，通过此处获取新的配送任务；第三个模块是实时导航看板，通过该模块可以获取实时的配送操作；第四个模块是配送任务列表，通过这个模块可以查看搬运载体所获取的配送任务信息；第五个模块是物料清单模块，当搬运载体到达取料处或者是卸料处时，可以通过该模块获取所需装载或卸载的物料信息；最后一个模块是可视化模块，通过这个模块可以观察到搬运载体在车间内的实时位置，同时得到配送任务的路径导航。下面通过车间物料配送的实例对系统的操作流程进行具体说明。

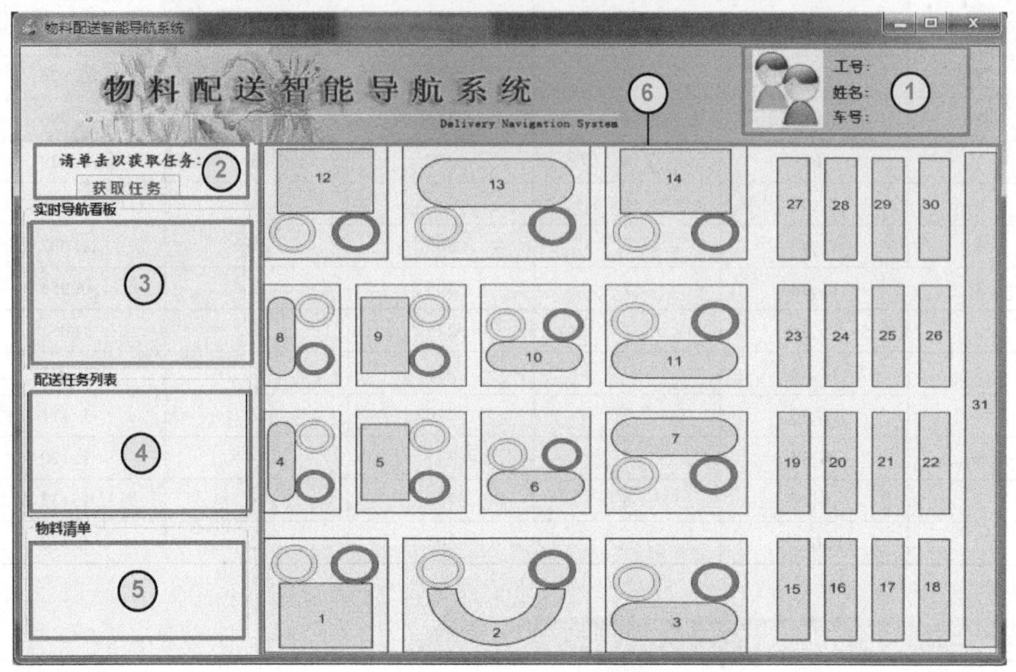

图 6-13　系统初始界面

(1) 系统登录　搬运载体端附加有物联网装置，配送工人附加有 RFID 标签，当配送工人到达搬运载体端指定位置时，系统会感知和获取到配送工人信息，并在登录模块处显示出来，实现系统登录。如图 6-14 所示，当登录系统后，在可视化模块会显示出搬运载体的实时位置信息，同时获取任务模块处的“获取任务”按钮会由灰色显示变为红色显示，说明该搬运载体处于闲置状态，可以获取配送任务去执行。

(2) 配送任务的获取　配送工人单击“获取任务”按钮后，信息服务器会根据搬运载体的实时状态信息和任务池中配送任务的状态信息，为搬运载体分配与其实时状态信息最匹配的配送任务去执行。下面采用 6.5.2 节中的实例来说明配送任务的获取过程。图 6-15 显示了 3 号搬运载体对配送任务的获取，此时实时导航看板模块显示已获取的配送任务号(11，14，15)，在配送任务列表模块会显示各个任务的基本信息，如起始地、目的地等，同时在可视化模块会显示执行任务的整体配送路径：首先在 13 号、14 号工作站的 Out-buffer 处分别获取任务 14、15 所需的物料，然后分别送往它们的目的地 24 号、19 号仓库处，接着前往 15 号仓库处获取 11 号配送任务所需的物料，最后送往其目的地 7 号工作站的 In-buffer 处。

(3) 配送任务的执行过程　图 6-16 显示的是 3 号搬运载体执行配送任务 11、14、15 的整体过程。图 6-16a 所示为 3 号搬运载体获取配送任务，前面已经进行了说明，在这里不再赘述；图 6-16b 所示为搬运载体按照实时导航看板模块提示的配送操作步骤和可视化模块所示的配送路径，前往任务所需物料的所在地；图 6-16c 所示为搬运载体装载物料的过程，当

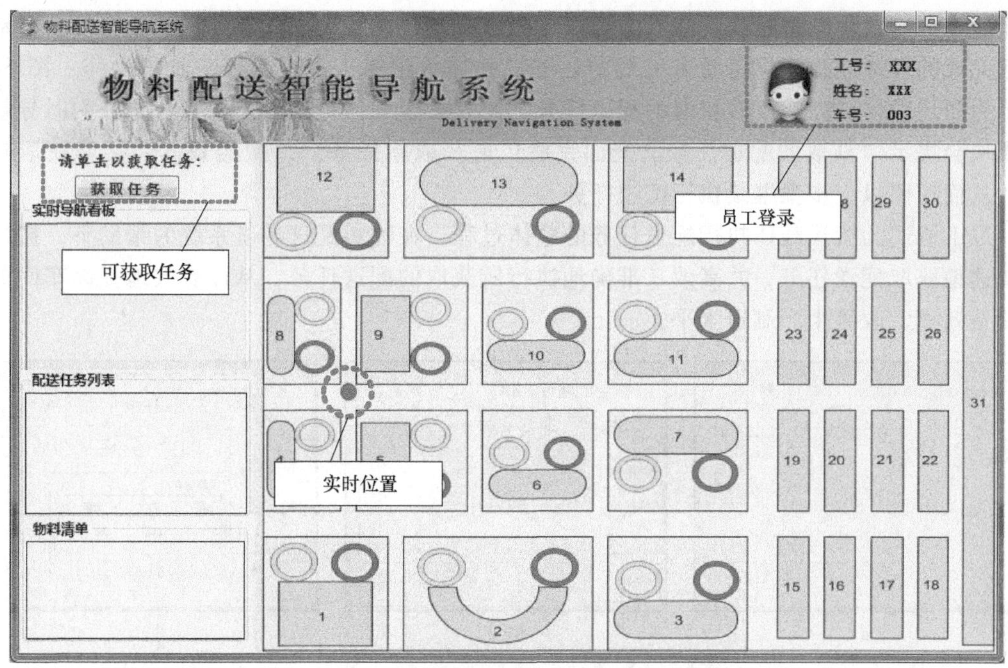

图 6-14　系统登录界面

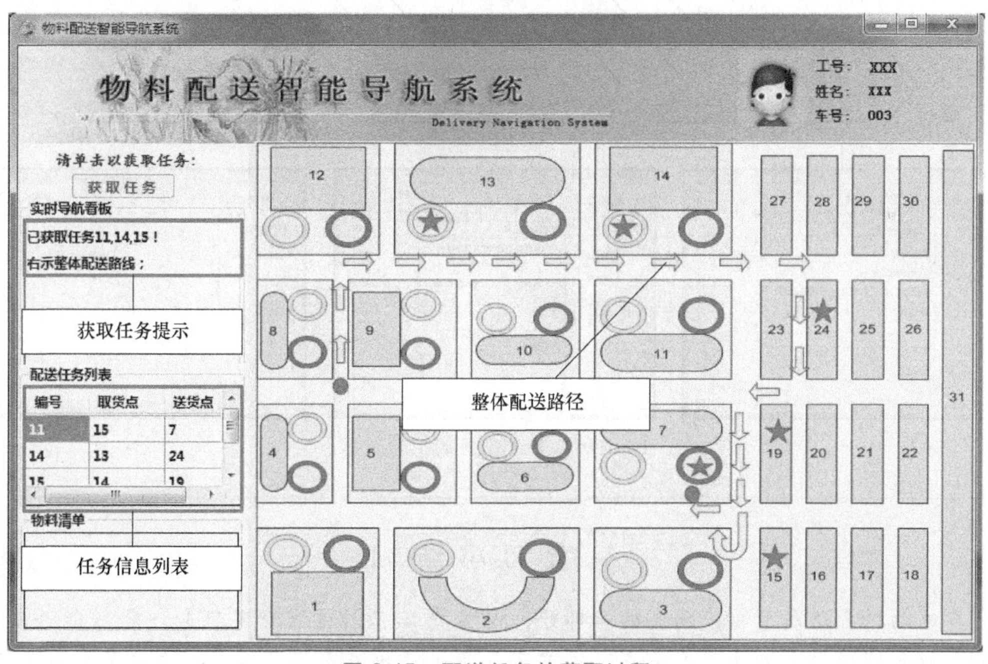

图 6-15　配送任务的获取过程

搬运载体到达物料所在地时，实时导航看板模块会提示配送工人进行物料装载的操作，所需要装载物料的名称、编号以及数量等信息会在物料清单模块中显示；图 6-16d 所示为搬运载体前往下一个物料配送地点的过程，搬运载体在一个配送地点进行完物料装载或卸载过程后，实时导航看板会提示配送工人前往下一个配送地点，并在可视化模块中显示操作路径；图 6-16e 显示的是物料卸载的过程，在该过程中，实时导航看板会提示配送工人按照物料清单模块中的物料信息进行物料卸载的操作，当物料卸载完毕后，任务配送列表模块会自动将现已完成的任务删除，保留尚未完成的任务，并提示配送工人进行下一步的操作；图 6-16f 所示为搬运载体已完成所有获取的配送任务，此时搬运载体再次处于闲置状态，实时导航看板模块会提示“获取的配送任务已全部完成！请获取新任务！”，搬运载体会接着获取新任务，从而按照以上步骤继续执行配送任务。

以上所述为搬运载体执行配送任务的整体过程，在物料配送导航系统的帮助下，搬运载体快速地获取配送任务，并高效、准确地执行所获取的配送任务，从而有效地提高车间的生产制造效率，改善生产制造水平。

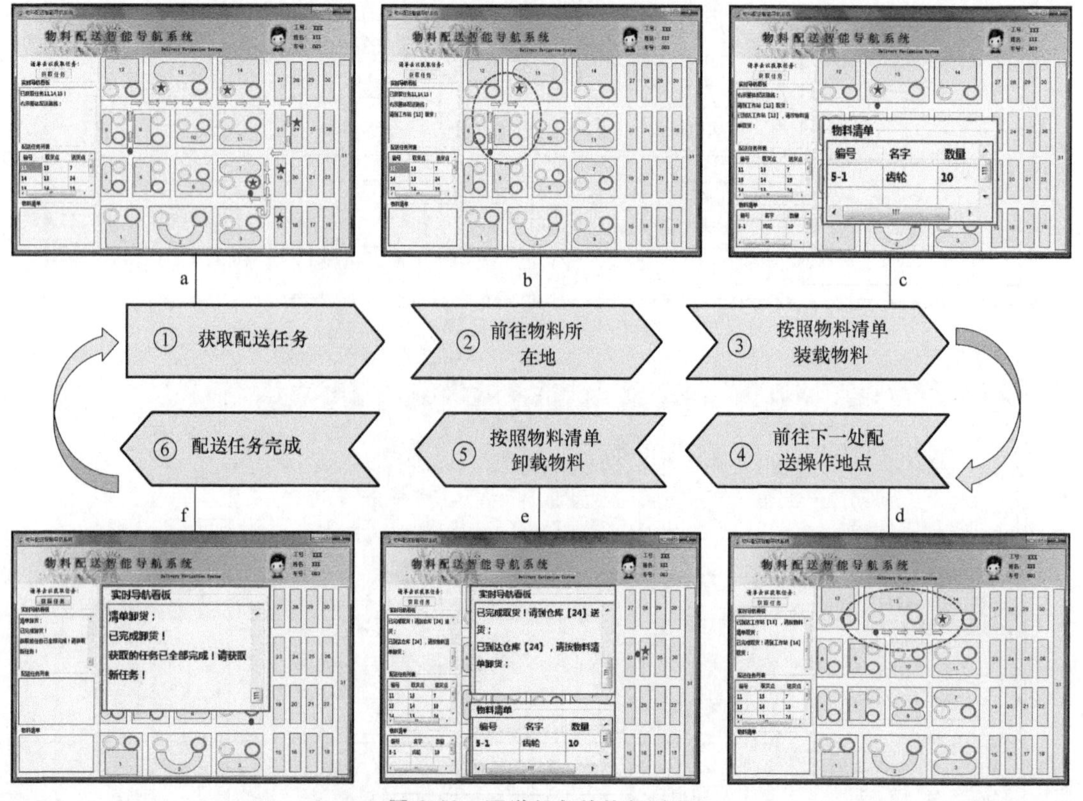

图 6-16 配送任务的执行过程

复习小结

车间物料配送属于生产物流的一部分，与生产工艺的过程密不可分。物料能否及时、准确、以合理的方式到达生产节点，决定了企业生产物流是否顺畅，也决定了企业生产效率高低，生产物料的及时有效配送是制造过程顺畅运转的保障。本章从智能制造对车间物料精准配送提出的要求出发，设计了以搬运载体为核心的主动配送模型，构建了基于物联网技术的智能搬运载体，分析了智能决策方法在物料精准配送过程中的应用，最后通过案例仿真对所提方法进行了阐述。本章内容为智能制造模式下车间物料的智能精准配送提供了有效的参考。

习 题

6-1 车间物料的配送过程由几个部分组成，各组成部分之间的相互关系如何？

6-2 以搬运载体为核心的主动配送模型采用哪种物料任务分配策略，这种策略与传统策略相比具有哪些优势？

6-3 以搬运载体为核心的主动配送模型由哪几部分构成？各部分的作用是什么？

6-4 智能搬运载体是如何体现对车间物料的智能配送的？

6-5 简单概述两阶段的物料配送任务动态分配方法。

第7章

物联制造执行系统自组织优化配置方法

知识点

1. 任务驱动的制造服务主动发现与配置方法体系构架包括：制造加工设备的服务化过程、任务驱动的加工资源制造服务的主动发现机制和制造服务动态配置方法。

2. 基于加工资源制造服务 UDDI（MS-UDDI）的加工资源制造服务注册与发布框架包括：服务注册、服务发布及服务搜索。

3. 语义网络服务的匹配包括4个等级：精确匹配（Exact）、插入匹配（Plug in）、包含匹配（Subsume）以及不匹配（Fail）。

4. 加工资源制造服务动态配置的目的是实现制造服务的敏捷、优化配置，即从制造任务的制造服务候选集中快速配置出合适的制造服务以满足制造任务的能力需求。

本章将介绍物联制造执行系统自组织优化配置方法。首先，对加工资源制造服务进行本体建模，利用 OWL-S 语言描述模型的数据结构，并将加工制造资源注册、发布到网络环境中。其次，针对复杂制造任务，根据制造任务工艺流程以及其他需求对制造任务进行分解，将其逐步分解成工序级制造任务，并对制造任务进行描述和建模。最后，采用网络服务语义匹配方法，将制造服务与制造任务进行匹配，形成制造服务候选集，对制造服务候选集的制造服务进行评价优选，利用各个方案与最优方案之间的关联度大小选择出最佳的制造服务，实现加工资源制造服务的主动发现和优化配置。

7.1 任务驱动的物联制造执行系统主动发现与配置方法体系构架

本节以加工资源制造服务的主动发现和优化配置为目标，设计了如图 7-1 所示的任务驱动的制造服务主动发现与配置方法体系构架，该体系构架主要由制造加工设备的服务化过程、任务驱动的加工资源制造服务的主动发现机制以及制造服务动态配置方法三部分构成。

加工资源制造服务建模方法主要从加工设备的基本属性、加工能力属性、实时状态属性和服务质量属性四个方面构建其制造服务模型，采用本体论和语义网络技术建立加工资源制造服务的本体模型。进一步采用制造服务统一描述、发现和集成协议（Manufacturing Service Universal Description, Discovery and Integration, MS-UDDI）等网络技术完成制造服务的注册与接入，实现对大量制造服务的有效管理和应用，从而能够快速地响应任务的需求、灵活地调用制造服务；任务驱动的加工资源制造服务主动发现方法通过一种制造服务的主动发现机制，变传统的以制造任务寻找制造服务的被动模式为制造服务根据自身状态主动寻找制造任务的主动模式。提升制造服务的主动性和快速响应性，使得发布到制造平台中的制造服务主动发送承担相应任务的请求并同任务需求进行匹配，结合基于语义规则的匹配方法，快速地形成以制造任务为核心的制造服务候选集，从而有效地提高资源配置的效率；制造服务的动态配置方法主要从成本、时间和能耗等方面构建科学全面的制造服务评价指标体系，结合制造服务的实时状态以及服务质量，采用基于灰色理论的综合评价方法对制造服务的服务候选集进行评价以及优选，实现制造服务的敏捷、优化配置。

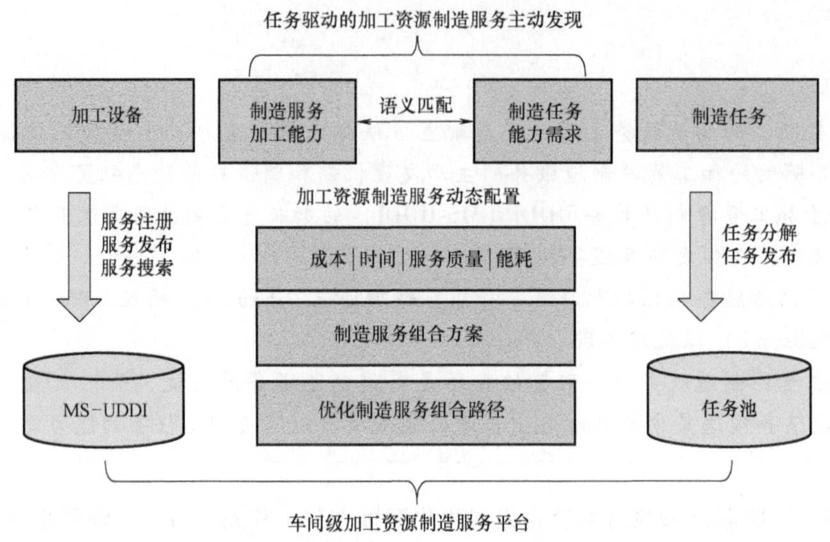

图 7-1　任务驱动的制造服务主动发现与配置方法体系构架

与当前已有的资源配置方法相比，本章所提出的方法主要是针对工序级的批量可拆分的制造任务，在进行资源配置时更加注重制造服务的实时状态和服务质量（如负荷状态、服务故障率、合格品率、准时交货率、用户满意度等）。采用多目标的评价指标对制造服务进行综合评价，并基于评价结果和各个服务的产能对任务批量进行拆分以满足任务的交货期，通过对多个制造服务的优化组合满足对批量制造任务的加工需求。

7.2　加工资源制造服务 UDDI

统一描述、发现和集成协议（Universal Description，Discovery and Integration，UDDI）是一套基于网络的、分布式的、为网络服务提供信息注册中心的实现标准规范，同时也是使企业能够将自身提供的网络服务进行注册，从而使得其他企业能够发现的访问协议的实现标准。

MS-UDDI 应当使用一种计算机能够理解的标准、通用、规范化的语言来对服务进行描述，这里简要介绍 OWL-S（Ontology Web Language for Service）语言。OWL-S 用本体概念表示网络服务的语义信息，通过能被计算机理解的方式精准地描述概念的含义，从而实现服务的发现和操作。OWL-S 主要包括了三个部分 ServiceProfile、ServiceModel 和 ServiceGrounding。ServiceProfile 主要包含了服务的基本信息，即服务是什么：一方面包括了服务提供方的白页和黄页信息，例如服务名称，联系方式等；另一方面，包含了服务的功能属性，如输入（Input）、输出（Output）、前提（Precondition）、效果（Effect），还有一些附属信息，例如服务质量等。ServiceModel 是从服务的行为角度来描述服务的内部流程，即服务是如何工作的。ServiceGrounding 则描述的是网络服务访问的细节，包括了服务的地址、传输协议、消息格式及其他的端口信息。

对加工资源制造服务进行本体建模，并利用 OWL-S 语言描述模型的数据结构。UDDI 支持的基本信息类型已在上文详细叙述。为使基于 OWL-S 的加工资源制造服务本体模型在 UDDI 中完成注册与发布。首先需要将模型描述的信息类型转换成 UDDI 能够处理的信息类型。因此采用广泛应用的，由斯里尼瓦桑（Srinivasan）等提出的方法，将 OWL-S 中的所有元素映射到 UDDI 相应的数据结构中。OWL-S 的 ServiceProfile 中有些元素信息可以直接在 UDDI 中找到相应的数据结构。然而有些元素信息在 UDDI 中没有现成的可与之对应的数据结构，就需要利用技术模型对 UDDI 进行扩展。

在完成加工资源制造服务本体描述模型后，需要将其发布到网络环境进行有效地管理和应用。这里采用加工资源制造服务 UDDI（MS-UDDI）实现制造服务的注册与发布。并以增强的 UDDI 为原型设计 MS-UDDI。增强的 UDDI 架构改善了传统 UDDI 缺乏语义推理能力和仅能根据关键词进行网络服务搜索、匹配的缺陷。通过增加网络服务的语义描述，使得基于加工资源制造服务的语义匹配更加灵活、高效、智能化。

当大量加工资源制造服务注册、发布到 MS-UDDI 中时，便于对制造服务进行高效地管理和监控。从而保证所有的制造服务得到最大限度的利用。在面对海量制造任务时，高效科学的资源管理确保服务正常，任务则在不同匹配机制下实现加工资源制造服务的敏捷、优化配置。

基于 MS-UDDI 的加工资源制造服务注册与发布框架共分为 3 个部分，包括服务注册、服务发布及服务搜索。

（1）服务注册模块　通过在加工资源制造服务的设备端加装信息采集和传输装置，包括射频识别（Radio Frequency Identification，RFID），数显游标卡尺（接触式）或激光位移传感器（非接触式），4G/无线通信装置等，采集加工设备端实时信息，包括服务状态、载荷状态、加工进程信息、任务队列信息等。对加工设备的基本信息、加工能力信息、实时状态信息、服务质量信息进行形式化建模。选择相应的领域本体进行本体建模，运用 OWL-S 语言描述本体模型的数据结构。其中加工资源制造服务本体的 OWL-S 描述数据结构与 UDDI 注册中心所支持的数据结构形成映射。

（2）服务发布模块　加工资源制造服务的基本信息及属性在 UDDI 注册中心进行注册，使得大量加工资源制造服务在 UDDI 中进行高效、集中的管理，并发布到制造平台的 MS-UDDI 中，便于制造服务的发现和匹配。

（3）服务搜索模块　在加工资源制造服务完成注册和发布后，服务请求者可以通过服务查询端口输入查询内容。通过语义提取，若查询内容为关键词，则可通过 UDDI 注册中心直接查询，获得符合要求的制造服务的通用唯一识别码（Universally Unique Identifier，UUID）返回给请求者；若查询内容为关于制造服务的语义描述，则输入到匹配引擎。匹配引擎根据请求的语义描述在本体库中寻找相似概念，通过计算网络服务与请求服务之间的匹配度，得到符合要求的制造服务，并在 UDDI 注册中心找到该服务的 UUID 返回给请求者。

7.3　制造服务主动发现策略与技术

由于制造业本身带有复杂性，制造任务往往是复杂多变的。按照制造任务的层次不同，可将任务的生产过程分为产品层，部件层，零件层和工序。如何对制造任务进行合理的层次化分解，构建制造任务的描述模型直接影响到加工资源制造服务与制造任务的匹配程度。因此，制定一套科学完备的制造任务分解标准对于敏捷匹配、资源敏捷配置有着重要的意义。本节以不同层次的制造任务为研究对象，构建任务树状图的分解方式。基于层次化的分解原则，根据制造任务工艺流程以及其他需求对制造任务进行分解，逐步分解成工序级制造任务。

与加工资源制造服务相同，同样需要对制造任务进行描述和建模。围绕工序级制造任务，可从基本属性以及加工能力需求两方面进行描述与建模。

定义 7.1：零件级制造任务 ComTask = {PT1, PT2, PT3, …, PTn}，其中 ComTask (ComponentTask) 表示零件级制造任务，PTi(ProcessTask) 表示工序级制造任务。

定义 7.2：工序级制造任务 PT = {PTBasicInfo, PTCapaRequ}，其中 PTBasicInfo 表示制造任务基本属性，PTCapaRequ 表示制造任务的能力需求属性。

定义 7.3：PTBasicInfo = {PTID, PTName, PTTimeCon, PTBatch, PTProcCon}，其中 PTID 表示该制造任务的 ID，即制造任务的唯一标识符；PTName 表示该制造任务的名称；PTTimeCon (TimeConstraint) 表示该制造任务的时间约束，PTTimeCon = {RTime, DTime}，RTime 即制造任务开始加工的时间，DTime 即制造任务完工的时间；PTBatch 表示该制造任务的加工批量；PTProcCon (ProcessConstraint) = {PreProcess, FolProcess} 表示该制造任务的工序约束，PreProcess 即该工序的上一道工序，FolProcess 即下一道工序，只有在上一道工序完成后才能进行下一道工序。

定义 7.4：PTCapaRequ = {PTMethod, PTPrecision, PTFeature, PTRoughness, PTSize, PTMaterial, PTSpeed}，其中 PTMethod 表示制造任务的加工方法需求。制造任务加工方法多种多样，PTMethod = {车削，磨削，铣削，钻削，热处理，…}；PTPrecision 表示任务的加工精度需求，包括制造任务的尺寸精度、形状精度、位置精度；PTFeature 表示制造任务的几何特征。制造任务的几何特征包括平面、孔、圆柱面、槽等；PTRoughness 表示制造任务的粗糙度需求；PTSize 表示制造任务的尺寸；PTMaterial 表示制造任务的材料，包括铜、铸铁、钢、铝合金等；PTSpeed 表示制造任务所需的切削速度。

完成制造任务形式化描述后，还需要将针对制造任务的描述转变成机器能够读懂的语言，从而实现制造任务定义和发布，并在 MS-UDDI 中与理想的加工资源制造服务进行绑定。XML 即可扩展标记语言，它的语言特点使其易于在任何应用程序中读写数据，非常适合网络传输，是一种允许用户定义自己标记语言的源语言。XML 提供统一的方法来描述和交换结构化数据。

以车间级加工设备为切入点，通过将加工资源制造服务注册、发布到 MS-UDDI 中，从而在新的制造任务发布时，实现加工资源制造服务对制造任务的主动发现，并主动发出承担加工制造任务的请求，围绕制造任务形成制造服务群。通过语义匹配方法筛选出加工资源制造服务候选集，使得工序级制造任务快速、科学地与最理想的制造服务进行绑定，从而促进制造任务的高效完成。

在匹配过程中，工序级制造任务占核心地位。因此，用户可根据自身需求自定义匹配规则。制造服务完成语义匹配最基本的就是实现其加工能力与制造任务的能力需求的匹配，即制造服务必须满足制造任务的加工能力需求。制造服务的加工能力与制造任务的能力需求相对应，主要包括：加工方法 (PSMethod)、加工精度 (PSPrecision)、加工特征

(PSFeature)、粗糙度 (PSRoughness)、加工尺寸 (PSSize)、加工材料 (PSMaterial)、主轴转速 (PSSpeed)。能够完成能力需求匹配的制造服务即可进入服务候选集。

在加工资源制造服务本体建模的基础上，采用广泛应用的网络服务语义匹配方法，对制造服务与制造任务进行匹配，并形成制造服务候选集。语义网络服务的匹配定义为 4 个等级，分别为精确匹配 (Exact)、插入匹配 (Plug in)、包含匹配 (Subsume) 以及不匹配 (Fail)。

1) 精确匹配，可分为两种情况，首先是任务需求与制造服务等价，即二者的含义完全相同，则为精确匹配。另外，若任务需求是制造服务的子类，且制造服务中包含了任务需求所有的元素，两者同样是精确匹配。例如在匹配铣床和铣镗床时，铣镗床同样可以完成铣床承担的任务。

2) 插入匹配，表示制造服务包含任务需求，但制造服务不是任务需求的直接父类，区别于精确匹配的第二种情况。

3) 包含匹配，表示制造服务是任务需求的子类。即制造服务未达到任务需求。

4) 不匹配，表示任务需求与制造服务之间没有共性。

7.4 任务驱动的制造执行系统动态配置方法

本节采用的关联度分析法是构建基于关联系数的灰色关联度分析模型。采用此分析模型，从被评价对象的各个指标中选取最优指标序列作为评价的比较基准，利用各被评对象相应参数与此基准之间的接近程度，确定评价对象的优劣次序。因此本节采用基于灰色关联度分析的评价方法对制造服务候选集的制造服务进行评价优选，利用各个方案与最优方案之间的关联度大小选择出最佳的制造服务。

目标层析法 (Analytical Target Cascading, ATC) 是美国密歇根大学提出的一种采用并行思想解决非集中式、层次结构协调问题的协同优化设计方法。它允许层次结构中各元素自主决策，父代元素对子代元素的决策进行协调优化，而获得问题的整体最优解。与其他优化方法相比，具有可并行优化、级数不受限制和经过严格的收敛证明等优点，因此常应用于解决复杂系统优化问题。

ATC 方法的特征之一是目标级联，即系统中的父系统为子系统设置目标并将目标传递给子系统。另外一个特征是分析，即子系统都有一个分析模块来计算子系统的响应。同时，ATC 方法继承了协同优化方法的最小化设计问题中，用子系统之间的偏差来达到子系统之间的一致性的思想。在协同优化中，每一级子系统在设计优化时暂时不考虑同级子系统之间的联系，独立进行优化，优化目标是使该子系统设计优化结果与上一级系统优化提供的目标的差异最小，各个子系统设计优化结果的不一致性，通过上一级系统优化来协调。

针对大规模复杂系统的层次结构，采用如图 7-2 所示的基于 ATC 方法的物联制造系统自组织配置方法。将物联制造系统分为三个层次，包括系统层、单元层、设备层。T 为系统层目标，t_{ij}是上一级为下一级设置的目标并向下传递，r_{ij}是下一级的响应，通过协调各层次的偏差达到系统的一致性。数学模型为

$$\min: \|T-R\|, \text{当 } R=r(x) \text{ 时}$$

$$\text{s. t.}:g_i(x)\leqslant 0, i=1,2,\cdots,m_i$$
$$h_j(x)=0, j=1,2,\cdots,m_j$$
$$x_k^{\min}\leqslant x_k\leqslant x_k^{\max}, k=1,2,\cdots,n$$

式中，$g_i(x)$ 为不等式约束，$h_j(x)$ 为等式约束，$x_k^{\min}$ 和 $x_k^{\max}$ 是变量 x_k 的取值范围的下限值和上限值。

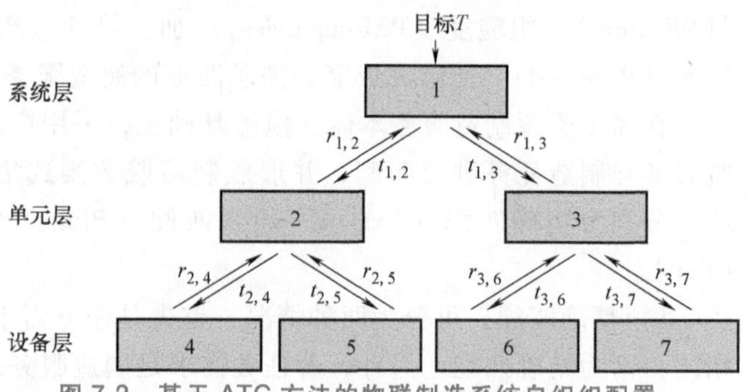

图 7-2　基于 ATC 方法的物联制造系统自组织配置

加工资源制造服务动态配置的目的是实现制造服务的敏捷、优化配置，即从制造任务的制造服务候选集中快速配置出合适的制造服务以满足制造任务的能力需求。基于加工资源制造服务的实时状态信息以及服务质量信息等，对所有工序级制造任务的制造服务候选集进行评价。根据制造任务各工序之间的约束关系，将从制造服务候选集中优选出的制造服务进行组合，生成制造服务组合方案。再对满足任务需求的制造服务组合方案进行综合评价，得到当前状态下优化制造服务配置方案。

本节设计的加工资源制造服务敏捷配置流程主要包括两大部分：

1. 加工资源制造服务评价体系

满足制造任务需求的加工资源制造服务组成了庞大复杂的制造服务候选集。要想从中优选出合适的制造服务，需要建立科学、全面、伸缩性强的评价指标体系。针对制造任务的需求，结合制造服务的实时状态和服务质量等信息，围绕加工成本、时间、能耗、服务质量四个方面构建制造服务多目标评价体系对加工资源制造服务进行综合评价。

2. 基于灰色关联度的加工资源制造服务评价方法

针对工序级制造任务的制造服务候选集，采用基于灰色关联度的评价方法从加工成本、时间、能耗、服务质量四个方面进行综合评价，依据关联度值大小对备选方案进行优选。基于制造任务的工序约束对优选出的制造服务进行组合生成制造服务组合方案，再次运用灰色关联度的评价方法对制造服务组合方案进行评价。输出优化制造服务组合路径，实现制造服务的敏捷、优化配置。

满足制造任务能力需求的加工资源制造服务组成了庞大复杂的服务候选集。不同的制造服务在加工成本、时间等实时信息和服务质量信息方面都存在很大的差异。要想从众多的制造服务中选出最佳方案，首先需要建立一套科学、完善、伸缩性强的决策评价体系。针对制造任务的需求，从成本指标、时间指标、服务质量指标和能耗指标四个方面对制造服务进行系统、全面的评价。

1. 成本

（1）加工成本　加工成本是指加工资源制造服务加工某道工序的价格，包括加工的费用、设备的折旧、废品损失以及员工工资等，是计算成本的一项重要指标。

（2）存储成本　存储成本是指制造任务从上一道工序完工到本道工序开始在制造系统中滞留时的存储费、维护费、流动资金占用等。制造任务在制造系统中滞留的时间越长，存储成本越大。

2. 时间

（1）计划完工时间　计划完工时间是指依据制造服务当前实时状态预计能够完成制造

任务的时间，其参考值是制造任务的交货期。制造任务提前完成会增加系统的存储成本，逾期完成则影响系统的加工进程。

（2）逾期时间　逾期时间是指制造任务计划完工的时间超出原计划交货期的时间，任务逾期会对任务的生产进度产生很大影响。

3. 服务质量

（1）产品合格率　产品合格率是指制造服务加工同类产品合格的概率，是判断该制造服务产品质量的重要依据。根据制造服务在生产过程中的历史数据，计算产品合格率。

（2）准时交货率　准时交货率是指该制造服务能够按约定时间完成制造任务的概率，表示该制造服务能够按期交付的能力。

（3）服务故障率　服务故障率是指制造服务在提供制造服务时出现故障的概率，是判断该制造服务是否安全、稳定的重要依据。

（4）累计服务评价次数　累计服务评价次数指该制造服务完成制造任务的次数，是用户判断该制造服务各项数据可靠性的重要参考数据，可依据历史数据得到。

（5）用户满意度　用户满意度是指该制造服务能够满足用户需求的程度，表示用户对制造服务的事前期望与实际完成任务后所获得实际感受的相对关系。

4. 能耗

能耗指标主要是指制造服务（加工设备）消耗的总电能，反映能源消耗水平。大功率的加工设备往往会消耗大量的电能，增加企业的运营成本和造成环境污染，不利于节能减排，绿色低碳生产。

基于灰色关联度的制造服务配置方法，包括面向工序级任务的制造服务评价模型、制造服务组合方案评价模型。

在对加工资源制造服务进行评价时，首先针对工序级制造任务的制造服务候选集进行评价优选。本节采用基于灰色关联度的评价方法，在制造服务候选集中，优选出满意解。基于灰色关联度的评价方法的具体步骤为：①建立原始评价指标矩阵；②确定最优指标序列；③初始值标准化；④计算关联度系数；⑤设置评价指标权重；⑥综合评价结果。

加工资源制造服务候选集经过综合评价后，集合中的制造服务按照关联度值从高到低排序。根据制造任务需求及制造服务特性选择排在候选集中前 k 项的制造服务。为了减小解空间，快速得出匹配结果，k 值不宜取太大。

依据优选出的制造服务以及制造任务的工序约束，形成制造服务的组合路径，通过排列组合，就形成了多种加工资源制造服务组合方案。

每个加工资源制造服务组合方案均是由各个制造服务候选集中优选的服务排列组合而成，并采用 ATC 方法对物联制造系统中制造服务和制造任务进行自组织配置。针对加工资源制造服务组合方案的评价同样可以采用本节介绍的评价体系，并且通过灰色关联度分析评价每个服务组合，从而获得关联度值最高的服务组合，即为最优加工资源制造服务组合。

为了验证所提出的物联制造执行系统自组织优化配置方法，我们以一个典型的发动机生产离散制造系统为案例讲解。在装配车间，上报的生产信息可能不能准确及时地反映现实情况，会在异常发生时进一步加剧生产干扰。管理人员必须不断地处理更改的生产订单，并忙于重新配置资源。因此，他们迫切需要自组织和自适应的解决方案。

该装配车间配备了RFID设备，为每台设备安装了智能化模块，实现了实时的数据采集。基于实时捕获的数据，通过智能化模块监控生产过程。通过对数据的分析，可以实现自组织优化配置。来自智能化模块的反馈信息使车间能够动态地优化生产，并有效地跟踪异常。

车间的操作程序如下所述。为了从车间、RFID标签、天线和各种传感器中获得实时多源制造数据，在生产车间的物理环境中设置了多种传感器，并在设备上安装智能化模块，建立基于MS-UDDI的加工资源制造服务注册与发布模型。

新的制造任务发布后，将其逐步分解成工序级制造任务。每台设备的智能化模块检测所需的生产流程，并根据其当前状态发送请求制造任务，最终建立了制造服务的候选集。通过配对机制，选择精确匹配的制造服务和制造任务，并形成一组具有适当加工能力的设备。例如，$\{M_1, M_2, M_3, M_4, M_5, M_6\}$ 是一组可用于车床加工的设备，根据智能化模块知识库中的历史数据，计算出每台设备的评价指标。

在此基础上，应用基于灰色关联度的评价方法，在制造服务候选集中选出满意解。

1）给出理想的指标序列。

$$A^* = (820, 0.95, 0.98, 0.02, 1240, 0.92)^T$$

2）规范评价矩阵。

$$Y = \begin{pmatrix} 0.78 & 0 & 0.87 & 1 & 0.90 & 0.83 \\ 0.14 & 0.64 & 0 & 0.79 & 1 & 0.43 \\ 0.46 & 0 & 0.54 & 1 & 0.69 & 0.92 \\ 0.42 & 1 & 0.33 & 0 & 0.17 & 0.25 \\ 0.56 & 1 & 0.16 & 0 & 0.42 & 0.53 \\ 0.36 & 0 & 0.45 & 1 & 0.73 & 0.91 \end{pmatrix}$$

3）关系系数矩阵的计算（$\rho = 0.5$）。

$$E = \begin{pmatrix} 0.39 & 1 & 0.37 & 0.33 & 0.36 & 0.38 \\ 0.37 & 0.58 & 0.33 & 0.70 & 1 & 0.47 \\ 0.48 & 0.33 & 0.52 & 1 & 0.62 & 0.87 \\ 0.55 & 0.33 & 0.60 & 1 & 0.75 & 0.67 \\ 0.53 & 1 & 0.37 & 0.33 & 0.46 & 0.52 \\ 0.44 & 0.33 & 0.48 & 1 & 0.65 & 0.85 \end{pmatrix}$$

4）使用层次分析法给出各指标的权重。

$$W = (0.324, 0.143, 0.157, 0.112, 0.109, 0.155)^T$$

5）实现综合评价矩阵。

$$R = EW = (0.46, 0.51, 0.60, 0.62, 0.54, 0.58)^T$$

在 R 中，第四个元素0.62是所有结果中的最大值，因此选择 M_4 来完成所需的车床加工制造任务。通过重复计算过程，将所有工序级制造任务分配给不同的设备，完成制造任务和制造服务之间的配对。

在制造执行阶段，以 M_4 为例，M_4 的智能化模块列出分配给 M_4 的所有制造任务和任务指导，通过RFID设备和其他传感器获取待完成任务和已完成任务的信息。

同时，异常识别模型保持监控潜在的制造资源冲突。当发现异常时，利用自适应冲突消解模型处理异常。生产进度和偏差以图标的形式显示，每个工件的进度通过在列表中选择相应的选项来显示。

假设有两台设备 M_1、M_2 和三个制造任务，对于每个制造任务，两个工序需要一个接一个地完成。令 (i, j) 表示第 i 个任务的第 j 个工序。工序（1，2）、（2，1）和（3，1）只能在设备 M_2 上进行。转换工序至少需要 1 个单位时间。在异常发生之前，生产计划遵循初始调度结果。在 0 时刻，异常识别模块监控到工序（2，1）的原材料的到达时间被推迟 6 个单位时间。然后，由自适应模型重新计算相关设备的调度结果。在新的调度结果之后，由于异常，整个生产延迟了 1 个单位时间。相比之下，如果没有物联制造环境和自组织优化配置方法，就不能及时识别并处理异常。因此，传统的解决方案，例如手工重新分配任务，没有获得综合的生产制造信息的支持。另外，工人们也不知道延误的材料的到达时间，所以他们不能确定应该先进行哪个工序，导致设备利用率较低。由于工人花费了 2 个单位时间处理异常，因此调度结果也更差。应用所提出的物联制造执行系统自组织优化配置方法后，智能车间可以更及时的响应，解决方案是基于计算而不是工人的经验。

复习小结

本章介绍了物联制造执行系统自组织优化配置方法，主要是针对工序级的批量可拆分的制造任务，在进行资源配置时更加注重制造服务的实时状态和服务质量（如负荷状态、服务故障率、合格品率、准时交货率、用户满意度等）。

习　题

7-1　请说明基于 MS-UDDI 的加工资源制造服务注册与发布框架分为哪几个部分？

7-2　请说明语义规则匹配方法把语义网络服务的匹配定义为哪几个等级？

7-3　请说明加工资源制造服务敏捷配置流程主要包括哪些内容？

7-4　试举例说明如何系统、全面地对制造服务进行评价。

第8章 制造系统性能实时分析与诊断

知识点

1. 物联制造执行系统性能分析的体系构架主要包括：基于关键事件的实时生产性能分析和基于决策树的生产过程异常动态识别两部分。

2. 制造执行系统的主要运行活动包括：成本管理、质量管理、交货期管理、库存管理和维护管理五种。

3. 多层次事件分析模型主要包括：原始事件、基本事件、复杂事件以及关键事件。

4. 基于决策树的生产过程实时性能分析模型包括：基于生产状况的决策树构建、生产异常提取以及异常原因定位。

8.1　物联制造执行系统性能分析的体系构架

本章介绍一种物联制造执行系统性能分析方法，该方法在事件驱动的实时多源制造信息获取方法（4.3.2 节）的基础上，通过对获取的基本事件进行增值运算，为上层管理者提供重要的实时生产过程关键性能信息；同时，通过对历史异常事件进行分析，建立异常评价与识别专家库，形成生产异常事件与制造资源之间的关联关系，从而当生产异常来临时，能迅速识别并快速获取可能导致该异常的原因。

物联制造执行系统性能分析的体系构架如图 8-1 所示，主要包括基于关键事件的实时生产性能分析和基于决策树的生产过程异常动态识别两部分。基于关键事件的实时生产性能分析，将生产过程关键性能分析过程转化为多层次事件分析模型，并通过构建相应的 Petri 网分析模型，逐步提取出高层的关键事件。基于决策树的生产过程异常动态识别，将历史异常事件规则通过决策树的形式表达出来，然后通过决策树对实时获取的关键事件进行评估，发现异常并诊断原因。

8.1.1　基于关键事件的实时生产性能分析

1. 多层次事件分析模型

多层次事件分析模型是实现生产性能感知的基础，该模型将生产关键事件提取过程转化为从底层基本事件到高层关键事件的逐步获取过程，高效直观地描述生产性能提取过程，具有较高的效率与准确性。所提的多层次事件分析模型分为原始事件、基本事件、复杂事件和关键事件四层，原始事件和基本事件在 4.3.2 节已经讨论，复杂事件与关键事件的定义如下：

（1）复杂事件（Complex Events，CE）　产品加工过程零部件级或生产线级的生产事件，由一系列生产基本事件组成，如零件从“领料出库事件”到“加工完成”的基本事件组成的零件加工过程，及零部件完工后的组装过程等。针对不同的复杂事件，需要调用该零部件的生产工艺计划信息，获取其成分事件之间存在的时间、层次、因果等关系，依据实时生产工艺执行情况，获得产品的加工状况。

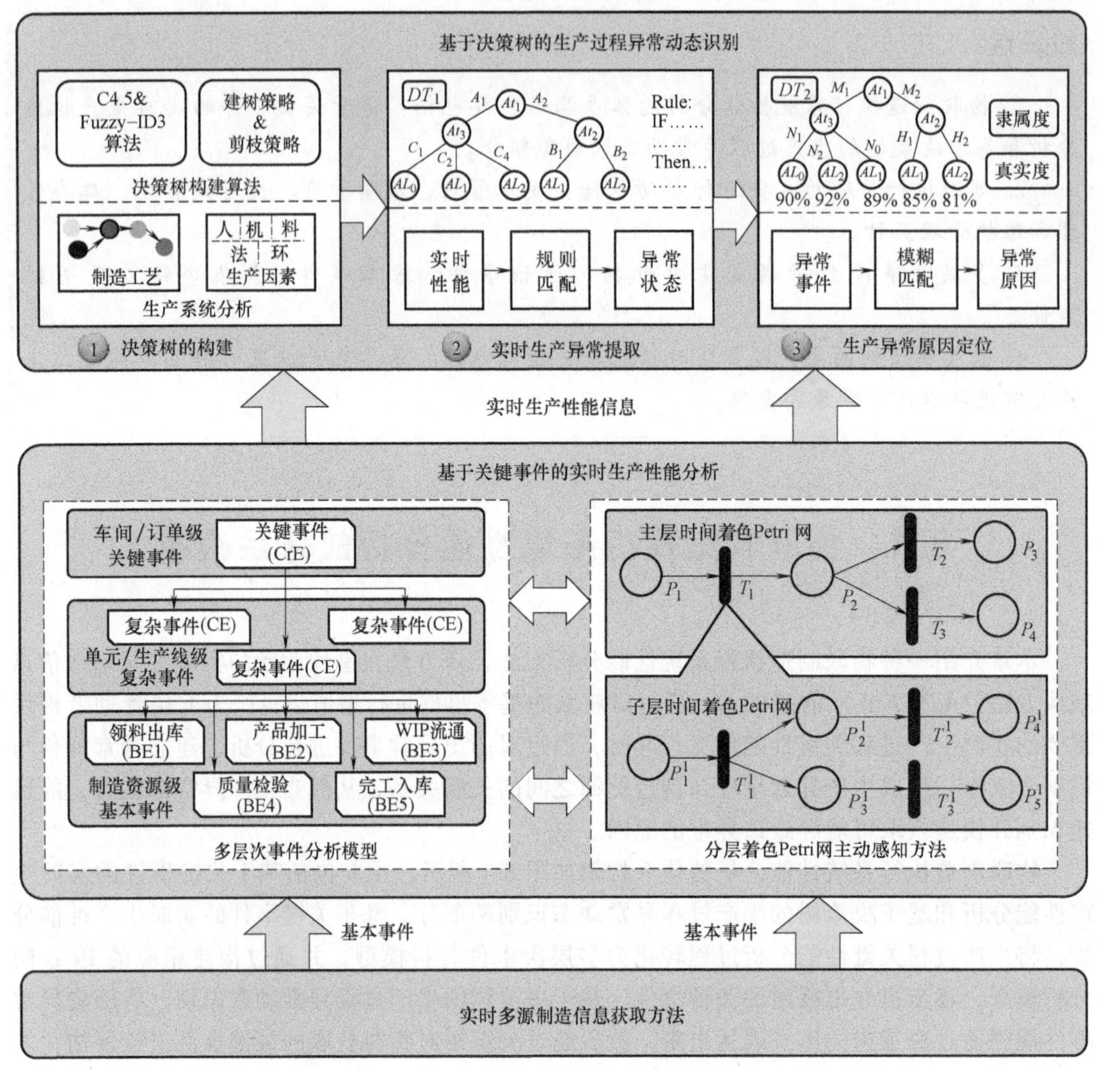

图 8-1　物联制造执行系统性能分析体系构架

定义 8.1：复杂事件可以用（CE_ID，Attributes，Context，T）表示，其中，CE_ID 表示复杂事件唯一的身份标记；Attributes 表示该事件的属性集合，即 Attributes = $\{a_1, a_2, \cdots, a_n\}$，$n \geqslant 0$，用以描述事件类别、在制品代码、工序代码以及其他事件属性；Context 给出事件的具体内容以及属性之间的关系；T 表示事件发生的时间。

（2）关键事件（Critical Events，CrE）　制造执行系统中订单及产品级的生产状况变化事件，这些事件对制造执行系统有较大影响，其状态的变化会导致车间整体生产性能的变化。复杂事件反映了产品零部件某一方面的生产状况，结合车间生产计划信息，依据产品的制造 BOM，将其组成零部件的复杂事件及相关的基本事件信息结合起来，即可获得车间制造资源实时性能的关键事件状态，主要有交货期管理情况，生产成本，质量情况，设备维护以及库存情况，具体将在 8.2 节进行分析。

定义 8.2：关键事件可以用（CrE_ID，Name，Attributes，Context，T）表示，其中，

CrE_ID表示事件唯一的身份标记；Name 为关键事件的名称；Attributes 表示该事件的属性；Context 表示事件的内容以及属性之间的关系；T 表示事件发生的时间。

2. 分层着色 Petri 网模型

基于分层着色 Petri 网的生产过程主动感知方法，能针对所提的多层次事件模型，充分地描述系统内部的关系，很好地反映制造系统事件的异步、并发、冲突等特征，并可结合着色 Petri 网和分层 Petri 网对基本 Petri 网进行改善，在很大程度上简化了基本 Petri 网结构，避免基本 Petri 网建模时容易出现的状态空间“爆炸”问题，高效地感知生产关键事件的状态。这里给出一些常用的 Petri 网的基本概念，具体在 8.3 节进行举例分析。

1）Petri 网。经典的 Petri 网是简单的过程模型，由库所（Place）和变迁（Transition）两种节点，以及有向弧（Arc），令牌（Token）等元素组成。其中，库所用圆形节点，变迁用方形节点；有向弧处于库所和变迁之间，用箭头表示；令牌是库所中的动态对象，表示制造资源的状态，可以从一个库所移动到另一个库所，如图 8-2a 所示。如果一个变迁的每个输入库所（input place）都拥有数量足够的令牌，该变迁即为被使能（enable）。当变迁的所有条件都满足时，这个变迁可以被激活（fire），输入库所（input place）的令牌被消耗，同时为输出库所（output place）产生令牌。

2）着色 Petri 网。着色 Petri 网是对令牌添加不同的颜色，用以指代不同的制造资源特征。经典 Petri 网不对制造资源进行区分，仅存在“有”与“无”两种状态，当一个系统需要对资源进行区分时，需要建多个复杂的网络模型。在着色 Petri 网中，每一个库所可以包括几类令牌，用来表示库所携带的信息和实时状态，每一种令牌表示一种事件实例，在模型中传递事件信息，其数量用来表示事件实例的个数，参数表示事件携带的属性信息。通过着色 Petri 网，可以大大缩减制造系统模型的复杂度与可视度，如一个令牌代表一个在制品的携带在制品 ID、位置、状态（加工中、等待、运输）、时间等信息。图 8-2b 所示为一个简单的例子。

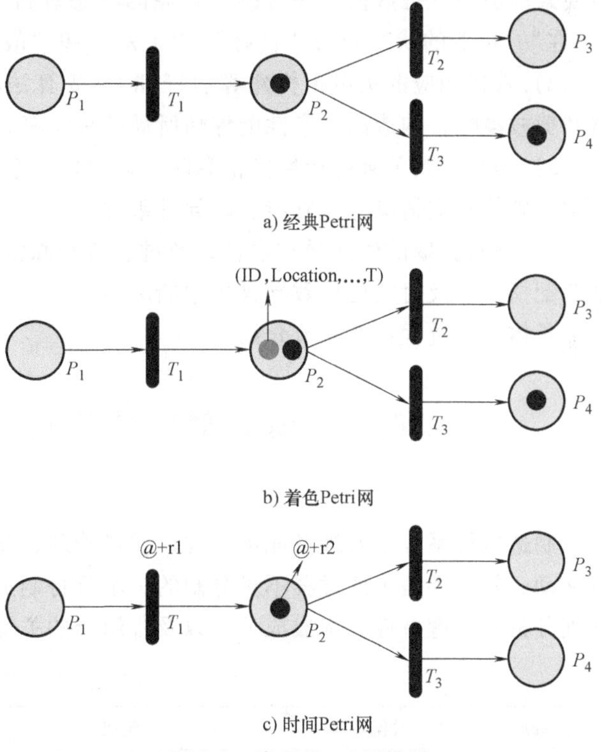

图 8-2　常用 Petri 网模型

3）时间 Petri 网。时间 Petri 网（TPN）用来建模制造系统的加工时间，等待延迟等，分为库所的时间 Petri 网和变迁的时间 Petri 网。库所的时间 Petri 网是对库所设定延时时间；变迁的时间 Petri 网是对变迁设定时间。当变迁使能后，经过设定的时间延时 r 后才发生。图 8-2c 所示为一个简单的例子。

4）分层 Petri 网。当建模的生产系统比较复杂时，从全局的角度对系统建模时，该模型的变迁或库所可能由几个子系统组成，故可以通过使用替代子系统的方法，简化主要系统模型，当需要查询更详细与精确信息的时候，用户可以查看相应的子网模型。由于高层事件是通过低一层事件组合而成的，层级关系比较明确，因此可在关键事件分析过程中使用替代库所或替代变迁的分层的方法对事件进行简化，以达到简化分析模型的目的。

8.1.2 基于决策树的生产过程异常动态识别

基于决策树的生产过程异常动态识别模块，对采集的实时生产性能关键事件进行评估，及时诊断出生产异常状态，并快速获取可能导致该异常的原因，以更好地辅助生产管理者及时、精确地获取生产异常信息，并快速地做出最优的决策。其中，决策树是一个树结构(可以是二叉树或非二叉树)，其每个非叶节点表示一个特征属性上的测试，每个分支代表这个特征属性在某个值域上的输出，而每个叶节点存放一个输出类别。使用决策树进行决策的过程就是从根节点开始，测试待分类项中相应的特征属性，并按照其值选择输出分支，直到到达叶子节点，将叶子节点存放的类别作为决策结果。识别出生产过程异常的过程主要包括以下几个步骤：

1）首先，基于现有的制造工艺信息，详细分析制造系统的人、机、料、法、环各种制造要素的历史状态数据，并将制造资源的状态进行分类处理，如将人的状态分为“在”与“不在”，机器的状态分为“良好”，“正常”和“故障”等。

2）选择相应的决策树构建算法（如 C4.5 算法和 Fuzzy-ID3 算法），通过相应的建树策略和剪枝策略，构造出生产性能评估所需的决策树，进而提取出相应的评估规则库。

3）当感知到关键生产性能信息时，异常检测系统便可以通过实时生产性能信息与规则库中规则的匹配情况，识别出实时异常事件。

4）针对获取的生产异常事件，通过制造资源信息与异常原因定位模糊决策规则库中规则匹配情况，及时定位导致异常发生的原因。

具体实施过程在 8.4 节介绍。

8.2 物联制造执行过程中的关键事件

制造执行系统主要涉及成本管理、质量管理、交货期管理、库存管理和维护管理五种运行活动，并且都是生产过程不可分割的，本节将制造执行过程的关键事件按此进行分类，并详细分析其关键事件、组成成分，以及各组分的关键事件指标，见表 8-1。

表 8-1 制造执行系统的关键事件

分类	关键事件	组成		关键事件指标
成本管理	总生产成本	增值成本	材料成本	库存水平、原材料损耗率
			人员成本	员工工作效率
			设备成本	设备利用率、设备故障率
			物流成本	物流成本
			能源成本	综合能耗

（续）

分类	关键事件	组成		关键事件指标
成本管理	总生产成本	非增值成本	质量成本	复检率、返工率、废品率
			安全成本	事故经济损失
			固有资产成本	固有资产损耗
			环境成本	环保支出、环境退化成本
质量管理	生产质量分布	合格品	一次合格品	流通合格率
			返工产品	返工率
		废次品	废次品	废品率、实际与计划废品比率
维护管理	设备异常及恢复	设备故障事件		平均失效前时间、平均故障操作间隔时间、恢复时间、故障检修率
库存管理	库存现状及周转	实时库存情况		库存量、库存周转率
		储运损失事件		储运损失率
交货期管理	生产进度	时间相关	实时生产进度	实时生产进度
			订单下达与交付	交付周期、准时交货率
			生产周期	产品生产周期
		产量相关	总产量	总产量
			单位时间产量	单位时间产量

本节基于表 8-1 对生产过程的关键事件分别进行分析。

8.2.1 生产成本管理

产品的成本分类方法很多，根据成本核算和成本管理的不同要求，按不同的标准可以对成本做不同的分类。本节按是否可增加产品价值来划分，分为增值成本和非增值成本。

1. 增值成本

在现实的管理水平下，增值成本一般是必须的成本，它是产品生产中必须的支出，是给企业带来利润的主要组成部分，如由材料加工成产品的过程中，所消耗的材料、人工、能源、设备损耗等，主要有人员成本、材料成本、设备维护成本、物流成本和能源成本。其中，前三种成本在诸多文献都有提及，在此不再赘述，仅分析后两种成本。

1）物流成本。物流成本是指在产品的空间移动或时间占有中所耗费的各种活动和物化劳动的货币表现。具体地说，它是产品在实物运动过程中，如包装、搬运装卸、运输、储存、流通加工等各个活动中所支出的人力、物力和财力的总和。

2）能源成本。能源成本是指车间消耗的所有能源成本之和，例如电耗、油耗、煤耗等，其最主要的指标为综合能耗。综合能耗是企业为了节能、环保和降低成本，用于测量能源消耗的指标。尽管能源可以被认为是一种原材料，但是使用明确的指标有助于评估能源消耗。综合能耗是生产周期中所有能源的消耗量与生产量的比率。

$$e = \frac{E}{PQ} = \frac{(\sum M_i R_i + Q)}{PQ} \tag{8-1}$$

式中，e 为统计对象单位能源消耗；E 为综合能耗；M_i为某种能源的实际消耗量；R_i为某种能源的转换系数；Q 为与环境交换的有效能量的代数和；PQ 为生产数量，是工作单元在生产指令下已经生产的数量。

2. 非增值成本

产品质量检验、包装等成本，为非产品必须的成本，即为非增值成本。非增值成本可以通过持续改善加以消除。如下线产品一次合格率达到百分之百、产品销售运输过程中专人专车运送等，那么检验、包装就可以消除。因此非增值成本是通过持续改善可以降低或消除的成本。

（1）质量成本　质量成本含义比较广泛，一般是指企业为了保证和提高产品或服务质量而支出的一切费用，以及因质量问题而造成的一切损失。质量成本一般包括：预防成本、鉴定成本、内部损失成本和外部损失成本。由于内部损失成本相对重要且可控，仅对此进行研究，主要包括废品损失成本、返工损失成本和复检费用，其关键事件指标有废品率、返工率、复检率，此处仅研究复检率。

$$R_{\text{re-ins}} = \frac{N_{\text{re-ins}}}{N_{\text{check}}} \times 100\% \tag{8-2}$$

式中，$R_{\text{re-ins}}$为复检率；$N_{\text{re-ins}}$为复检次数；N_{check}为抽查总数。

（2）安全成本　安全成本主要分成两大类，一是保证性安全成本，是为了保证和提高车间安全生产水平而支出的费用；二是损失性安全成本，是指因安全问题影响生产（或安全水平不能满足生产需要），以及安全问题本身而产生的损失。对车间来讲，主要讨论损失性安全成本。故对应的 KPI 为生产安全事故经济损失，即因事故造成人身伤亡及善后处理支出的费用和毁坏财产的价值。

（3）固有资产及环境成本。固定资产成本，一般是指固定资产的折旧费用；而环境成本，又称环境降级成本，是指由于经济活动造成环境污染而使环境服务功能质量下降的代价。

8.2.2　生产质量管理

产品生产质量管理用来保证制造过程的中间产品和最终产品满足一定的质量要求。质量管理活动协调、指导和跟踪质量测量过程并生成报告，向生产管理提供产品质量信息，及时调整生产过程以满足质量要求。广义的质量管理不仅仅包括最终产品的质量测试和报告，还包括生产运行过程中中间物料的实时质量监控。生产质量情况的主要性能指标包括合格率（Final Yield），废品率（Scrap Rate），返修率（Repair Rate），流通合格率（Rolled Throughout Yield，RTY），实际与计划废品比率（Actual to Planned Scrap Rate，APSR）。本书仅介绍流通合格率和实际与计划废品比率。

1. 流通合格率（Rolled Throughout Yield，RTY）

合格率不能反映生产过程输出在通过最终检验前发生的返工、返修或报废的损失。返工、返修往往形成一个“隐蔽工厂（Hidden Factory）”。流通合格率就是一种能够找出隐蔽工厂的“地点和数量”的度量方法。

产品流通合格率是每一工序合格率的乘积，可以用 RTY 表示。

$$\mathrm{RTY} = \prod_{i=1}^{n} \mathrm{RTY}_i \tag{8-3}$$

式中，RTY_i 为第 i 道工序的流通合格率；i 为工序编码；n 为工序总数。

2. 实际与计划废品比率（Actual to Planned Scrap Rate，APSR）

实际与计划废品比率是计划废品的限度。该指标应小于 100%，在这种情况下，生产的废品需在计划的限度内。

$$R_{\mathrm{APSR}} = \frac{N_{\mathrm{scrap}}}{N_{\mathrm{plan-scrap}}} \tag{8-4}$$

式中，R_{APSR}为实际与计划废品比率；N_{scrap}为废品量，即不满足质量要求和已经报废或回收的生产数量；$N_{\mathrm{plan-scrap}}$为计划废品量，即在制造产品（如制造系统的开始或扩大阶段）时预计的与生产过程相关的废品数量。

8.2.3 维护管理

维护管理过程用来保证制造过程中的设备稳定高效运行，主要关注的是设备。维护管理实时监控设备的运行状态，协调设备的使用，当某些设备出现故障时及时做出反应。首先保证生产过程的稳定运行，然后通过一系列的维护调度指令对故障设备进行处理，保证设备的可用性。

维护管理方面主要的关键事件指标有平均失效前时间（Mean Time to Failure，MTTF），平均故障操作间隔时间（Mean Time Between Failures，MTBF），恢复时间（Mean Time to Restoration，MTTR），故障检修率（Corrective Maintenance Ratio，CMR）等。

8.2.4 库存管理

库存管理的对象是库存项目，即企业中的所有物料，包括原材料、零部件、在制品、产品及其辅助物料。库存管理的主要功能是在供、需之间建立缓冲区，缓和用户需求与企业生产能力之间，最终装配需求与零配件之间，零件加工工序之间、生产厂家需求与原材料供应商之间的矛盾。库存管理主要关注实时的库存量及库存储运过程中的损失事件，故库存管理的关键事件指标主要有库存量、储运损失率（Storage and Transportation Loss Ratio，STLR）、库存周转率（Inventory Turns Ratio，ITR）等。

1. 储运损失率（Storage and Transportation Loss Ratio，STLR）

储运损失率是在储运过程中物料数量的损失与已消耗物料之间的关系。

$$R_{\mathrm{STLR}} = N_{\mathrm{STLR}} / CM \tag{8-5}$$

式中，R_{STLR}为储运损失率；N_{STLR}为在储运过程中物料数量的损失；CM 为消耗物料，由于难以计量生产总量，因此用消耗的原料量来替代。

2. 库存周转率（Inventory Turns Ratio，ITR）

库存周转率是衡量库存利用效率的量度，定义为生产量与平均库存量的比值。这个比率通常可以反映单位时间内库存补给或周转的平均次数。

$$R_{\mathrm{ITR}} = PN / AI \tag{8-6}$$

式中，R_{ITR}为库存周转率；PN为生产数量；AI为平均库存量。

8.2.5 交货期管理

交货期管理是指企业将产品交付客户的科学系统的管理过程和办法。在质量和成本得到良好控制的同时，交货期管理已成为企业参与竞争的另一个尺度。交货期管理涉及采购、生产、销售、库存等多个环节，囊括了生产管理、质量管理、物料管理等领域，必须通过企业各个部门的协作来实现。

交货期管理的核心是生产时间的管理，与之相关的交货期事件主要有实时生产进度，订单的下达与交付以及生产周期，相应的指标有交付周期，产品生产周期，准时交货率；交货期管理的另一部分为产量管理，主要有总产量和单位时间产量两种指标。

1. 实时生产进度

生产进度控制，是在生产计划执行过程中，对有关产品生产的数量和期限的控制。其主要目的是保证完成生产作业计划所规定的产品产量和交货期限指标。生产进度控制是生产控制的基本方面，狭义的生产控制就是指生产进度控制。

生产进度可以通过式（8-7）获得。

$$p = \sum_{h=1}^{e}\sum_{k=1}^{n}\sum_{i=1}^{m} RPT_i^{hk} \bigg/ \sum_{h=1}^{e}\sum_{k=1}^{n}\sum_{i=1}^{m} PPT_i^{hk} \times 100\% \tag{8-7}$$

式中，p为生产进度；RPT为工序的实际加工时间；PPT为工序计划加工时间；k，h，i为产品部件、零件、工序的编号；e，n，m为产品部件、零件及工序的总数。

2. 交付周期

交付周期为产品从订货到交付的周期。为了降低制造成本，厂商会想办法缩短交货周期，而购货方则要跟进交付周期。

3. 产品生产周期

生产周期是指产品从开始投产至产出的全部时间。在工业中，指该产品从原材料投入生产开始，经过加工，到产品完成、验收入库为止的全部时间。

4. 准时交货率

准时交货率是指下层供应商或车间在一定时间内准时交货的次数占其总交货次数的百分比。供应商或车间准时交货率低，说明其协作配套的生产能力达不到要求，或者是对生产过程的组织管理跟不上供应链运行的要求；供应商准时交货率高，说明其生产能力强，生产管理水平高。

8.3 基于分层时间着色 Petri 网的关键事件建模

8.3.1 分层时间着色 Petri 网模型的定义

1. 着色 Petri 网

定义 8.3：着色 Petri 网的静态结构可以描述为 CPN = {P，P_i，P_o，T，T_{type}，Arc，GF，C，B，E}，其中：P是库所（Place）的有限集合，每个库所指代一类事件。$P_i \subset P$为输入

库所的有限集合。$P_o \subset P$ 为输出库所的有限集合。T 是变迁（Transition）的有限集合。T_{type} 是令牌（Token）类型的集合。Arc 是连接库所和变迁的有向弧的集合。GF 是守卫函数（Guard Function）的集合，G：$T \rightarrow \{Expression\}$，$Expression$ 描述了事件的约束条件表达式，结果是与输入库所颜色相关的布尔表达式；当 G 未指明或等于空集时，即该变迁的守卫函数永为真。C 是颜色函数，$C=\{C(P), C(t)\}$，$C(P)$ 是与每个库所有关的色彩集合，$C(t)$ 是与变迁有关的色彩集合。B 是变迁表达式，B：$T \rightarrow \{Expression\}$，$Expression$ 描述如何计算输出令牌的属性值。E 是有向弧的权函数，描述了弧上消耗或产生的令牌数目和颜色。

在 CPN 模型中，每一个事件类型对应一个库所，当一个事件类型的实例被检测到以后，其相应的库所就增加一个令牌，当一个变迁的所有输入库所中的令牌颜色和数量满足其输入有向弧的权函数时，变迁便处于“使能”状态。根据守卫函数来判断在“使能”状态下的变迁能否被激活，如果条件满足，便可以根据变迁表达式 B 来获取输出事件令牌的属性，并依据有向弧的消耗策略对输入和输出库所的令牌进行相应变化。

2. 分层着色 Petri 网简介

通过用替代库所与替代变迁替代低层网络模型，将制造过程事件属性用颜色（Color）表示，并考虑到制造系统时间相关因素，能够很好地简化经典 PN 结构，提高 PN 图形化描述系统的能力。分层时间着色 Petri 网（Hierarchical Timed Colored Petri Net）的静态结构可以用定义 8.4 进行描述。

定义 8.4：分层着色 Petri 网由一组子着色 Petri 网组成，如 HTCPN = {HTCPN_1, HTCPN_2, …, HTCPN_n}，其中 HTCPN_i(i=1−n) 为子着色 Petri 网，n 是组成系统模型的子着色 Petri 网总数量。

8.3.2 基本事件建模方法

针对 8.2 节分析的五种基本事件，基于实时生产状况，可构建相应的着色 Petri 网模型，由于五种基本时间的建模方法相似，本节仅以“领料出库事件”进行举例说明。

领料出库事件的基本流程如下：当生产系统下达物料配送任务时，物料调配人员便查看存放该物料的托盘使用及物料存储情况，如果条件满足，则装载物料到托盘上，等待搬运载体进行配送；同时，将此配送任务发布给搬运载体，如果有搬运载体和搬运工人空闲，则可响应此任务；当搬运载体到达托盘存放区域时，进行托盘及其上物料的核对工作，如果核对无误，便可以进行物料的配送。

可按以下步骤建立该事件系统的 CPN 模型：

（1）确定系统的所有资源　该系统资源包括：配货员，装载工件的托盘，物料搬运工人，搬运小车，待分配物料。

（2）确定与各资源有关的所有活动（操作）及其先后顺序，并建立其子模型

1）托盘历经以下状态与活动：①装载上物料。②搬运工人核对托盘上物料。③被装载到搬运载体。④被搬运载体配送至生产工位处。⑤物料被卸载。

用 P_1 代表装载物料的托盘可用（若其中含有令牌，表示可用）；P_4 表示物料装载成功；P_5 与 P_6 表示物料核对正确与错误；P_7 表示托盘装载到搬运载体上；P_{10} 表示托盘运载到目标工位；T_1 ~T_5 分别表示装载物料到托盘、托盘上物料核对、托盘装载到搬运载体、托盘搬运、托盘上物料卸载，见表 8-2。托盘工作的子模型如图 8-3a 所示。

2）配货员历经以下状态与活动：①按订单调配物料。②完成任务，人员释放。

用库所 P_3表示配货员可用，T_2表示配货任务完成，人员释放。配货员的工作子模型如图 8-3b 所示。

3）搬运载体与搬运工人历经以下状态与活动：①搬运工人与搬运载体到达物料所在位置，并核对物料。②装载托盘到搬运载体上。③搬运托盘到达目标工位。④卸载物料到工位。

搬运工人与搬运载体需要一起工作，故将二者合并在一个子模型，该子模型如图 8-3c 所示。图中用 P_8和 P_9分别表示搬运工人与搬运载体可用。

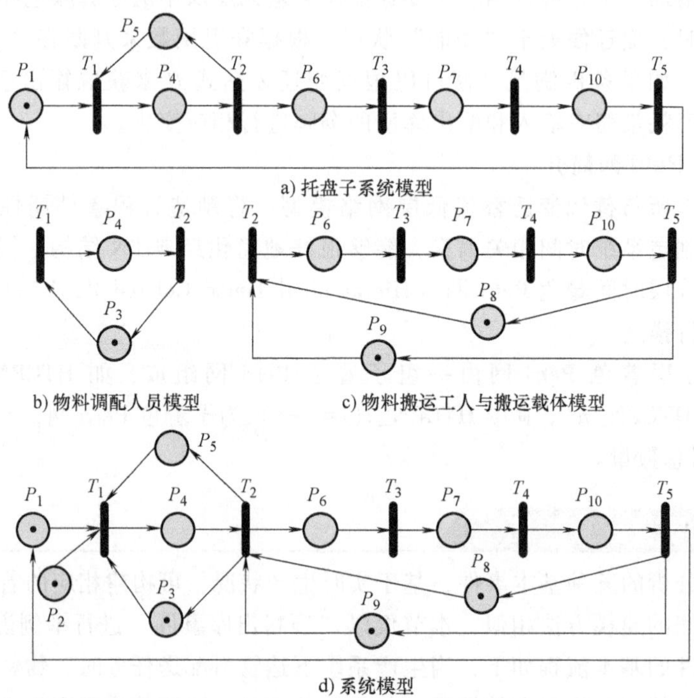

图 8-3 领料出库事件的 Petri 网建模

表 8-2 领料出库时间 Petri 网模型的库所与变迁

库所	意　义	变迁	意　义
P_1	装载物料的托盘可使用	T_1	配货员按订单装载物料到托盘上
P_2/P_3	物料量足够/物料调配人员可用	T_2	搬运工人核对托盘及其上物料情况
P_4	托盘上装载物料	T_3	搬运工人将托盘装载到搬运载体
P_5/P_6	物料核对错误/正确	T_4	搬运载体按计划运载到目标工位
P_7	托盘装载到搬运载体	T_5	搬运工人卸载物料到工位
P_8/P_9	物料搬运载体/物料搬运工人可用		
P_{10}	到达目标工位		

（3）根据各资源之间的关系，合并所有子模型，得到系统模型　各子模型之间存在着

共用的库所和变迁，虽然这些库所和变迁在不同的子模型中，代表的意义可能不同，但实际上他们表示同一过程，只是不同的子系统从各自的角度用不同的语意予以解释。例如，T_1在托盘模型中的解释为“被装载上物料”，在配货员模型中解释为“按订单装载物料”。实际上，我们在系统模型中可以用语意“配货员按订单装载物料到托盘上”统一这些不同的解释。将各制造资源的工作过程整合，便可得到系统模型如图 8-3d 所示。

8.3.3　复杂事件建模方法

复杂事件用以描述产品零部件级或生产线级的生产情况，包括零部件从“领料出库”到“生产下线”的全过程。本节以某汽车底盘生产流水线的加工过程为例进行复杂事件的分析。该生产线负责对车体底盘上动力总成、制动系统、供油系统以及传动系统等部件的装配，如图 8-4a 给出了具体的生产工艺，其中前桥总成、后桥总成、发动机总成在分装线进行加工，加工完成后通过 AGV 小车配送到主生产线上进行装配。

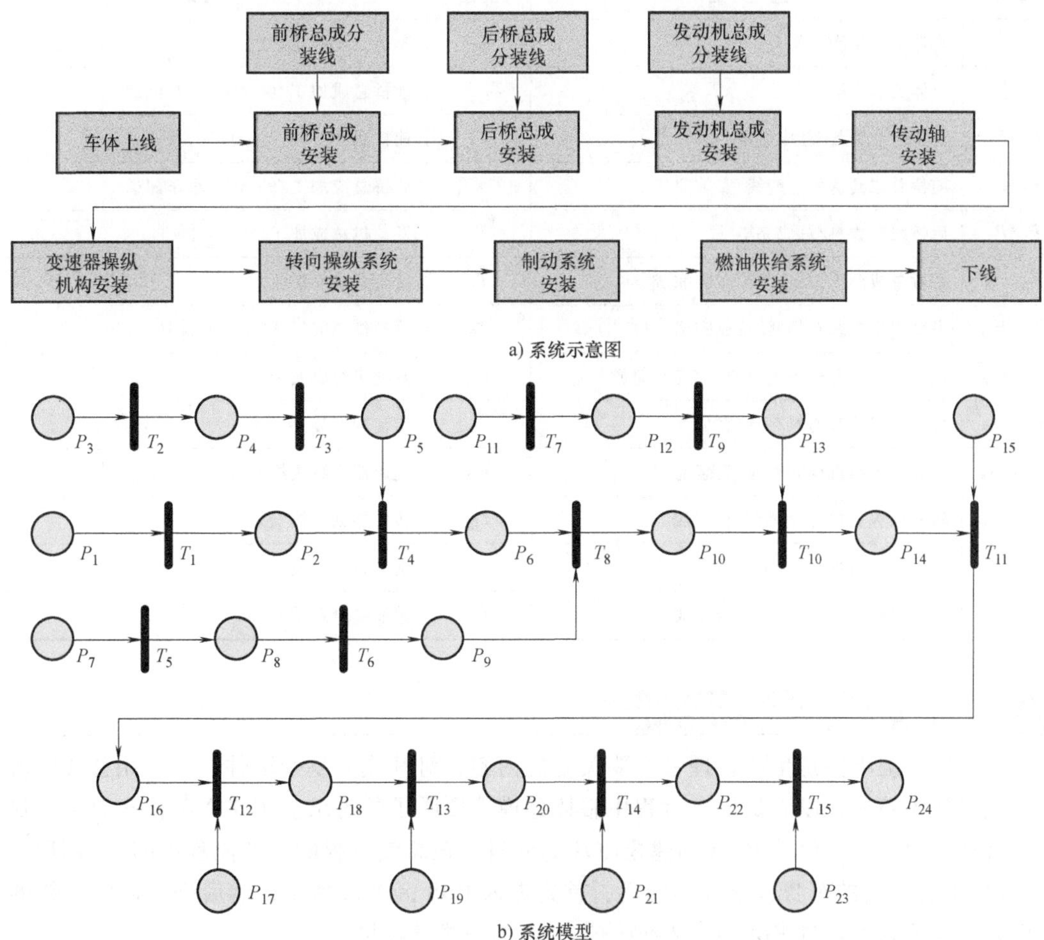

图 8-4　某流水线生产的复杂事件的 Petri 网描述模型

图 8-4b 和表 8-3 给出了该流水线的 Petri 网描述模型及其库所与变迁的意义。当生产任务下达后，首先查看车体是否到达生产车间（P_1），然后将其安装到生产线上（T_1）；同时，

前桥总成分装线查看是否有相应的物料，若物料充足，则进行前桥总成加工（T_2），前桥总成完毕后，则通过 AGV 小车将其配送到主生产线上（T_3）；当前桥总成到达主生产线后，便与车体装配到一起（T_4）；后桥总成安装及发动机总成安装与前桥总成安装过程相似，都是通过分装线进行总成（T_5，T_7）后，再通过 AGV 小车配送到主生产线（T_6，T_9）进行安装；后续传动轴、变速器操纵机构、转向操纵机构、制动系统、燃油供给系统的安装则直接查看物料是否充足，然后依次执行安装过程，直到所有零部件安装完毕，产品下线。

在基于 HCPN 的复杂事件建模过程中，用替代库所代替其成分基本事件，如 AGV 小车配送过程是一个在制品流通事件，用替代库所 T_3，T_6，T_9表示；每道工序的装配过程同样用一个替代库所表示。这样大大简化了主要生产过程的描述，为生产管理者直接查看生产情况提供了方便。

表 8-3　某流水线生产的复杂事件的 Petri 网描述模型的库所与变迁

库所	意　义	变迁	意义
P_1	车体进入生产车间	T_1	车体安装到生产线
P_2	车体安装完毕	T_2/T_3	前桥总成加工/经 AGV 小车配送
P_3/P_4	前桥线有物料/总成完毕	T_4	前桥总成安装
P_5/P_6	前桥总成到达主生产线/安装完成	T_5/T_6	后桥总成加工/经 AGV 小车配送
P_7/P_8	后桥线有物料/总成完毕	T_7	发动机总成加工
P_9/P_{10}	后桥总成到达主生产线/安装完成	T_8	后桥总成安装
P_{11}/P_{12}	发动机生产线有物料/总成完毕	T_9	发动机总成经 AGV 小车配送
P_{13}/P_{14}	发动机总成配送到主生产线/安装完成	T_{10}	发动机总成安装
P_{15}/P_{16}	传动轴工位有物料/安装完成	T_{11}	传动轴安装
P_{17}/P_{18}	变速器操纵机构有物料/安装完成	T_{12}	变速器操纵机构安装
P_{19}/P_{20}	转向操纵机构有物料/安装完成	T_{13}	转向操纵机构安装
P_{21}/P_{22}	制动系统有物料/安装完成	T_{14}	制动系统安装
P_{23}/P_{24}	燃油供给系统有物料/安装完成	T_{15}	燃油供给系统安装

8.3.4　关键事件建模方法

产品的关键事件是生产管理者主要关心的内容，对其成分复杂事件，可以用替代库所或变迁进行整体替换，以满足生产过程中整体建模简要明了的需求。本文以某汽车总装项目为例，进行车间关键事件的 Petri 网建模方法的分析，该总装过程的生产流程如图 8-5a 所示。

1）来自涂装的车身，进入车间后，首先进入 PBS 区进行排序，然后进入内饰一线的升降机处；也可以不经过 PBS 区直接被输送到内饰一线升降机。

2）内饰线负责车身的条形 VIN 码、标及铭牌的打刻、内外饰、各种线束、前后挡风玻璃等装配及相关件的分装；在内饰一线前段，需将车门拆下进行分装，然后通过车门输送线输送至最终装配线将车门装上。同时，在内饰二线还布置有仪表板分装线对仪表板进行分装。

3）底盘线负责动力总成、制动系统、前后悬架、传动系统、供油系统、底盘部件以及前后保险杠的分装；其中，经分装线装配完成的发动机、前梁和后桥通过 AGV 小车装载与车身进行合装。

4）总装线负责整车的座椅、车门装配、油水加注、电子防盗锁的匹配和下线前的检查。

5）检测线负责整车出厂前的安全、环保性能检测和密封性能检测。

6）调试线负责整车出厂前的故障排除、路试等工作。

图 8-5b 和表 8-4 分别给出了该汽车总装的关键事件 Petri 网模型与其库所和变迁的意义。当车身进入车间后（P_1有令牌），依据实际情况，将车身经过 PBS 排序后送到内饰件上料处（P_1-T_2-P_2-T_1-P_3），或者直接配送至内饰线上料处（P_1-T_1-P_3）；然后，开始内饰线的装配（T_3-P_4-T_4-P_9）。其中，设置P_5表示内饰一线前段的车门拆卸，T_6代表内饰二线的仪表分装线加工过程；当内饰线装配完成后，便流通至底盘线进行底盘各部件的装配过程（T_7）；然后，在底盘线生产完成后进行总装线的装配（T_{10}）；最后，在总装完成后，进行检测线（T_{11}）和调试线（T_{12}）的检测与调试，针对检测或调试不合格的汽车需要进行返修处理（T_{13}），直到产品合格（P_{18}），生产任务完成。

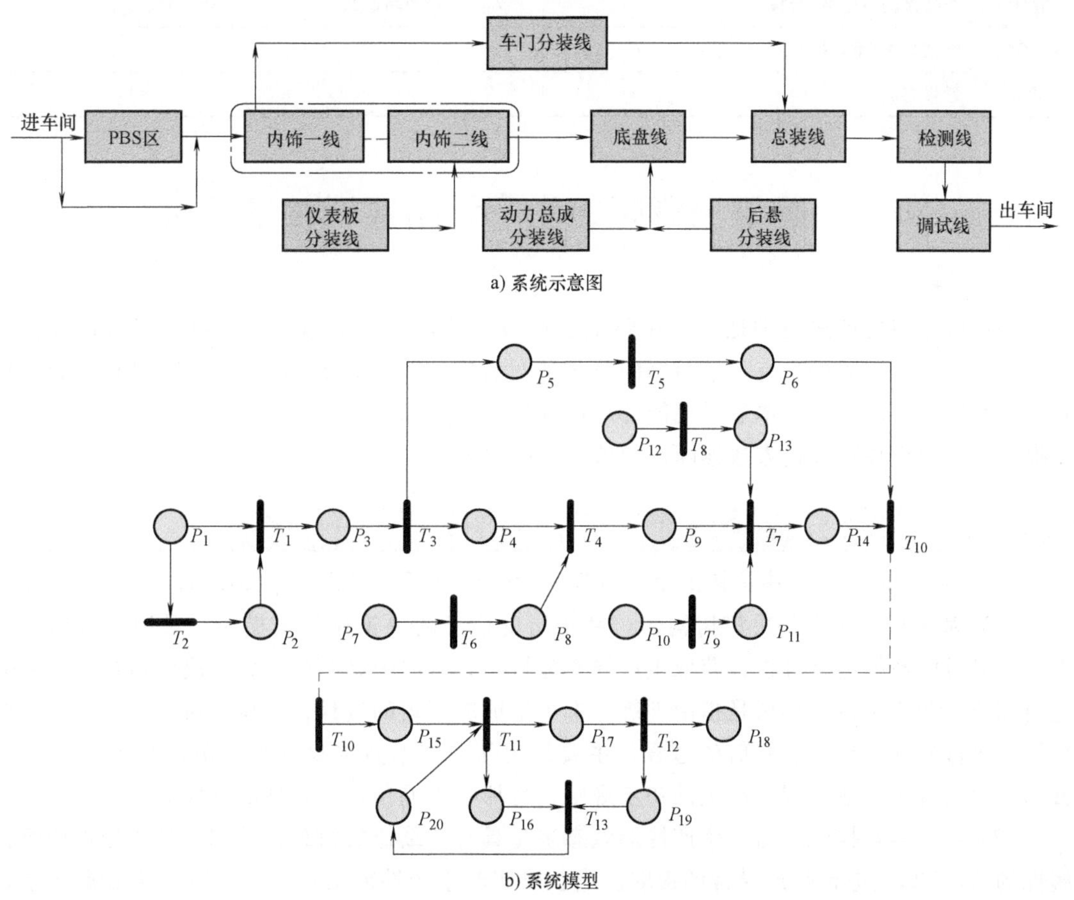

图 8-5 某汽车总装的关键事件 Petri 网模型

表 8-4　某汽车总装的关键事件 Petri 网模型的库所与变迁

库所	意　义	变迁	意　义
P_1	物料进入车间	T_1	流通到内饰线上件处
P_2	PBS 内排序完成	T_2	进入 PBS 存储并排序
P_3	在内饰线等待加工	T_3	内饰一线加工
P_4	内饰一线加工完成	T_4	内饰二线加工
P_5	车门拆卸	T_5	车门分装线加工
P_6	车门分装完毕	T_6	仪表分装线加工
P_7/P_8	仪表盘生产线有物料/分装完成	T_7	底盘线装配
P_9	内饰线加工完成	T_8	动力总成分装
P_{10}/P_{11}	后悬分装线有物料/分装装配	T_9	后悬分装线加工
P_{12}/P_{13}	动力分装线有物料/总成完成	T_{10}	总装线装配
P_{14}	底盘线加工完成	T_{11}	检测线工作
P_{15}	总装完成	T_{12}	调试线工作
P_{16}/P_{17}	产品检测不合格/合格	T_{13}	产品返修
P_{18}/P_{19}	调试合格/不合格		
P_{20}	返修完成		

8.4　基于决策树的生产过程实时性能分析

决策树学习的算法通常是一个递归地选择最优特征，并根据该特征对训练数据进行分割，使得对各个子数据集有一个最好的分类的过程。典型算法有 ID3，C4.5，CART 等。针对生产性能评估的特点，本节采用能处理连续值属性的 C4.5 决策树学习算法对生产异常进行提取，采用模糊决策树方法诊断出导致异常的原因。

8.4.1　基于决策树的生产过程实时性能分析的体系构架

如图 8-6 所示，基于决策树的生产过程实时性能分析模型分为三大步骤。

(1) 基于历史信息的决策树构建　基于历史信息的决策树构建模块，采用决策树分析算法，对历史数据进行分析，获取生产异常分析与异常原因诊断决策树。决策树构造可以分建树和剪枝两步进行。建树是指由训练样本集生成决策树的过程，剪枝是对上一阶段生成的决策树进行检验、校正和修剪的过程，主要是用新的样本数据集（称为测试数据集）中的数据校验决策树生成过程中产生的初步规则，将那些影响预衡准确性的分枝剪除。

(2) 生产异常提取　由于生产性能状态多是具有连续值的信息，采用一种能处理连续值属性的 C4.5 算法进行生产异常的提取。当获取实时生产性能信息后，从决策树数据库中调用相应的分类规则，进而通过实时状态与规则的匹配情况，提取出生产异常信息，并对异常事件标识上异常标签（如 Label 1）以区分于正常事件。

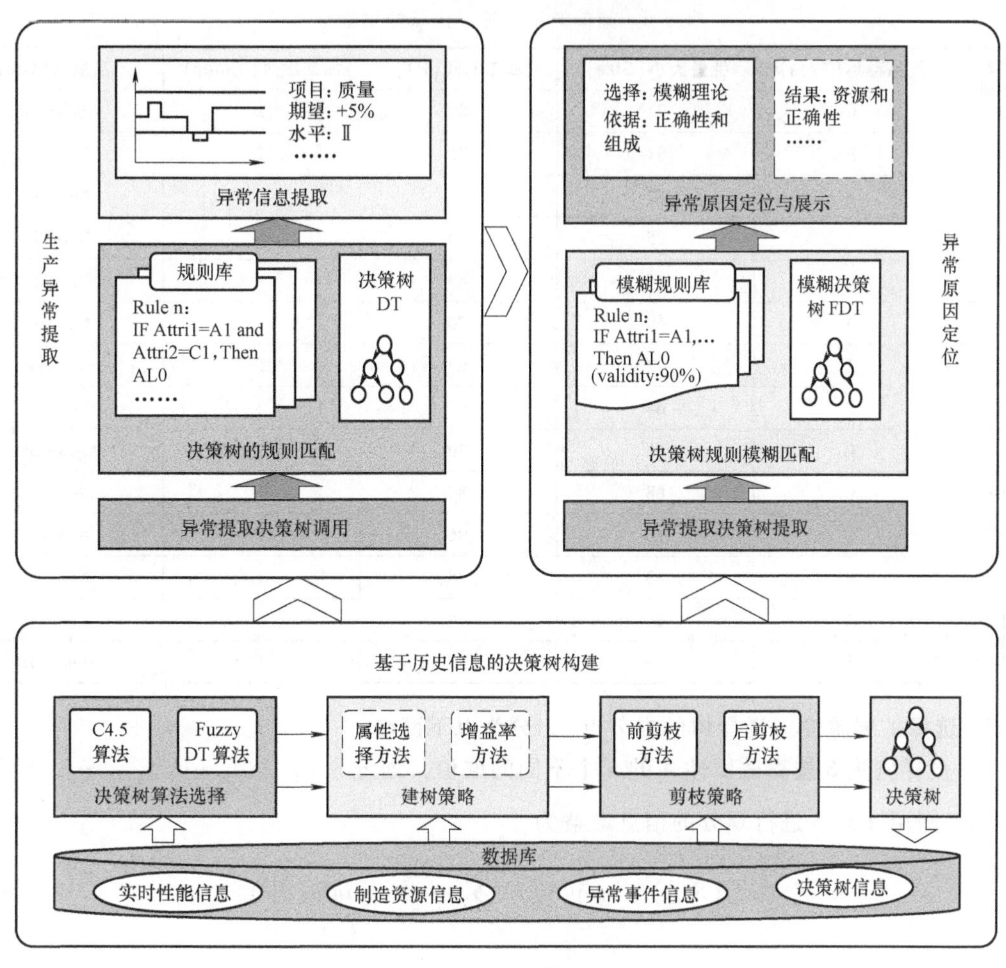

图 8-6　基于决策树的生产过程实时性能分析的体系构架

(3) 异常原因定位　对于异常原因的提取过程，需要考虑不同制造资源的状态，由于生产要素异常的状况是不确定性地属于某一类或者是某几类的组合，导致生产过程制造资源状态划分具有模糊性，如一个设备的运行良好程度为 0.8，故可使用模糊决策树对异常定位分类规则进行分析。当获取标识了异常标签的生产关键性能事件后，调用相应的基于模糊决策树的分类规则，通过实时状况与模糊决策树的模糊匹配情况，获取最契合的几种决策规则，进而分析出实时状况下各规则真实度与隶属度，筛选出最可能的异常原因。

8.4.2 生产性能异常提取

表 8-5 给出了一个简单的生产异常提取数据集合，每一条数据代表一个生产产品“样例”，由产品种类、批量大小、加工时间、加工次数和产品质量五种属性来描述，前四种属性称为条件属性，最后一个属性称为决策属性。其中，产品种类分为 A、B、C 三种，批量大小范围为 [64, 85]，加工时间范围为 [65, 96]，加工次数指代某产品进入加工系统的频次，应用 C4.5 决策树学习算法获取生产异常提取决策树，并构建生产性能异常提取规则，具体步骤如下：

表 8-5 简单的生产异常提取数据集合

序号	产品种类(Type)	批量大小(Size)	加工时间(PT)	加工次数(Times)	产品质量(Out)
1	C	71	80	2	Abnormal
2	B	81	75	1	Normal
3	B	72	90	2	Normal
4	A	75	70	2	Normal
5	C	75	80	1	Normal
6	A	69	70	1	Normal
7	A	72	95	1	Abnormal
8	B	64	65	2	Normal
9	C	65	70	2	Abnormal
10	C	68	80	1	Normal
11	C	70	96	1	Normal
12	B	83	78	1	Normal
13	A	80	90	2	Abnormal
14	A	85	85	1	Abnormal

1. 选择扩展属性（选择树的根节点），**分为以下两步。**

1）设样例集 S 按离散属性 A 的 n 个不同的取值，划分为 S_1，S_2，…，S_{A_i}，…，S_n 共 n 个子集，则用 A 对 S 进行划分的信息增益为

$$Gain(S,A) = info(S) - \sum_{i=1}^{n} \frac{|S_{A_i}|}{|S|} \times info(S_{A_i}) \tag{8-8}$$

式中，$|S|$ 为样例集 S 的总个数，$|S_{A_i}|$ 为样例集中属性 A 取第 i 个值的个数，$info(S) = -\sum_{j=1}^{NClass} \frac{freq(C_j,\ S)}{|S|} \times \log_2\left(\frac{freq(C_j,\ S)}{|S|}\right)$，$NClass$ 为样例的分类属性的取值数，$freq(C_j,\ S)$ 为样例集 S 中分类属性为 C_j 的个数。

进而，获得 A 对 S 进行划分的信息增益率为

$$GainRatio(S,A) = \frac{Gain(S,A)}{SplitInformation(S,A)} \tag{8-9}$$

式中，$SplitInformation(S,\ A) = -\sum_{i=1}^{n} \frac{|S_{A_i}|}{|S|} \log_2\left(\frac{|S_{A_i}|}{|S|}\right)$

例如，对表 8-5 的样例集，产品种类和加工次数的属性取值种类比较小，可以看作离散属性。计算“产品种类”的信息增益的方法如下

$$Gain(Out,Type) = info(Out) - \sum_{i=1}^{3} \frac{Out_{Type_i}}{|Out|} \times info(Out_{Type_i})$$

$$= info(Out) - \left[\frac{5}{14} info(Out_A) + \frac{4}{14} info(Out_B) + \frac{5}{14} info(Out_C)\right]$$

$$
= -\left(\frac{5}{14}\log_2\frac{5}{14}+\frac{9}{14}\log_2\frac{9}{14}\right)-\left\{-\left[\frac{5}{14}\left(\frac{2}{5}\log_2\frac{2}{5}+\frac{3}{5}\log_2\frac{3}{5}\right)\right]-\left[\frac{4}{14}\left(\frac{4}{4}\log_2\frac{4}{4}+\frac{0}{4}\log_2\frac{0}{4}\right)\right]-\left[\frac{5}{14}\left(\frac{3}{5}\log_2\frac{3}{5}+\frac{2}{5}\log_2\frac{2}{5}\right)\right]\right\}
$$

$$
= 0.2467
$$

进而，得到信息增益率为

$$
GainRatio(Out, Type) = \frac{Gain(Out, Type)}{SplitInformation(Out, Type)}
$$

$$
= \frac{0.2467}{-\frac{5}{14}\log_2\frac{5}{14}-\frac{4}{14}\log_2\frac{4}{14}-\frac{5}{14}\log_2\frac{5}{14}} = \frac{0.2467}{1.5774} = 0.1564
$$

同理可得到“加工次数”的信息增益与信息增益率为

$$
Gain(Out, Times) = info(Out) - \sum_{i=1}^{2}\frac{Out_{Times_i}}{|Out|}\times info(Out_{Times_i})
$$

$$
= info(Out) - \left[\frac{6}{14}info(Out_2) + \frac{8}{14}info(Out_1)\right]
$$

$$
= -\left(\frac{5}{14}\log_2\frac{5}{14}+\frac{9}{14}\log_2\frac{9}{14}\right)-\left\{-\left[\frac{6}{14}\left(\frac{3}{6}\log_2\frac{3}{6}+\frac{3}{6}\log_2\frac{3}{6}\right)\right]-\left[\frac{8}{14}\left(\frac{6}{8}\log_2\frac{6}{8}+\frac{2}{8}\log_2\frac{2}{8}\right)\right]\right\}
$$

$$
= 0.0481
$$

$$
GainRatio(Out, Times) = 0.0488
$$

2）针对连续属性的值域将集分割为离散的区间集合。若 A 是在连续区间取值的连续型属性，首先将训练集 X 的样本根据属性 A 的值从小到大排序，一般用快速排序法。假设训练样本集合 A 中有 m 个不同的取值，则排好序后属性的取值序列为 V_1，V_2，…，V_m，按顺序将两个相邻值的平均值 V 作为分割点。

$$
V = (V_i + V_{i+1}) \big/ 2 (1 \leqslant i < m) \tag{8-10}
$$

分割点将样本集划分为两个子集，分别对应 $A \leqslant V$ 和 $A > V$，共有 $m-1$ 个分割点。分别计算每个分割点的信息增益率，选择具有最大信息增益率 *GainRatio*（V'）的分割点 V' 作为局部阈值。则按照属性 A 划分样本集 X 的信息增益率为 *GainRatio*（V'）。而在序列 V_1，V_2，…，V_m 中找到的最接近但又不超过局部阈值 V' 的取值 V 成为属性 A 的分割阈值。

例如，针对表 8-5，按照“加工时间”从小到大排序，然后计算得到 PT 的 8 个割点，$T_1=(65+70)/2=67.5$，…，$T_8=(95+96)/2=95.5$。然后，每一个分割点将样例集分为两个子集，计算使用各分割点划分样例集的信息增益率为

$$GainRatio(Out, T_1, \mathrm{PT}) = 0.0477/0.3712 = 0.1285$$

$$GainRatio(Out, T_2, \mathrm{PT}) = 0.0150/0.8631 = 0.0174$$

$$GainRatio(Out, T_3, \mathrm{PT}) = 0.0453/0.9403 = 0.0482$$

$$GainRatio(Out, T_4, \mathrm{PT}) = 0.0903/0.9852 = 0.0916$$
$$GainRatio(Out, T_5, \mathrm{PT}) = 0.1022/0.9403 = 0.1087$$
$$GainRatio(Out, T_6, \mathrm{PT}) = 0.0251/0.8631 = 0.0291$$
$$GainRatio(Out, T_7, \mathrm{PT}) = 0.0103/0.5917 = 0.0174$$
$$GainRatio(Out, T_8, \mathrm{PT}) = 0.0477/0.3712 = 0.1285$$

最后可以选择信息增益率最大的分割点作为属性 PT 的最优分割点，并将最大的信息增益率作为该属性的信息增益率。同理可以对属性 Size 重复上述步骤，得到其最优分割点及信息增益率。

3）按照上述方法求出当前候选属性集中所有属性的信息增益率，找到其中信息增益率最高的属性作为扩展属性。

2. 分割样例集

使用前述方法中选择的扩展属性来分割样例集。对划分得到的各个样例子集递归选择扩展属性进行划分，直到满足停止条件，最终生成决策树。针对表 8-5 可以得到如图 8-7 所示的决策树。

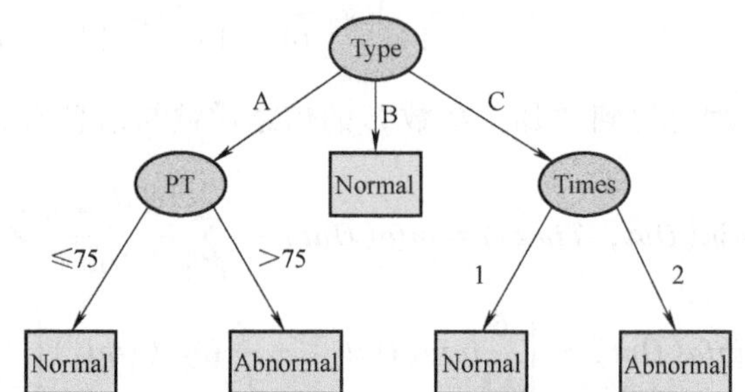

图 8-7　由表 8-5 构建的决策树

3. 由决策树生成规则

一颗决策树可以转换为一组 If-Then 规则，由树的根节点到叶节点的每条路径对应一条 If-Then 规则，图 8-7 所示的决策树可以转换为下面的这组 If-Then 规则。

规则 1　If Type = A and PT>75, Then Out = Abnormal

规则 2　If Type = A and PT≤75, Then Out = Normal

规则 3　If Type = B, Then Out = Normal

规则 4　If Type = C and Times = 1, Then Out = Normal

规则 5　If Type = C and Times = 2, Then Out = Abnormal

8.4.3　异常原因定位

1. 异常产生原因分析

基于不同的出发点，生产异常有多种分类方式：如按异常的产生源，可分为外部异常、系统异常和任务异常三类；按异常知晓程度可分为可预见性异常与非可预见性异常等。但无论哪种分类，异常均被公认为是生产运行与原定义标准及计划的偏差。

随着市场竞争的日益激烈，制造企业面临的不确定性因素越来越多，车间生产过程的复杂性和不可预测性导致“人、机、料、法、环”各方面的异常情况时有发生。为了便于对异常事件的分析，将制造车间生产异常事件按照“人、机、料、法、环”进行划分，结果如图 8-8 所示。

（1）人员异常　主要有员工未按时上下班引起“出勤异常”，员工出现在其他工位的“位置异常”，员工上班时出现伤病而导致生产效率下降的“健康异常”，由于培训不足、技能不对口、选人错误等造成的“技能异常”，由于健康异常与技能异常导致的生产降效结果相似，在后续分析过程中将二者合并为“健康/技能异常”。

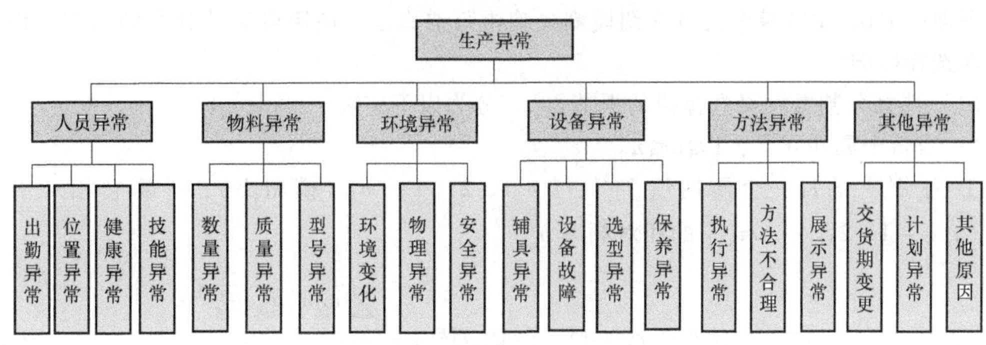

图 8-8 生产过程异常元素与异常库模型

(2) 物料异常 包括物料数量低于可接受最低值产生的“数量异常”，物料质量不合格导致的“质量异常”，错误物料配送到工位的“型号异常”。

(3) 环境异常 有随时间变化的“环境变化”，生产过程受到强磁、强电等导致的“物理异常”，生产过程可能导致安全问题的“安全异常”。

(4) 设备异常 包括设备所需的辅助工具异常导致的“辅具异常”，运行过程中由于电气系统，控制系统等系统组件异常产生的“设备故障”，加工分配到错误设备的“选型异常”，以及设备维护方面的“保养异常”等。

(5) 方法异常 包括生产过程中出现加工顺序错误，物料或工具使用错误等问题的“执行异常”，由于生产工艺计划错误导致的“方法不合理”，由于生产方法叙述及展示原因导致的“展示异常”。

(6) 其他异常 有由于订单临时增加或紧急撤销、生产计划变化导致的“交货期更改”，由于生产计划错误而产生的“计划异常”等。

2. 模糊决策树的获取

在生产过程中，有很多状态是模糊的，没有明确的两极界限，例如，一个设备的运行状况是一个模糊概念，设备常常处于中间状态，不能实现其最优性能，又不是完全不能使用。传统的集合理论很难对这种概念进行刻画。模糊集合论，使计算机跨越“黑白”两极界限，在“灰色”中间地带发挥作用。模糊集合论认为，把元素属于集合的概念模糊化，认为论域上存在既非完全属于某一集合，又非完全不属于某集合的元素；它又把属于概念量化，强调一个元素属于某一集合的程度，而不是集合中包含哪些元素。称元素属于某一集合的程度为隶属度，一般取 $[0, 1]$ 的一个值。

考虑一个生产关键性能分析样例集合 $X=\{e_1, e_2, \cdots, e_N\}$，简单起见，$X$ 表示为 $\{1, 2, \cdots, N\}$，N 为样本个数。设 $A^{(1)}, \cdots, A^{(k)}, \cdots, A^{(n)}$ 和 $A^{(n+1)}$ 是描述样例的模糊属性，其中每个 $A^{(n+1)}$ 表示分类属性。模糊属性 $A^{(k)}$ 的模糊语言值为 $T(A^{(k)})=\{T_1^{(k)}, \cdots, T_j^{(k)}, \cdots, T_{m_k}^{(k)}\}$ $(k=1, 2, \cdots, n+1, j=1, 2, \cdots, m_k)$，$m_k$ 表示第 k 个模糊属性 $A^{(k)}$ 的取值范围个数，j 表示属性 $A^{(k)}$ 取其第 j 个值。u_i^k 是定义在 $T(A^{(k)})$ $(i=1, 2, \cdots, N, k=1, 2, \cdots, n+1)$ 上的模糊集合，即模糊集合 u_i^k 可以表示为 $\frac{u_i^{k_1}}{T_1^{(k)}}+\frac{u_i^{k_2}}{T_2^{(k)}}+\cdots+\frac{u_i^{k_j}}{T_j^{(k)}}+\cdots+\frac{u_i^{k_{m_k}}}{T_{m_k}^{(k)}}$ 的形式，其中 $u_i^{k_j}$ $(i=1, \cdots, N, k=1, \cdots, n+1, j=1, 2, \cdots, m_k)$ 表示相应的隶属度。

下面以 Fuzzy-ID3 算法为例介绍模糊决策树归纳算法，使用可能性分布的模糊熵作为分割属性选择标准。

（1）选择分割属性（选择树的根节点） 分为以下三步：

1）对每个属性 $A^{(k)}$，$1 \leqslant k \leqslant n$。

① 对 $A^{(k)}$ 的每一个属性值 $T_j^{(k)}$，$j=1, 2, \cdots, m_k$（模糊集），计算它相对于类别 $T_g^{(n+1)}$，$g=1, 2, \cdots, m_{n+1}$ 的相对频率 $p_{jg}^{(k)}$。

$$p_{jg}^{(k)} = M(T_j^{(k)} \cap T_g^{(n+1)})/M(T_j^{(k)}) = \frac{\sum_{i=1}^{N} \min(u_{ij}^k, u_{ig}^{n+1})}{\sum_{i=1}^{N} u_{ij}^k(x)} \tag{8-11}$$

式中，符号 $M(A)$ 表示模糊集 A 的所有隶属度之和。

② 对 $A^{(k)}$ 的每一个属性值 $T_j^{(k)}$，$j=1, 2, \cdots, m_k$，计算它的模糊分类熵

$$Entri_j^{(k)} = -\sum_{g=1}^{m_{n+1}} p_{jg}^{(k)} \log_2 p_{jg}^{(k)} \tag{8-12}$$

2）对每个属性 $A^{(k)}$，$1 \leqslant k \leqslant n$，计算它的平均模糊分类熵。

$$E_k = \sum_{j=1}^{m_k} \left(\frac{M(T_j^{(k)})}{\sum_{j=1}^{m_k} M(T_j^{(k)})} \right) Entri_j^{(k)} \tag{8-13}$$

3）选择平均模糊分类熵 E_k 取最小值的属性作为分割属性，即选取 k_0，使得

$$E_{k_0} = \min_{1 \leqslant k \leqslant n} \{E_k\} \tag{8-14}$$

（2）分割模糊样例集 首先，计算分割属性 $A^{(k)}$ 的各属性值 $T_j^{(k)}$，$j=1, 2, \cdots, m_k$ 相对于类别 $T_g^{(n+1)}$，$g=1, 2, \cdots, m_{n+1}$ 的真实度。一个节点的真实度是该节点中的样例隶属于各个类的可能性中的最大可能性。一个结点 A 中的样例隶属于 C 类的可能性的计算公式为

$$\beta_A^C = SIM(A, C) = \frac{M(A \cap C)}{M(A)} = \frac{\sum_{x \in X} \min[\mu_A(x), \mu_C(x)]}{\sum_{x \in X} \mu_A(x)} \tag{8-15}$$

当节点的真实度小于给定阈值时，分割模糊样例集。模糊分割中的元素依然是模糊集，递归地计算他们的平均模糊分类熵，选择扩展节点，最终生成模糊决策树。

（3）由模糊决策树生成模糊规则 决策树中每一条从根节点到叶节点的路径可转化为一条模糊规则。

表 8-6 生产异常分析的简单数据集

序号	人员异常(P)			环境异常(E)			设备异常(F)		方法异常(O)		异常种类(Ab)		
	P_1	P_2	P_3	E_1	E_2	E_3	F_1	F_2	O_1	O_2	Ab_1	Ab_2	Ab_3
1	1.0	0.0	0.0	0.7	0.2	0.1	0.7	0.3	0.4	0.6	0.0	0.6	0.4
2	0.6	0.4	0.0	0.6	0.2	0.2	0.6	0.4	0.9	0.1	0.6	0.4	0.0
3	0.8	0.2	0.0	0.0	0.7	0.3	0.2	0.8	0.2	0.8	0.3	0.6	0.1
4	0.7	0.3	0.0	0.2	0.7	0.1	0.8	0.2	0.3	0.7	0.8	0.1	0.1

（续）

序号	人员异常(*P*)			环境异常(*E*)			设备异常(*F*)		方法异常(*O*)		异常种类(*Ab*)		
	P_1	P_2	P_3	E_1	E_2	E_3	F_1	F_2	O_1	O_2	Ab_1	Ab_2	Ab_3
5	0.5	0.5	0.0	0.0	0.1	0.9	0.5	0.5	0.5	0.5	0.4	0.5	0.1
6	0.0	0.3	0.7	0.0	0.7	0.3	0.3	0.7	0.4	0.6	0.2	0.2	0.6
7	0.0	0.0	1.0	0.0	0.3	0.7	0.8	0.2	0.1	0.9	0.0	0.0	1.0
8	0.0	0.9	0.1	0.0	1.0	0.0	0.1	0.9	0.0	1.0	0.3	0.0	0.7
9	1.0	0.0	0.0	1.0	0.0	0.0	0.4	0.6	0.4	0.6	0.4	0.6	0.0
10	0.0	0.3	0.7	0.7	0.2	0.1	0.8	0.2	0.9	0.1	0.0	0.3	0.7
11	1.0	0.0	0.0	0.6	0.3	0.1	0.7	0.3	0.2	0.8	0.3	0.7	0.0
12	0.0	1.0	0.0	0.2	0.6	0.2	0.7	0.3	0.7	0.3	0.7	0.2	0.1
13	0.0	0.9	0.1	0.7	0.3	0.0	0.1	0.9	0.0	1.0	0.0	0.4	0.6
14	0.0	0.9	0.1	0.1	0.6	0.3	0.7	0.3	0.4	0.6	1.0	0.0	0.0
15	0.0	0.3	0.7	0.0	0.0	1.0	0.2	0.8	0.8	0.2	0.4	0.0	0.6
16	0.5	0.5	0.0	1.0	0.0	0.0	1.0	0.0	1.0	0.0	0.5	0.5	0.0

表8-6给出了一个生产异常分析的简单数据集，当 $\beta_0 = 0.8$ 时，应用Fuzzy-ID3算法构建模糊决策树的步骤如下：

步骤1　选择分割属性。

分别计算四个条件属性 P，E，F，O 的平均模糊分类熵。

1）第一个属性 P 有 P_1，P_2，P_3 3个值，分别计算他们相对于决策属性值 Ab_1，Ab_2，Ab_3 的相对频率和模糊分类熵。

① 计算 P_1 的相对频率。

$$p_{11}^{1} = p_{P_1,Ab_1}^{P} = \frac{M(P_1 \cap Ab_1)}{M(P_1)} = \frac{3.2}{6.1}$$

$$p_{12}^{1} = p_{P_1,Ab_2}^{P} = \frac{M(P_1 \cap Ab_2)}{M(P_1)} = \frac{4}{6.1}$$

$$p_{13}^{1} = p_{P_1,Ab_3}^{P} = \frac{M(P_1 \cap Ab_3)}{M(P_1)} = \frac{0.7}{6.1}$$

② 计算 P_1 的模糊分类熵

$$Entri_1^{(1)} = Entri_{P_1}^{P} = -\frac{3.2}{6.1}\log_2\frac{3.2}{6.1} - \frac{4}{6.1}\log_2\frac{4}{6.1} - \frac{0.7}{6.1}\log_2\frac{0.7}{6.1} = 1.2459$$

同理，可以计算 P_2，P_3 的模糊分类熵

$$Entri_2^{(1)} = Entri_{P_2}^{P} = -\frac{4.2}{6.5}\log_2\frac{4.2}{6.5} - \frac{2.8}{6.5}\log_2\frac{2.8}{6.5} - \frac{2.6}{6.5}\log_2\frac{2.6}{6.5} = 1.4593$$

$$Entri_3^{(1)} = Entri_{P_3}^{P} = -\frac{0.8}{3.4}\log_2\frac{0.8}{3.4} - \frac{0.6}{3.4}\log_2\frac{0.6}{3.4} - \frac{3.1}{3.4}\log_2\frac{3.1}{3.4} = 1.0543$$

2）计算属性 P 的平均模糊分类熵。

$$E_1 = E_P = \sum_{j=1}^{3}\left(\frac{M(T_j^{(1)})}{\sum_{j=1}^{3} M(T_j^{(1)})}\right)Entri_j^{(1)}$$

$$= \left(\frac{M(T_1^{(1)})}{\sum_{j=1}^{3} M(T_j^{(1)})}\right) Entri_1^{(1)} + \left(\frac{M(T_2^{(1)})}{\sum_{j=1}^{3} M(T_j^{(1)})}\right) Entri_2^{(1)} + \left(\frac{M(T_3^{(1)})}{\sum_{j=1}^{3} M(T_j^{(1)})}\right) Entri_3^{(1)}$$

$$= \frac{6.1}{6.1+6.5+3.4} \times 1.2459 + \frac{6.5}{6.1+6.5+3.4} \times 1.4593 + \frac{3.4}{6.1+6.5+3.4} \times 1.0543$$

$$= 1.2919$$

类似的，对属性 E，F，O 有 $E_2=E_E=1.4980$，$E_3=E_F=1.4688$，$E_4=E_O=1.5116$。显然，$E_1=E_P=\min\limits_{1\leqslant k\leqslant 4}\{E_k\}$。所以选择 P 属性来划分样例集合，根据 P 属性的三个属性值生成 3 个分支。

步骤 2　分割样例集

首先计算根节点 P 的属性值（P_1，P_2，P_3）相对于决策属性值 Ab_1、Ab_2、Ab_3 的真实度。针对 P_1 相对于决策属性 Ab_1、Ab_2、Ab_3 的真实度，根据式（8-15）得

$$\beta_{P_1}^{Ab_1} = SIM(P_1, Ab_1) = \frac{M(P_1 \cap Ab_1)}{M(P_1)} = \frac{3.2}{6.1} = 0.52$$

$$\beta_{P_1}^{Ab_2} = SIM(P_1, Ab_2) = \frac{M(P_1 \cap Ab_2)}{M(P_1)} = \frac{4}{6.1} = 0.66$$

$$\beta_{P_1}^{Ab_3} = SIM(P_1, Ab_3) = \frac{M(P_1 \cap Ab_3)}{M(P_1)} = \frac{0.7}{6.1} = 0.11$$

显然，P_1 相对于决策属性值 Ab_1、Ab_2、Ab_3 的真实度都小于事先设置的阈值 0.8，所以需继续对该节点进行划分。同理，属性 P_2 的结点同样都需要继续进行划分。而对于 P_3 相对于决策属性 Ab_1、Ab_2、Ab_3 的真实度为 0.91，大于事先设置的阈值 0.8，无需继续划分。

步骤 3　继续对子分支进行分割

当划分 P_1 分支时，首先计算属性 P_1 相对于 E、F、O 的模糊分割。计算属性相对于 E 的模糊分割，属性 E 取 3 个值：E_1、E_2、E_3，所以模糊分割为 $P_1\cap E_1$、$P_1\cap E_2$、$P_1\cap E_2$，它们是 3 个模糊子集。下面分别计算 3 个模糊集的平均模糊分类熵，以此作为左子树根节点的依据。

先计算 3 个模糊子集相对于 Ab_1、Ab_2、Ab_3 的相对频率。计算 $P_1\cap E_1$ 的相对频率

$$p_{P_1\cap E_1, Ab_1}^{P\cap E} = \frac{M(P_1\cap E_1\cap Ab_1)}{M(P_1\cap E_1)} = \frac{2}{3.6}$$

$$p_{P_1\cap E_1, Ab_2}^{P\cap E} = \frac{M(P_1\cap E_1\cap Ab_2)}{M(P_1\cap E_1)} = \frac{2.8}{3.6}$$

$$p_{P_1\cap E_1, Ab_3}^{P\cap E} = \frac{M(P_1\cap E_1\cap Ab_3)}{M(P_1\cap E_1)} = \frac{0.5}{3.6}$$

然后计算 $P\cap E_1$ 的模糊分类熵

$$Entri_1^{(P\cap E)} = Entri_{E_1}^{P\cap E} = -\frac{2}{3.6}\log_2\frac{2}{3.6} - \frac{2.8}{3.6}\log_2\frac{2.8}{3.6} - \frac{0.5}{3.6}\log_2\frac{0.5}{3.6} = 1.1487$$

同理，计算 $P_1\cap E_2$，$P_1\cap E_2$ 的模糊分类熵

$$Entri_2^{(P\cap E)} = Entri_{E_2}^{P\cap E} = 1.1967$$

$$Entri_3^{(P\cap E)} = Entri_{E_3}^{P\cap E} = 0.7271$$

然后，计算属性 $P\cap E$ 的平均模糊分类熵。

$$E_{P\cap E} = \sum_{j=1}^{3}\left(\frac{M(T_j^{(P\cap E)})}{\sum_{j=1}^{3} M(T_j^{(P\cap E)})}\right) Entri_j^{(P\cap E)}$$

$$= \left(\frac{M(T_1^{(P\cap E)})}{\sum_{j=1}^{3} M(T_j^{(P\cap E)})}\right) Entri_1^{(P\cap E)} + \left(\frac{M(T_2^{(P\cap E)})}{\sum_{j=1}^{3} M(T_j^{(P\cap E)})}\right) Entri_2^{(P\cap E)} + \left(\frac{M(T_3^{(P\cap E)})}{\sum_{j=1}^{3} M(T_j^{(P\cap E)})}\right) Entri_3^{(P\cap E)}$$

$$= \frac{3.6}{3.6+2.2+1.3} \times 1.1487 + \frac{2.2}{3.6+2.2+1.3} \times 1.1967 + \frac{1.3}{3.6+2.2+1.3} \times 0.7271$$

$$= 1.0864$$

类似的，对属性 $P_1\cap F$，$P_1\cap O$ 有 $E_{P_1\cap F} = 1.0197$，$E_{P_1\cap O} = 1.0564$。显然，$E_{P_1\cap F}$ 为最小的平均模糊分类熵。所以选择 F 属性来划分 P_1 分支后的样例集合，根据 F 属性的两个属性值生成 2 个分支，然后通过真实度判断其是否需要继续进行划分。

通过逐步计算，最后可以得到如图 8-9 所示的模糊决策树。

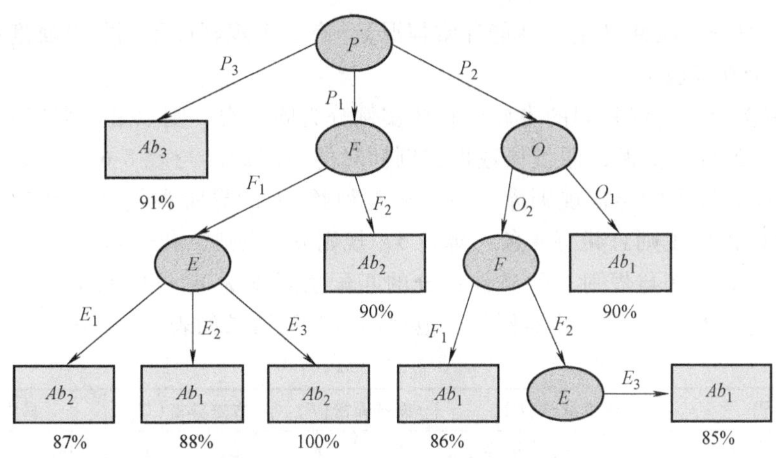

图 8-9　由表 8-6 所示的数据集训练所得的模糊决策树

步骤 4　针对图 8-9 的模糊决策树，得到 8 条模糊规则：

规则 1　如果人员异常状态 P 是 P_3，则生产异常种类 Ab 为 Ab_3（规则真实度为 0.91）。

规则 2　如果人员异常状态 P 为 P_1，设备异常状态 F 为 F_1，环境异常状态 E 为 E_1，则生产异常种类 Ab 为 Ab_2（规则真实度为 0.87）。

规则 3　如果人员异常状态 P 为 P_1，设备异常状态 F 为 F_1，环境异常状态 E 为 E_2，则生产异常种类 Ab 为 Ab_1（规则真实度为 0.88）。

规则 4　如果人员异常状态 P 为 P_1，设备异常状态 F 为 F_1，环境异常状态 E 为 E_3，则生产异常种类 Ab 为 Ab_2（规则真实度为 1）。

规则 5　如果人员异常状态 P 为 P_1，设备异常状态 F 为 F_2，则生产异常种类 Ab 为 Ab_2（规则真实度为 0.90）。

规则 6　如果人员异常状态 P 为 P_2，方法异常状态 O 为 O_2，设备异常状态 F 为 F_1，则生产异常种类 Ab 为 Ab_1（规则真实度为 0.86）。

规则 7　如果人员异常状态 P 为 P_2，方法异常状态 O 为 O_2，设备异常状态 F 为 F_2，环境异常状态 E 为 E_3，则生产异常种类 Ab 为 Ab_1（规则真实度为 0.85）。

规则 8　如果人员异常状态 P 为 P_2，方法异常状态 O 为 O_1，则生产异常种类 Ab 为 Ab_1（规则真实度为 0.90）。

3. 基于模糊决策树的异常定位分析

生产异常定位的主体思路为：

1）当系统收到一个标识了异常标签的生产性能异常事件时，系统依据产品 ID 与性能种类，从决策树规则库中调出相应的异常溯源规则库。

2）针对实时异常性能信息，从生产异常规则库中，匹配获得可能导致生产异常的多种规则，并分析各种规则的隶属度与真实度。

3）依据各规则的隶属度与真实度，从多个生产异常规则中选出可能性最大的异常发生规则，具体步骤如下：

① 对每一条分类规则，计算实例与条件部分匹配的隶属度，作为实例属于某类的隶属度。

② 如果针对分类属性（生产性能异常情况），有多个规则以不同的隶属度将此实例分为同一类，则取最高隶属度。

③ 如果有多个规则以相同的隶属度将此实例分为同一类，则取最高真实度的规则。

考虑表 8-7 的分析实例，假设该数据实例针对的生产产品与表 8-6 的产品相同，可以调用针对表 8-6 所提炼出的异常规则库。由于异常种类 Ab 的异常种类 Ab_1 已知，在决策树规则库中，与之匹配的规则总共有 4 条：规则 3，规则 6，规则 7 和规则 8。

考虑实例，该实例与规则 3 的条件部分的匹配隶属度为 $\min\{0.7, 0.9, 0.7\}=0.7$，规则 3 的可信度为 88%。同理，此实例与其他规则的匹配结果如表 8-8 所示。

表 8-7　数据实例

人员异常(P)			环境异常(E)			设备异常(F)		方法异常(O)		异常种类(Ab)		
P_1	P_2	P_3	E_1	E_2	E_3	F_1	F_2	O_1	O_2	Ab_1	Ab_2	Ab_3
0.7	0.3	0.0	0.2	0.7	0.1	0.9	0.1	0.2	0.8	1.0	0.0	0.0

表 8-8　实例与 4 条规则的匹配结果

规则序号	条件隶属度	规则真实度
3	0.7	0.88
6	0.3	0.86
7	0.2	0.85
8	0.1	0.90

针对该实例，在匹配的 4 条规则中，最高隶属度为 0.7，即规则 3，其真实度为 0.88。故将规则 3 的制造因素异常情况，作为导致该项异常的主要原因，并将其传递给生产管理

者，为管理者进行生产调度提供参考。

复习小结

制造系统性能实时分析是在获取的多源信息的基础上，通过数据增值运算，为上层管理者提供重要的实时生产过程关键性能信息，并识别生产异常原因。本章从制造系统性能实时分析的需求出发，分析了物联制造执行过程中的关键事件，构建了基于分层时间着色Petri网的关键事件模型，并基于决策树对生产过程实时性能分析。本章内容为智能制造模式下制造系统性能实时分析提供了有效的参考。

习题

8-1 请简述物联制造执行系统性能分析的体系构架及各模块的主要功能。

8-2 物联制造执行系统的关键事件指标有哪些？

8-3 图8-10给出了一个简单的生产加工过程，即某装配站将一个A，三个B，一个C三种零件按示意图的装配工艺装配成一个部件，请绘制相应的Petri网模型。

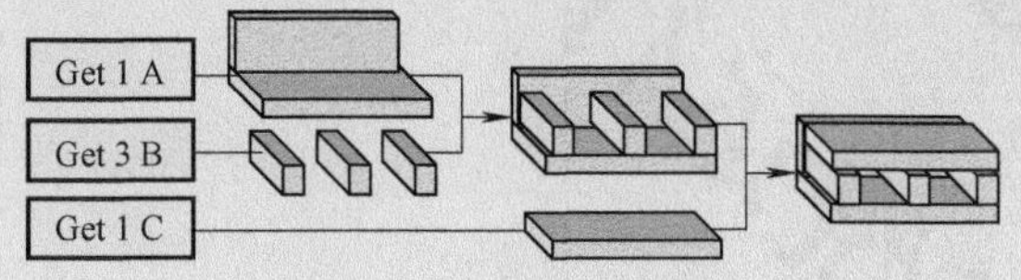

图8-10 加工过程示意图

8-4 基于决策树的生产过程性能分析的主要步骤有哪些？

8-5 请给出获得针对表8-6所示数据的模糊决策树的详细步骤。

第9章 制造系统运行过程协同优化方法

知识点

1. 基于多 Agent 技术的制造系统运行过程协同优化体系包括：多 Agent 系统及其结构、基于多 Agent 系统的制造任务动态调度体系构架。

2. 多 Agent 系统的通信与交互包括：Agent 间的通信模式、Agent 间的通信语言、MAS 中 Agent 的交互。

3. 设备 Agent 包括：数据获取、应用服务。

4. 任务分配 Agent 包括：博弈论、基于非合作博弈的任务分配问题、模型概述、效益函数。

5. 实时调度 Agent 包括：遗传算法简介、基于遗传算法的实时调度。

6. 运行过程监控 Agent 包括：数据资源服务、在制品跟踪。

7. 基于 JADE 的多 Agent 系统包括：JADE 概述、JADE 上的 Agent 平台、Agent 间的交互。

9.1 基于多 Agent 技术的制造系统运行过程协同优化体系

在分布计算领域，人们通常把在分布式系统中持续发挥作用的、具有自主性、交互性、反应性、主动性的计算实体称为 Agent。

9.1.1 多 Agent 系统及其结构

1. 多 Agent 系统

多 Agent 系统（Multi-Agent System，MAS）是多个 Agent 组成的集合，通过协作完成某些任务或达到某些目标的计算机系统，它表现出自组织性、鲁棒性、分布性以及很强的复杂行为。

多 Agent 系统具有以下几个特征：

1）松耦合性。多 Agent 系统中的 Agent 之间是松耦合的关系，每个 Agent 都能够独立完成特定的任务。即使某个 Agent 出现故障，也不会影响到其他 Agent 的工作，与其功能相似的 Agent 能够代替其执行相应的任务。

2）灵活性。主要体现在两个方面：多 Agent 系统内部的协作、协商都是由各个 Agent 自主完成，不需要人为的参与；如果要将 Agent 加入或者移出系统，只需要把 Agent 直接添加或删除，而不会影响其他 Agent 的工作。

3）具有分布式优势。系统中各个 Agent 相互独立，它们通过自己的方式处理问题，不影响其他 Agent 的正常行为。

4）采用集成系统的运作方式。多 Agent 系统内部的运作按照常规集成系统的控制方式实现系统内部 Agent 的管理，例如通过接口、应用或问题参数来访问 Agent。

2. 多 Agent 系统的结构

多 Agent 系统的结构决定了 Agent 间相互作用的方式和问题的求解结构，对求解效率和系统的运行性能影响很大。已有的多 Agent 系统结构可分为层次结构、联邦结构和完全自治结构。

（1）层次结构（Hierarchical architecture） 基于多 Agent 的系统一般采用改进的层次结构，其特点是在同一层次的单元之间存在信息交互，不同层次的单元之间是一种松散的“主/从”关系，下层单元虽然在上层单元的控制下，但具有一定的自治性和智能性。控制方式是：由上层单元启动下层单元，并由该单元发起同层与之相关联单元的协商过程。当发生重要事件或下层单元不能达成一致而影响系统的整体目标时，才由上层单元进行协调。这种层次的优点在于：对扰动的反应时间短，可靠性高，容错能力强，允许在上层单元有故障的情况下下层控制模块能自主地运行一段时间。

（2）联邦结构（Federation architecture） 联邦结构引入了基于中间协调器 Agent（mediator）的协调机制。协调器将一组 Agent 聚集成为 Agent 集合，集合内部的 Agent 通过协调器进行通信和行为协调，同时协调器代表整个 Agent 集合与系统中的其他协调器或 Agent 进行通信和行为协调。

联邦结构通过中间协调器 Agent 减少了多 Agent 系统中 Agent 间的协调活动的开销，保证了系统的稳定性和扩展性。

（3）完全自治结构（Architecture of autonomous agents） 具有完全自治结构的多 Agent 系统中的所有 Agent 都是自治和平等的。一般认为自治 Agent 具有下列特性：①不受其他软件的 Agent 或人的控制和管理，无中心控制 Agent；②可以直接与系统中的任何 Agent 以及外部系统进行通信或交互；③它应具有系统中其他 Agent 及环境的知识；④具有自己的利益目标和相应的动机。因此这种系统的优势在于：具有较高的系统敏感性，大大提高了系统的容错能力；统一的系统结构及相互间的协商形式，提高了系统的模块化程度和柔性，减小了系统的复杂性，并有利于降低系统的开发成本。

完全自治结构的缺陷主要表现为：

1）缺乏全局信息和全局连贯性。因为每个 Agent 总是试图达到自身的目标，而不考虑全局目标。

2）很难预测系统行为。Agent 之间的相互作用使得系统具有不稳定的动态特征，因而很难预测系统的行为，往往存在“死锁”和“活锁”。

3）通信开销大。系统的 Agent 相互共享信息和知识。当规模较大时，系统中 Agent 的数量随之增加，系统通信量会大大增加。

4）对协调规则的高敏感性。该结构多采用基于规则的隐式协调方式，例如在基于多 Agent的制造系统中，应用较多的是基于市场规则的协调。在这类系统中，市场规则的较小变化和调整也会引起系统行为的较大变化。

因此，完全自治的系统结构只适用于规模较小的系统，例如应用自治 Agent 方法开发一个分布式的智能设计系统。对于系统功能复杂、Agent 数量大、Agent 类型多样的系统是不合适的。

9.1.2 基于多 Agent 系统的制造任务动态调度体系构架

为了说明实时的动态调度在主动感知车间中的实施，构建了基于多 Agent 系统的制造任务动态调度体系构架图，如图 9-1 所示。首先通过安装在机器上的射频识别（Radio

Frequency Identification，RFID）来获取车间中动态的制造信息。在工艺计划阶段，根据每台机器的实时状态和机器的性能进行任务的分配。最后在制造执行阶段，通过实时的制造数据来进行重调度。

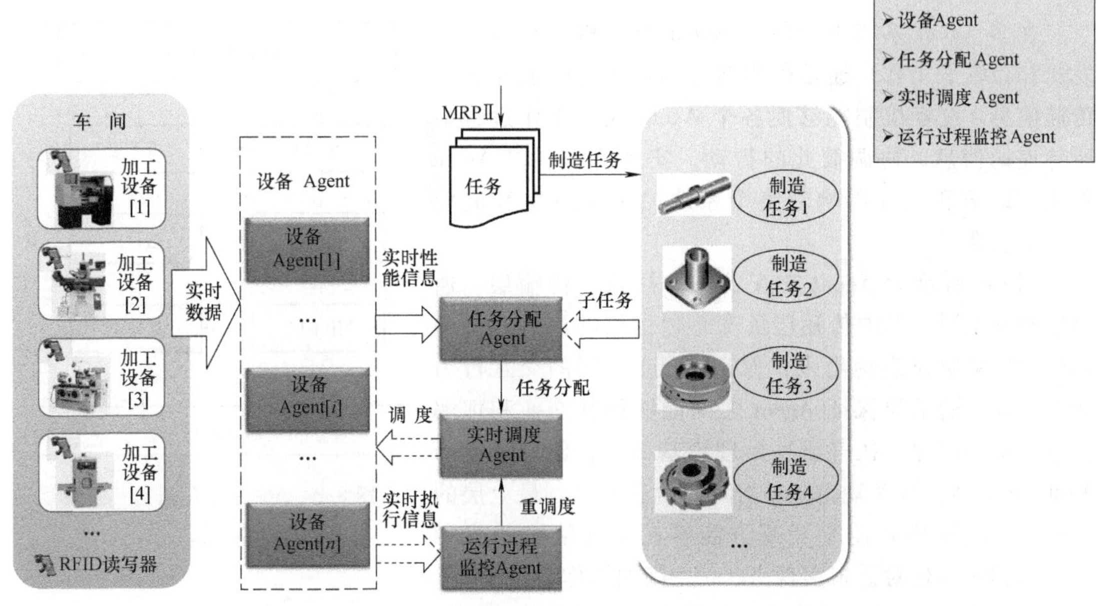

图 9-1　多 Agent 系统的制造任务动态调度体系构架图

在此体系构架中共有四类 Agent 共同完成车间动态调度，它们的简要描述如下：

1）设备 Agent（Machine Agent）。每个设备 Agent 对应一台加工设备，并通过设备接口与该加工设备相连接。通过 RFID 采集加工设备的实时制造数据和加工设备的状态信息并进行相应的处理，以获取其关键的制造信息。设备 Agent 根据自身的加工能力、运行状态和设备分配 Agent 要求，与其他机器的 Agent 协商确定制造任务的加工。设备 Agent 对所获得的加工任务通过实时调度 Agent 进行调度。它存储的信息包括两部分：一是对应物理资源的加工与工艺的能力数据库；二是各个物理资源的状态数据库，包括运行状态数据、负荷状态数据、实时调度 Agent 的调度数据等。通过设备 Agent，还可以将加工设备的实时状态信息及时地输入到相关的 Agent 中。

2）任务分配 Agent（Task Allocation Agent）。当将制造任务分解为多个子任务后，任务分配 Agent 通过设备 Agent 采集到的机器实时性能信息，通过博弈的方法将任务分配给最优的机器。

3）实时调度 Agent（Real-time Scheduling Agent）。实时调度 Agent 是此制造任务动态调度体系中的核心。它给出了调度的数学模型和智能算法，当有异常事件发生时，运行过程监控 Agent 根据异常事件的类型，请求实时调度 Agent 进行重调度，来优化生产过程中每个工序的开始时间和完成时间。

4）运行过程监控 Agent（Process Monitor Agent）。运行过程监控 Agent 可以采集和处理不同制造资源的实时状态信息。在制造执行阶段，通过对车间扰动的实时追踪，保证车间动态调度的实现。

9.2 多 Agent 系统的通信与交互

在多 Agent 系统中，各个 Agent 通过相互间的消息发送和接收来工作。通信使得各个 Agent 之间能够相互传递信息。交互机制能够使各个 Agent 根据工作过程中所传递的信息，协调彼此的行动，实现合作。多 Agent 系统的通信和交互影响着整个系统的工作效率和健壮性、扩展性。

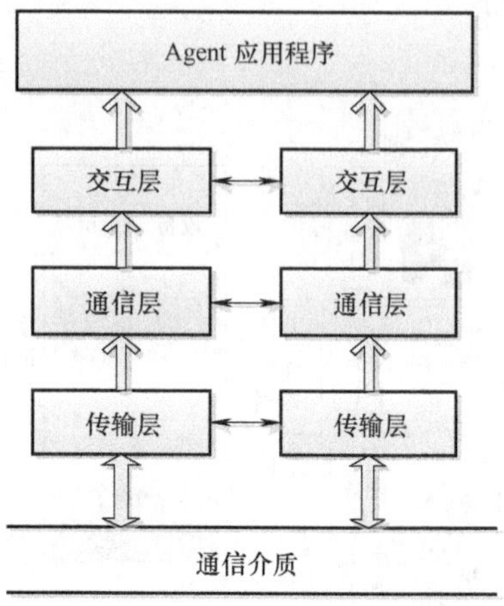

图 9-2 Agent 通信与交互模型结构图

图 9-2 所示为 Agent 交互的三个层次：传输层、通信层和交互层。其中传输层负责将通信层的消息以某种具体的网络协议表达出来，保证 Agent 之间的交互行为能够实现。通信层保证 Agent 之间能够相互交换和理解信息。这一层建立在言语行为理论基础上，使用特定的 Agent 通信语言来实现 Agent 之间的信息交互。最上层的交互层，其作用是使交互双方能够在交互策略的指导下，通过一系列对话来实现 Agent 之间的协作与协商。

下面将介绍 MAS 系统的通信与交互模型中的通信层和交互层。

9.2.1 Agent 间的通信模式

多 Agent 系统的通信模式有很多种，不同的多 Agent 系统根据系统需要和对消息实时性要求的不同所采用的通信方式也不同。现有的多 Agent 通信模式主要有以下四种：消息传递模式、黑板模式、基于公共对象请求代理体系结构（Common Object Request Broker Architecture，CORBA）的远程调用模式和多种通信混合模式。

1. 消息传递模式

消息传递模式是面向对象系统中常用的方法，如远程过程调用、远程函数调用等。在消息传递模式中，Agent 之间采用点对点传递信息的方法，这种方法保密性好、实时性高。Agent 之间通信时，两个 Agent 直接进行消息变换。发送 Agent 通过目标的名字或者地址，指定唯一的接收对象，除了指定对象以外，其他 Agent 不能解读消息内容。两个通信的 Agent 之间通过“发送消息-应答消息”的模式进行通信。

2. 黑板模式

黑板模式是把信息放在可存取的“黑板”上，实现广播通信。黑板提供公共工作区（共享的资源区），每个 Agent 可以在黑板上发布消息，也可以从黑板上读取其他 Agent 发布的信息，但它不需要阅读所有信息，而是采用过滤器提取当前工作中有用的部分。在黑板模式中，Agent 之间不用相互了解。然而这种方式实时性不高，不能满足紧急情况的要求。

3. 基于 CORBA 的远程调用模式

在 Agent 之间进行通信时，Agent 以 IDL（Interface Dedinition Language）作为 CORBA 对象的方式向对象请求代理（Object Request Broker，ORB）注册，同一个 Agent 系统中的

Agent之间以CORBA远程过程调用（Remote Procedure Call，RPC）进行通信，ORB屏蔽了本地对象与远程对象的差别，不同Agent系统之间的通信采用ORB之间标准的互联网内部对象请求代理协议（Internet Inter-ORB Protocol，IIOP）进行。

4. 多种通信混合模式

在大规模的多Agent系统中，一般采用多种通信模式混合的方式实现（The Foundation for Intelligent Physical Agents，FIPA）和CORBA结合，在同一个Agent系统内部使用FIPA-ACL以消息传递方式通信，不同Agent系统之间采用基于CORBA的通信方式。

9.2.2 Agent间的通信语言

Agent一般应用于网络环境中，有时要跨多个平台，并且网络中各个平台使用的语言也不相同。为了实现Agent之间的通信，其主体通信语言（Agent Communication Language，ACL）需要具备三个特征：

1）非耦合性。要求在空间和时间上以非耦合方式协调Agent之间的交互。即当一个目标Agent不存在时，发送Agent也能发出信息。

2）联合声明。不需直接指出建立通信的Agent名称，而是通过网络声明一个需求模板，由对方根据相应的匹配机制找到符合要求的Agent。

3）关系分割。要求由主程序语言导出的ACL不受主程序语言的影响。

现实世界中两个Agent间的通信过程如下：

1）发送方将自己的信息翻译成通信所用语言的格式。

2）发送方将语言格式加载到通信传播载体中。

3）传播载体到达接收方。

4）接收方读取载体中的语言代码。

5）接收方将语言代码翻译成信息，理解发送方的信息。

目前国际上著名的ACL是由美国KSE（Knowledge-Sharing Effort）机构为解决大规模知识库的知识共享和再利用提出的知识查询处理语言KQML（Knowledge Query and Manipulation Language）和欧洲FIPA（Foundation for Intelligent Physical Agents）协会提出的FIPA-ACL语言。

1. 知识查询处理语言KQML

KQML是一种交换知识和信息的描述性语言，通过对Agent间传递消息的格式和消息处理的协议进行定义，提供了一套标准的通信原语来实现Agent间信息的交流和知识的共享。它既是一种表示格式，也是一种处理消息的协议。

如图9-3所示，KQML分为3层：内容层（content属性）、消息层（原语名、language、ontology等属性）和通信层（reply-with、in-reply-to、sender和receiver等属性）。内容层包含消息的实际内容，能够传送任何语言的编码表达式。消息层作为KQML的核心，用于对两个应用程序

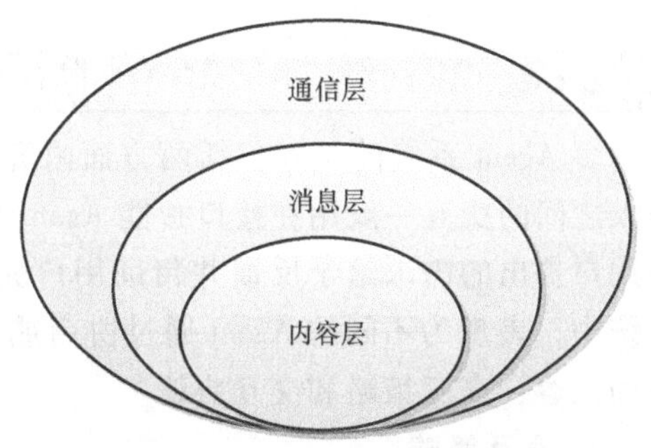

图9-3 KQML的层次结构

之间的消息传输进行编码。通信层的一个重要功能就是对传递消息的协议进行标识。

KQML 对 Agent 间传递消息的标准语法和一些行为原语进行了定义，其主要特征为：KQML 消息携带的内容不透明，它不仅能够完成对某种语言中句子的通信，还能传递与内容相关的语气；KQML 原语定义了 Agent 之间通信时可能要进行的被请求或允许的操作。

KQML 通过对消息格式和消息传送系统的定义，为多 Agent 系统通信和协作提供了一组识别、连接建立和消息互换的协议。

下面是一个 KQML 消息的例子：

```
(ask-one                                    (tell
:sender Wang                                :sender server price
:content (PRICE HUAWEI server? price)       :content (PRICE HUAWEI server 250.0)
:receiver server price                      :receiver Wang
:reply-with server HUAWEI                   :in-reply-to server HUAWEI
:language LAN_01                            :language LAN_01
:ontology K_01)                             :ontology K_01)
```

这里的直观解释是 Agent Wang 发送一条 KQML 消息查询华为服务器的价格。对于查询消息，KQML 原语是 ask-one，内容是（PRICE HUAWEI server? price），实体术语集是 K_01，接收者是 server price，查询采用 LAN_01 语言写成。content 的值构成了 KQML 信息的内容层，sender、receiver、reply-with 的值构成了 KQML 信息的通信层，language、ontology 的值构成了 KQML 信息的消息层。

2. FIPA-ACL 通信语言

FIPA-ACL 包括协议、通信动作、基本消息、语言内容和本体机制五个部分。协议对构造 Agent 间对话的社会规则进行了定义；通信动作定义了被执行的通信类型；基本消息定义关于 Agent 消息的元消息；语言内容定义了表达消息的语义；本体机制对语义表达中使用的术语和概念的词汇及意义进行了定义。

Java Agent 开发框架（Java Agent Development Framework，JADE）是一个遵循 FIPA 规范，旨在开发符合 FIPA 标准的多 Agent 系统或程序的开发框架。JADE 之间的通信采用符合 FIPA 规范的 ACL 语言，通常一个 ACL 包含消息的发送者、接收者、通信类型、消息内容、描述语言、本体库等参数。JADE 主要包括三个部分：符合 FIPA 标准的 Agent 平台、开发 Java Agent 应用的运行时库、一系列的图形化的管理和监测 Agent 运行的工具，它的目标是简化 Agent 系统的开发过程与难度。

9.2.3 多 Agent 系统中 Agent 的交互

多 Agent 系统的交互包括两方面内容：Agent 与人的交互以及 Agent 之间的交互。Agent 与人之间的交互一般用在接口智能 Agent 中，此类 Agent 是通过 Agent 与人之间的交互界面，对用户提出的需求给予反馈并帮助用户完成复杂的任务。Agent 之间的交互一般在多 Agent 系统中，表现为不同的 Agent 通过协商或竞争达到对问题的求解。Agent 之间的交互包括两方面内容：交互策略和交互协议。

1. 交互策略

交互策略是对所求问题的分析、对相关 Agent 情况的了解以及对相关交互协议的分析。

交互策略的主要问题是通过对各方面问题的综合分析来确定 Agent 在交互过程中的表现行为。例如以下给出了一个简单的适于动态交互策略指定的框架：

X 交互协议的选择	Y 交互过程运作	Z 交互例外的处理
X1 分析当前的问题	Y1 承诺当前的协议	Z1 分析例外情况
X2 预测其他 Agent 的行为	Y2 监控当前的协议	Z2 评价当前的交互协议
X3 分析备选行为		

首先，步骤 X 描述了 Agent 对交互协议的选择行为，此行为发生的条件是遇到了新问题，或是经过步骤 Z，确定了重新选择协议的要求。这个步骤完成需要 X1、X2、X3 三个方面的分析，最终给出选定的协议。步骤 Y 描述了 Agent 之间交互行为的过程，通过对选定协议的承诺，保证按照协议的要求实施交互行为；而且还有独立的机制在交互过程中监控 Agent 实施协议的情况，如果有超出协议的情况发生，则进入步骤 Z。步骤 Z 对例外的情况进行分析并对当前的交互协议重新评价。

2. 交互协议

交互协议是对 Agent 信息交换过程的抽象和规定，直接反映了 Agent 之间的交互目的和交互规则。

根据交互协议作用的时间可分为长期协议、中期协议和短期协议。长期协议规定了 Agent 在很长一段时间内的交互规则，例如基于组织结构的协议，通过将 Agent 定义为对应的“角色”，使得在这种“角色”关系变化前，这个 Agent 都必须履行这个“角色”对应的承诺并且按照这个“角色”的要求进行活动和交互。相反，短期协议给出 Agent 在某个具体任务中的交互规则，这个规则有可能是一次性的，如合同网协议等，Agent 只在此具体任务中遵守协议规定，任务一旦完成，协议也就终止。中期协议介于前两者之间，它一般是基于规划的交互协议，如局部广域规划等，首先强调 Agent 之间在将来一段时间的活动规划并进行交互协商，形成一个广域的规划，再按照广域规划修正自己的局部规划，来指导未来一段时间的行为。

根据目的的不同，交互协议可以分为基于协作的交互协议和基于协商的交互协议，简称为协作协议和协商协议。协作协议强调交互的各方具有一致的或暂时一致的利益关系，协议的目的是使 Agent 之间能够相互合作以达到共同的目标。协商协议是一种竞争性或自利性的交互协议，此协议的目的是追求 Agent 自身利益的最大化。

针对不同的应用，现已有多种协作协议，如合同网协议、结果共享协作、市场机制等。

（1）合同网协议　合同网协议是一种面向谈判的任务分配和合作机制，它借鉴了市场中招标-投标-中标的机制，在 Agent 之间将投标值作为任务分配的依据，通过相关 Agent 之间的协作和任务竞争来解决动态、分布、自适应的任务分配问题，从而使局部最优。

（2）结果共享协作　结果共享协作是 Agent 在某一子问题得出结果之前静态地进行任务的分配，当求该子问题的结果时，根据协作知识判断哪些 Agent 需要这一结果并将结果传送给相应的 Agent，接收到结果的 Agent 可以通过不同的方式利用该结果。

（3）市场机制　市场机制是通过 Agent 技术对电子商务和虚拟企业进行研究后出现的协作方法，该方法针对分布式资源分配的特定问题，建立相应的计算经济，使 Agent 之间通过最少的通信来协作多个 Agent 间的活动。

常见的协商协议有自动协商、基于意图的协商和基于辩论的协商等。

（1）自动协商　自动协商是将协商看成多 Agent 环境下联合意图转换的一个认知过程，通过一个量化的基于 Agent 模型的逻辑语言来表达和推理 Agent 的意图，用公理和推论的逻辑方法来构建协商模型。

（2）基于意图的协商　基于意图的协商是将 Agent 的信念、愿望、意图理论应用到协商中，不使用子规划，而是使用意图进行的协商。Agent 在协商时不交换各个子规划，而交换意图，减少了通信量。

（3）基于辩论的协商　基于辩论的协商是发起 Agent 提出初始建议，接受 Agent 产生支持或反对的建议并评估此建议。如果建议不被接受，则提出反对论据或替代的反建议。重复这一过程直到某个建议被所有参与者接受，或者协商失败。美国卡内基梅隆大学的 KP Sycara 提出了以劳资谈判为背景的非协作类 Agent 交互，并给出了基于实例推理和多属性效用优化理论的“劝说性辩论”协商模型。

9.3　设备 Agent

设备 Agent 负责处理自动识别设备所感知到的车间中复杂的实时信息。一方面，设备 Agent通过连接和集中管理多种自动识别设备，按照特定的逻辑流程来获取实时的制造数据；另一方面，设备 Agent 还被用来处理获取的实时制造数据并提供相应的应用服务。

设备 Agent 模型如图 9-4 所示，此模型包含两部分：数据获取和应用服务。

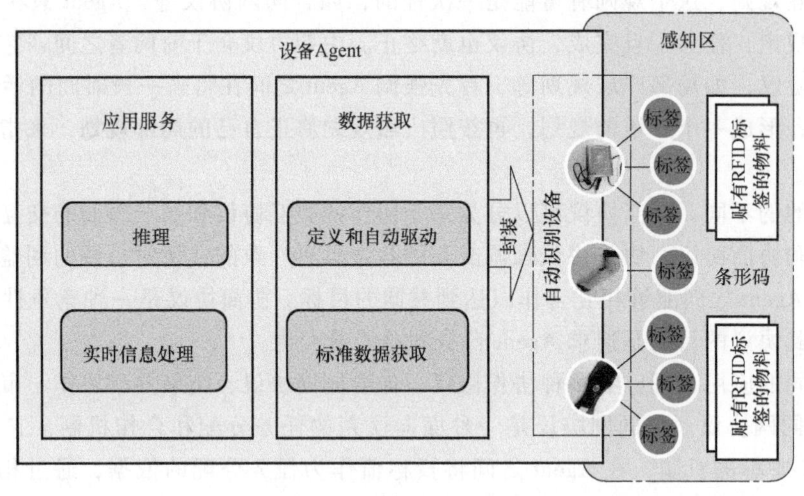

图 9-4　设备 Agent 模型

1. 数据获取

本部分负责管理自动识别设备在机器上的安装，并获取制造资源的动态数据。它由两个模块组成：定义和自动驱动模块、标准数据获取模块。

定义和自动驱动模块用来封装各种异构的自动识别设备驱动程序以形成一个驱动程序库，这个驱动程序库可以使新插入的自动识别设备成为“即插即用”设备。此模块中包含两种驱动模式：标准接口驱动和第三方驱动。

标准数据获取模块负责封装异构的自动识别设备的标准方法，以使它们的感知功能可以容易地调用在一个统一模式下。在此模块中包含两种类型的标准方法：readingData (Parameter [1], Parameter [i]) 和 writingData (Parameter [1], Parameter [i])。

2. 应用服务

此部分的目的是通过自动识别设备获取的制造数据来提供相应的增值信息，它包含两个模块：推理模块和实时信息处理模块。

推理模块可以提高设备 Agent 的智能性，它使设备 Agent 知道哪种类型的制造资源正在进入或者离开机器，并采用基于规则的方法缩短设备 Agent 在实时制造环境中做决定的时间。

实时信息处理模块用来处理自动识别设备所获取的各种实时数据。和推理模块相比，此模块关注如何形成更多有意义的实时制造信息。

9.4　任务分配 Agent

本节通过市场机制来解决机器之间对同一工序的竞争冲突，引入基于非合作博弈的标价模型，设计了设备 Agent 的效益函数，给出了该函数的最优反应函数。根据这一模型，给出了有效合理的任务分配策略。

9.4.1　基于非合作博弈的任务分配问题

在制造资源实时感知的车间中，如何给相关的工序分配合适的设备成为动态调度的关键问题之一。为了描述方便，给出定义的基本符号，见表 9-1。

表 9-1　基于非合作博弈的设备分配问题基本符号

符　号	含　义
i	可选设备集编号，取值为 1，…，N
$-i$	第 i 台设备以外的设备集合
S_i	第 i 台设备竞价，即设备博弈者所采取的策略
s	所有设备竞价组合的向量
$x_i(s)$	第 i 台设备在竞价 s 下的份额向量
$U_i(x(s))$	第 i 台设备的效益函数

其中三个基本参数为

1）参与者。可选设备集 1，…，N。

2）策略。各个可选设备集的标价 S_1，…，S_N。

3）效益函数。$U_i(x(s))$。

首先给出设备分配过程中关于非合作博弈的定义。

定义 9.1：在博弈 $G=\{N, S, U\}$ 中，各个可选设备参与者在任意给定的标价策略组合下，都存在一个策略 S_i^*，使得对于任意 $S_i \neq S_i^*$，都有 $u_i(S_1, \cdots, S_i^*, \cdots, S_n) > u_i(S_1, \cdots, S_i, \cdots, S_n)$，称 S_i^* 为参与者 i 的严格优策略。

定义 9.2：在博弈 $G=\{N, S, U\}$ 中，对所有可选设备参与者 i 而言，如果都存在 S_i^* 为严格优策略，那么可选设备标价策略组合 $s^* = (S_1^*, \cdots, S_i^*, \cdots, S_n^*)$ 就称为严格优策略均衡，也称为纳什均衡。

当各个可选设备 Agent 处于纳什均衡点时，则

$$S_i^* = G_i(S_{-i}) = \mathrm{argmax} U_i(S_i, S_{-i}^*), i \in \{1, \cdots, N\}$$

即每个参与者不愿单方面改变自己的策略的点，同时纳什均衡点也是对任意可选设备 Agent 效益函数 U_i 最大值的点。

9.4.2 模型概述

如图 9-5 所示为基于非合作博弈的资源标价模型。在任务分配阶段，工序 i 的可选设备数为 N。由于这 N 台设备对同一工序进行加工请求，会引起对工序的争夺，利用设备 Agent 的效益函数可以协调对资源的竞争。

在竞价模型中，工序被视为商品，各个设备 Agent 就是商品的购买者（博弈参与者）。此时设备 Agent 要获得商品，只有通过购买方式才能得到。比如在任务分配过程中，工序的可选设备为了获得工序的加工权，提交为获得此加工权的支付费用（标价）和自身的效益函数。任务分配 Agent 根据各可选设备提交的支付费用和效益函数，求出使各个设备 Agent 效益函数值最大的分配方案。在此分配方案中，占权重最大的设备 Agent 获得此工序的加工权。

在标价模型中，各个可选设备（博弈参与者）提交的价格不是任意的，而是通过车间中实时的状态信息来决定报价多少。

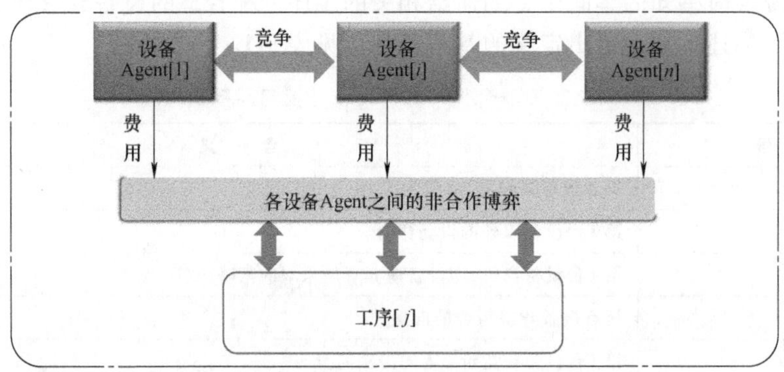

图 9-5 基于非合作博弈资源标价模型

9.4.3 效益函数

由于效益函数影响各个可选设备的分配问题，因此设计一个合理的效益函数是本节的关键环节。当可选设备集（博弈参与者）i 向工序提交一个投标价格 S_i，设计如下份额和标价关系式

$$x_i(s) = \frac{S_i}{\sum_j S_j} = \frac{S_i}{S_i + S_{-i}} \tag{9-1}$$

且 $\sum_{i=1}^{n} x_i = 1$，可以看出份额是由各个设备 Agent 本身和其他设备 Agent 博弈参与者共同决定。

期望效益函数：第 N 个博弈参与者期望获得的收益，它是关于份额的函数。此处定义其期望效益函数为

$$V_i(x_i(s)) = \frac{-1}{C_i x_i} = \frac{-(S_i + S_{-i})}{C_i S_i} \tag{9-2}$$

由于各个设备 Agent 获得的收益不同，用期望效益函数调节因子 C_i 调节各博弈参与者期望函数的差别，则博弈参与者 i 的效益函数为期望效益函数与标价之差

$$\begin{aligned} U_i(x_i(s)) = V_i(x_i(s)) - S_i &= \frac{-(S_i + S_{-i})}{C_i S_i} - S_i \\ &= -\frac{1}{C_i} - \frac{S_{-i}}{C_i S_i} - S_i \end{aligned} \tag{9-3}$$

可知函数在零点时没有意义，除零点外效益函数连续可微。其一阶导数为

$$U'_i(x(s)) = V'_i(x_i(s)) - S'_i = \frac{S_{-i}}{C_i S_i^2} - 1 \tag{9-4}$$

令 $U'_i(x(s)) = 0$，则可得本模型最优反应函数为：$S_i = \sqrt{\frac{S_{-i}}{C_i}}$。则 $\max x_i(s)$ 的设备 Agent 获得工序的加工权。

9.5　实时调度 Agent

9.5.1　遗传算法简介

生产调度问题是现代集成制造系统（Contemporary Integrated Manufacturing Systems，CIMS）技术领域的重要研究内容，由于其具有随机性、约束复杂、规模大及多目标冲突等特点，使得许多问题都属于 NP-hard 问题。如何寻求有效可行的调度求解方案，一直是数学优化和人工智能领域的研究难点。近几年来，进化算法因其具备显著的寻优能力和鲁棒性能而备受关注。

遗传算法（Genetic Algorithm，GA）是近几年发展起来的一种崭新的全局优化算法，它借用了生物遗传学的观点，通过自然选择、遗传、变异等作用机制，实现各个个体适应度的提高。遗传算法广泛应用于各种寻优操作中，并已成为求解车间调度的主要方法之一。遗传算法求解车间调度问题的基本流程主要包括系统参数输入、编码（生成染色体）、算法参数设置（如种群、交叉概率、变异概率等）、遗传进化过程、选择出“最适应环境”的个体、解码和输出调度结果（如甘特图）等几个过程。

9.5.2　基于遗传算法的实时调度

为了实现车间的实时调度，需设计实时调度 Agent，整体模型如图 9-6 所示。实时调度

Agent 的输入包括从任务分配 Agent 得来的初始信息以及从运行过程监控 Agent 获取的实时制造执行信息。实时调度 Agent 输出的是所有设备的任务队列，包括一系列 $\{i, j, k, ST, FT\}$。此处的 $\{i, j, k, ST, FT\}$ 代表第 i 个任务的第 j 个工序被分配到设备 k 上加工，开始时间和完成时间分别是 ST 和 FT。

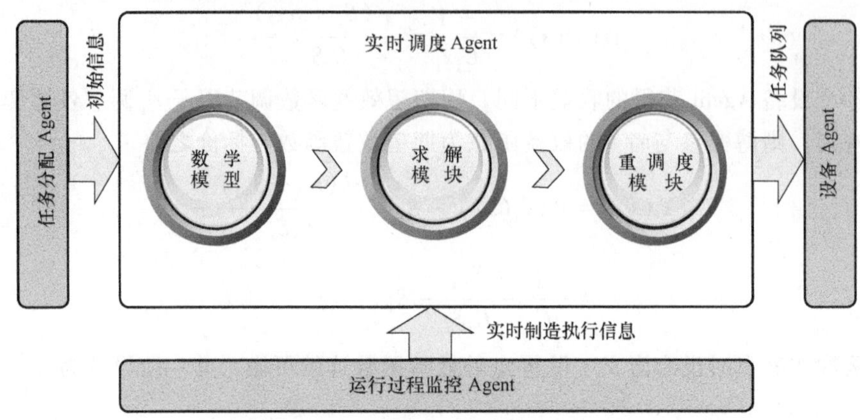

图 9-6　制造任务调度/再调度 Agent 模型

实时调度 Agent 包含三个部分：数学模型、求解模块和重调度模块。

1. 数学模型

在给出数学公式之前，首先定义相应的符号，具体见表 9-2。

表 9-2　符号及其定义

符　号	描　述
$M = \{m_1, m_2, \ldots, m_m\}$	制造设备的集合
$T = \{t_1, t_2, \ldots, t_n\}$	制造任务的集合
N_i	制造任务 t_i 对应的工序总数
$TP_i = \{tp_1, tp_2, \ldots, tp_{N_i}\}$	任务 i 的工序集合
(T_i, TP_j, M_k)	制造任务 T_i 的第 TP_j 道工序在制造设备 M_k 上加工
$ST(T_i, P_j, M_k)$	制造任务 T_i 的第 TP_j 道工序在制造设备 M_k 上的开始时间
$PT(T_i, P_j, M_k)$	制造任务 T_i 的第 TP_j 道工序在制造设备 M_k 上的加工时间
$D = \{d_1, d_2, \ldots, d_n\}$	任务交付时间集合

根据上述定义，建立数学模型如下：

目标函数

$$\min\{\max[ST(T_i, TP_{Ni}, M_k) + PT(T_i, TP_{Ni}, M_k)]\} \tag{9-5}$$

约束条件

$$ST(T_i, TP_{j+1}, M_a) - ST(T_i, TP_j, M_b) \geqslant PT(T_i, TP_j, M_b) \tag{9-6}$$

$$ST(T_x, TP_c, M_k) - ST(T_y, TP_d, M_k) \geqslant PT(T_y, TP_d, M_k)$$

或

$$ST(T_y, TP_d, M_k) - ST(T_x, TP_c, M_k) \geqslant PT(T_x, TP_c, M_k) \tag{9-7}$$

$$d_i - ST(T_i, TP_j, M_k) + PT(T_i, TP_j, M_k) \geqslant 0 \tag{9-8}$$

其中，$i, x, y \in [1, n]$，$j \in [1, N_i]$，$c \in [1, N_x]$，$d \in [1, N_y]$，$k, a, b \in [1, m]$。

式（9-5）为目标函数，首先取所有制造任务的最后一道工序完成时间的最大值，对于不同的调度结果，此值有所不同。随后最小化该值，则为最小化制造周期，即调度结果。式（9-6）为工序顺序约束，即同一任务的不同工序不能同时加工。式（9-7）为资源约束，即每台设备同一时刻只能加工一个制造任务。式（9-8）为交货期限约束。

2. 求解模块

根据目标函数以及约束条件，此模块采用智能算法来计算目标函数的最优解。考虑遗传算法已经在制造以及许多领域被广泛地研究、实验和应用，故在此实时调度 Agent 中采用此算法来解决所建立的调度问题。遗传算法求解问题具体描述如下。

（1）基因和染色体的设计　采用整数的方法形成相应的基因和染色体。每个基因由整数 i（$1 \leqslant i \leqslant n$）组成，$n$ 表示任务的总和。染色体由不同的基因和字符“-”通过一定的排序组成，它的长度由所有制造任务的工序总和来决定，即 $\sum_{i=1}^{n} N_i$。

对于每个染色体必须有相应的解码操作才能对该染色体进行评价，解码操作即解释染色体的意义。在染色体中，用一个数字 i 代表一个制造任务，同一数字出现在染色体中的不同位置代表该制造任务的不同工序。对于 n 个制造任务的染色体编码，若令制造任务 i 的工序数为 N，$N=N_1+N_i+\cdots+N_n$，则对于该 n 个制造任务的染色体分别是由 N_1 个 1，N_2 个2，…，N_n 个 n 等数字组成长度为 N 的排列。例如“1-2-1-3-1-2-3-2-3”代表了 3 个制造任务，每个任务有 3 个工序的染色体编码，该染色体包含了加工这 3 个制造任务的信息，即先加工任务 1 的第 1 个工序，然后任务 2 的第 1 个工序，然后任务 1 的第 2 个工序等直至所有任务完成，即得到一个调度结果。

（2）适应度函数　适应度函数用于对每个个体进行评价，也是遗传进化过程发展的依据。基于上述建立的车间动态调度数学模型，此处直接采用最小化最大完成时间作为适应度函数来评价染色体。

（3）遗传进化算子　遗传进化算子主要包括选择（selection）、交叉（crossover）和变异（mutation）。选择算子根据适应度的值选择个体遗传到下一代群体中，本系统的选择算子采用轮转法选择，其每个个体被选中的概率为

$$P(S^{(i)}) = \frac{\text{Fitness}(S^{(i)})}{\sum_{i=1}^{N} \text{Fitness}(S^{(i)})} \tag{9-9}$$

式中，$S^{(i)}$ 为种群中的第 i 个个体；$\text{Fitness}(S^{(i)})$ 为调度个体 S 的适应度；N 为种群中个体的数目。

交叉和变异算子的设计如下：

在调度问题中设计交叉操作最重要的标准是子代对父代优良特征的继承性和子代的可行性。在本文中，采用多点的交叉算子以保证生成染色体的合法性。具体实现过程如下：

1）在两个父个体（记为 P_1、P_2）中，随机选择两个交叉点 i、j（假定为 2、3），将 P_1、P_2 中的第 i 个编码到第 j 个编码位置作为交叉区域并记为 C_1、C_2，例如对于如下两个父个体：P_1：（1-2-1-3-2-3）和 P_2：（2-3-1-2-3-1），若随机选择 2、3 作为交叉点，则 P_1、P_2 中要交叉的区域为 C_1：（2-1）、C_2：（3-1）。

2）在父个体 P_1 中，从第 i 位向左依次查找 C_2 中所有的编码，并将这些编码置为“0”，此时 P_1 转化为（0-2-1-0-2-3）。

3）对于转化后的父个体 P_1 中的“0”编码，通过左移或者右移集中到交叉区域，而其他非“0”编码的相对顺序不变，即 P_1 转化为（2-0-0-1-2-3）。

4）将转化后的 P_1 交叉区域中的“0”编码替换为 C_1 的内容。

5）至此即可得到新的子个体，如父个体 P_1 交叉后得到的新子个体为（2-2-1-1-2-3）。

在传统的遗传算法中，变异是为了保持群体的多样性，它在单个染色体中改变一个或多个基因以产生新的后代。传统调度问题的遗传算法变异操作有变换变异、插入变异和逆转变异等。相比于一般的变异操作，可以设计一种新的变异操作来改善子代的性能。通过评价函数来评估染色体上每个基因的性能，并随机选取两个较劣基因的位置作为变异位置。

首先，令 p_i 表示基因（i）的性能，它的值取决于以下的函数

$$p_i = \frac{(St_i^j - pt_{i-1}^j) + (St_{i+1}^j - pt_i^j)}{pt_k^j - St_0^j} \tag{9-10}$$

式中，j 表示设备的地址；k 表示分配到设备 j 上的基因总数；St_i^j 表示基因（i）在设备 j 上加工的开始时间；pt_i^j 表示基因（i）在设备 j 上的加工时间；St_{i+1}^j 和 pt_{i-1}^j 分别表示在设备 j 上基因（$i+1$）加工的开始时间和基因（$i-1$）加工的完成时间。显然，p_i 的值越低，基因（i）的性能越高。

具体的变异算子设计如下：

1）选择一个父个体 P_1，将 P_1 中的每个基因用式（9-10）评价其性能。令 $M = \{(a_1, p_1), (a_i, p_i), \ldots, (a_m, p_m)\}$，其中 a_i 表示父个体 P_1 中基因的位置，p_i 表示父个体 P_1 中基因值的顺序。

2）按照 p_i 值的升序重新排列 M，此时 M 转化为 M'。在 M' 中，位置越靠后表示基因的性能越差。令 p' 作为判断基因性能的标准，如果 p_i 的值大于 p'，则说明在父个体 P_1 中 a_i 位置的基因是较劣的。a_i 表明了父个体中较劣基因的位置，并使 $IG = \{a_1, a_k, \ldots, a_i\}$。

3）随机在 IG 中选择两个元素 a_i 和 a_j（$i \neq j$）。在父个体 P_1 中，交换这两个较劣基因的位置，即可得到变异后新的染色体。

3. 重调度模块

在当前的企业管理中，实时调度扮演着非常重要的角色。在制造执行阶段，运行过程监控 Agent 监测实时的生产信息。当异常事件发生时，通过运行过程监控 Agent 反馈的实时制造信息，重调度模块首先识别异常事件的类型，然后实施完全重调度或部分重调度。完全重调度是对重调度之前未加工的所有工件集进行重调度，包含不受干扰影响的工件。部分重调度仅考虑受干扰直接或间接影响的工件，它通常处理如设备异常或临时任务等异常事件。

9.6 运行过程监控 Agent

运行过程监控 Agent 从设备 Agent 获取实时信息并发送到实时调度 Agent 中，如图 9-7

所示。运行过程监控 Agent 的工作逻辑包含三个层次。

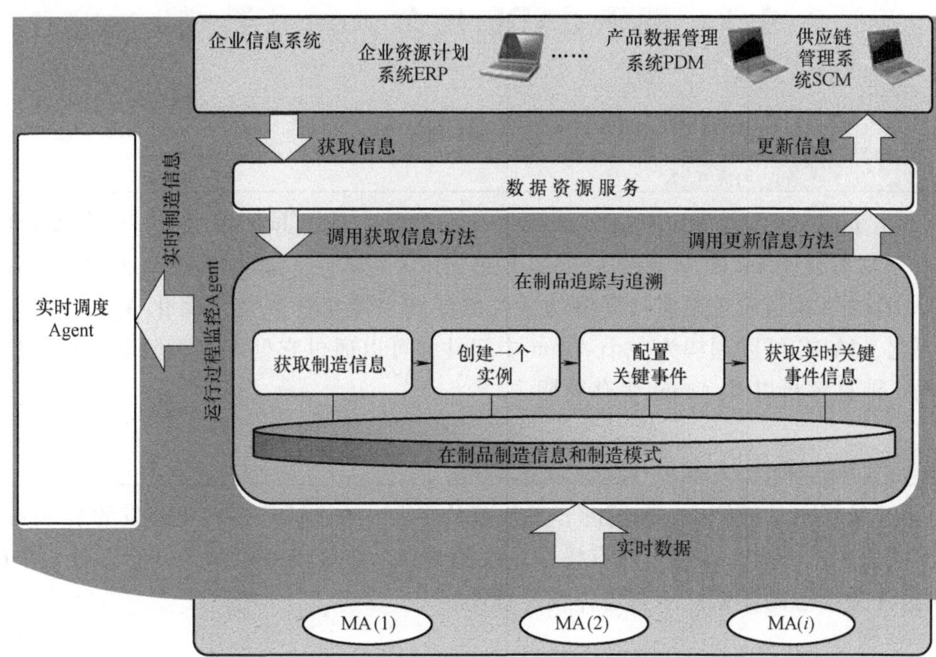

图 9-7 运行过程监控 Agent 模型

首先，运行过程监控 Agent 通过调用数据资源服务，从上层的企业信息系统中获取生产物料清单和调度信息等必要的生产订单信息。然后，基于获取的制造信息和在制品信息模式，创建出一个包含制造物料清单信息的在制品实例。对于每个制造物料清单，通过设备 Agent 可以获取其动态的信息。绑定模型建立动态信息和相应设备 Agent 的绑定关系。在执行阶段，从设备 Agent 中获取的大量制造信息按照实时调度 Agent 的请求，通过关键事件结构进行处理。在运行过程监控 Agent 的设计中包含两个主要部分来完成上述的目的。

1. 数据资源服务

数据资源服务为制造执行层和企业信息系统之间提供数据采集、处理和服务升级功能，用来实现两者间的信息共享和集成。由于在异构的企业信息系统之间进行信息共享和集成十分困难，在此部分中采用面向制造业的标记语言（Business to Manufacturing Markup Language，B2MML）标准来为制造元素提供标准的模式。

此部分的输入是使用者采集的或经过更新的企业信息系统中数据源的参量，输出是基于 B2MML 模式的标准信息。

2. 在制品跟踪

在制品跟踪是按照特殊的逻辑关系来配置分布的设备 Agent，采集整个车间的在制品实时信息。

关键事件结构用来在大量的低层次事件中获取更多有意义和可行的信息，并控制事件驱动信息系统。它从自动识别设备中获取一系列事件并建立事件的聚合，形成高层次事件。通过实时信息在资源库中的存储，监控者可以监测和控制整个车间的生产过程。

9.7 基于 JADE 的多 Agent 系统

9.7.1 JADE 概述

JADE 是 Java Agent Development Enviroment 的缩写，是用 Java 编写的一个多 Agent 系统，可以用来开发基于 Agent 的应用程序。JADE 遵循 FIPA 规范，能实现多 Agent 系统间的相互操作。JADE 的目标是通过遵循可理解的系统服务和主体集的规范来简化 Agent 系统的开发过程。因此，JADE 可以理解为一个 Agent 中间件，可以通过它处理以下问题，如消息传输、消息编码、消息解析以及 Agent 生存周期。

9.7.2 JADE 上的多 Agent 平台

JADE 开发平台是遵循 Agent 国际开发规范的平台。在 JADE 平台下开发的多 Agent 系统可以在不同的主机上运行，甚至没有操作系统的约束。如图 9-8 所示为一个基于 JADE 的多 Agent 制造任务动态调度系统平台总体设计框图。

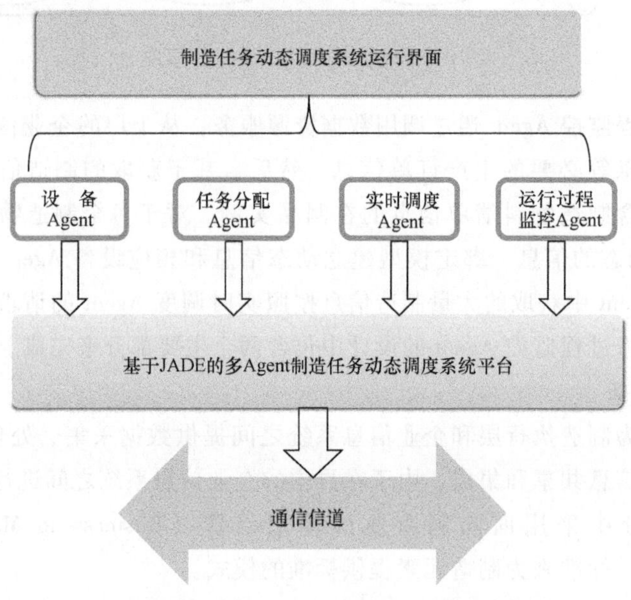

图 9-8　系统平台总体设计框图

启动 JADE 平台后，将会有可视化图形界面，如图 9-9 所示。

由图 9-9 可以看出，JADE 平台上的多 Agent 系统有一个主容器（Main Container），主容器中会自动生成一个 Agent 管理系统（Agent Management System，AMS）和一个目录服务(Directory Facilitator，DF)。此外，JADE 还有一个消息传输系统（Agent Communication Channel，ACC)。Agent、AMS 以及 DF 通过这个消息传输系统实现平台内的信息交换。当一个平台被运行时，AMS 和 DF 就自动被建立了，同时 ACC 允许消息传输。

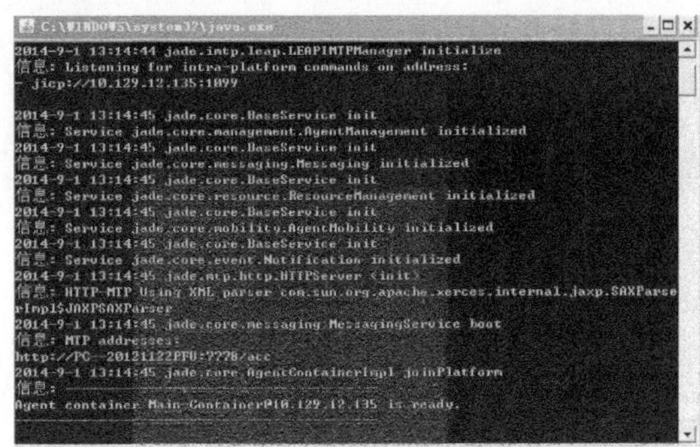

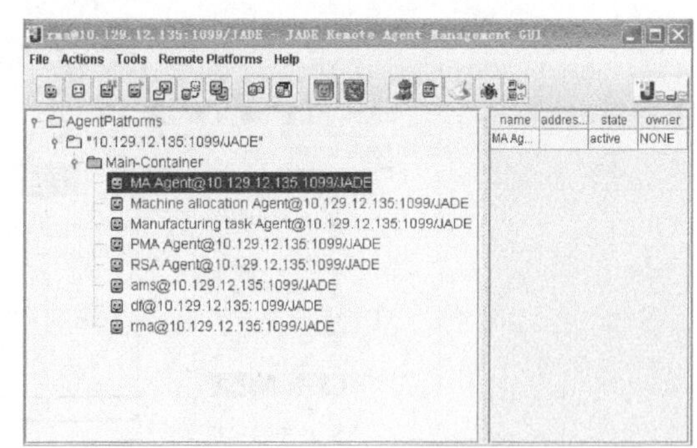

图 9-9　JADE 平台的可视化图形界面

主容器（Main Container）是 Agent 容器，它包括 AMS 和 DF，并在那里注册 RMI。主容器和与其相关的其他容器共同构成一个完整的多 Agent 系统运行环境。每个 Agent 平台上只能有一个主容器。

AMS 是一个对 Agent 平台的访问和使用进行监督和管理的系统。一个单独的 Agent 平台上只能有一个 AMS。它提供白页服务以及生命周期服务。每个 Agent 都必须在 AMS 注册，以获得一个有效的 Agent 标识目录（Agent Identity，AID）。AMS 保留了一个 AID 和 Agent 状态信息。

DF 在平台上提供默认的黄页服务，主要包括 Agent 的定位服务和注销服务。一个平台中可包含多个 DF，他们互相注册形成联盟。

消息传输系统（Message Transport System）又称为 Agent 通信通道（ACC），它为平台内所有的 Agent 提供信息交换的场所。另外，它也能够与远端平台进行信息交换。

图 9-9 中还有多个制造任务动态调度 Agent，如 MA Agent@ 10. 129. 12. 135：1099/JADE，表示产生了一个 ID 为 MA Agent 的 Agent，主容器位于名为 10. 129. 12. 135 的计算机上，端口为 1099；而 PMA Agent@ 10. 129. 12. 135：1099/JADE ，表示产生了一个 ID 为 PMA Agent 的 Agent，主容器位于名为 10. 129. 12. 135 的计算机上，端口为 1099。产生的多个 Agent，它们位于网络的任何地方，具体通信细节由 JADE 平台实现。平台内 Agent 之间可以相互发送消息，只不过还必须对交互过程进行某种约定，也就是协议。

JADE 平台中，任何一条消息都是 jade. lang. acl. ACLMessage 类的实例，该类中提供了很多方法，可对消息对象进行操纵，例如：addReceiver（）（添加接收者）、setPerfomative（）（设定通信意图）、setLanguage（）（设置通信语言）等。消息的发送与接收则通过 jade. core. Agent 类的 send（）方法完成。

9.7.3　Agent 之间的交互

通过 JADE 提供的监控工具（Sniffer）可以观察各 Agent 之间的交互关系，而且还可以选择相关的消息进行观察。该多 Agent 制造任务动态调度系统中存在多个相关的 Agent。任务分配 Agent 接收上层管理系统的订单，通过与实时调度 Agent 之间的交互，确定调度方案，并与设备 Agent 进行交互。当运行过程监控 Agent 监控到异常事件后，通过接收设备 Agent 的实时执行信息，与实时调度 Agent 进行交互并执行相应的重调度。

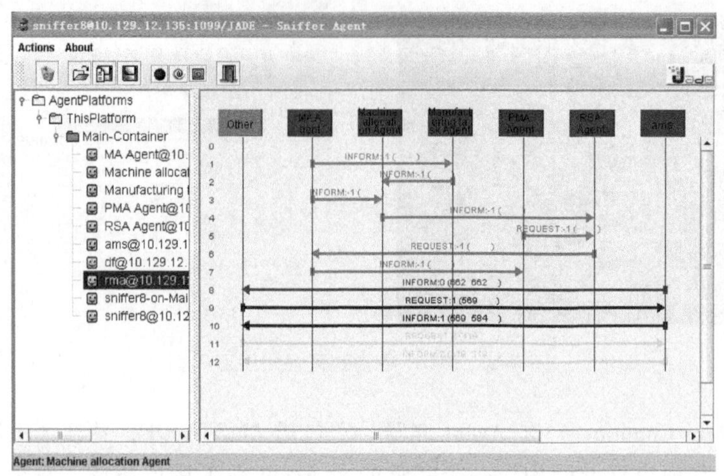

图 9-10 各 Agent 之间的消息交互

9.8 案例仿真设计

基于 9.7 节的模型及构架，本节将通过一个实例阐明基于多 Agent 系统的实时生产调度体系。本例子包含十个任务和十台设备，每一个任务有四个工序。具体的制造任务信息见表 9-3，其中行表示任务的序号，列表示工序的序号。其中第 i 行的第 j 列个数据（x，y）代表着第 j 个任务的第 i 个工序必须在单元“x”中的设备上加工，加工时间为“y”。设备单元信息见表 9-4。例如第一行第二列的（1，50）表示第二个任务的第一个工序必须在第一个加工单元的任一设备上加工，这里的加工时间为 50。由表 9-4 可知，加工单元 1 包含设备 1、2、3。

表 9-3 十个任务的详细信息

工序＼任务	1	2	3	4	5	6	7	8	9	10
1	(1,46)	(1,50)	(1,23)	(1,28)	(1,35)	(1,13)	(2,24)	(2,26)	(2,31)	(2,22)
2	(2,21)	(2,18)	(3,30)	(3,45)	(4,21)	(4,42)	(1,19)	(3,34)	(3,23)	(4,30)
3	(3,28)	(4,33)	(2,35)	(4,13)	(2,27)	(3,44)	(3,37)	(1,40)	(4,49)	(1,40)
4	(4,12)	(3,15)	(4,28)	(2,32)	(3,46)	(2,26)	(4,45)	(4,25)	(1,19)	(3,18)

表 9-4 设备加工单元信息

组 号	设 备	组 号	设 备
1	(1,2,3)	3	(6,7,8)
2	(4,5)	4	(9,10)

基于多 Agent 系统的实时生产调度体系实例包含三个主要步骤，具体如下：

1）首先，任务分配 Agent 按照设备 Agent 传来的实时信息进行任务分配。在每一个工序的可加工设备中，各个设备 Agent 通过非合作博弈来对工序加工权进行竞争，最终对工序所占份额最大的设备 Agent 取得工序的加工权。重复此过程直到所有的工序全部分配给相应的设备 Agent。任务和设备分配的结果见表 9-5，其中第 i 行的第 j 列中（x，y）表示第 j 个任务的第 i 个工序分配给设备“x”，加工时间为“y”。

2）当所有任务的工序分配给最优的设备 Agent 后，实时调度 Agent 通过遗传算法进行实时的调度。图 9-11 所示为按照表 9-5 所给数据的调度结果，其中图 9-11a 所示为最优调度的甘特图，图 9-11b 所示为遗传算法的代与适应度的曲线。

3）在制造执行阶段，通过运行过程监控 Agent 感知到的实时制造信息输入到实时调度 Agent 中。如果有异常事件发生，重调度模块将按照变化的制造环境产生新的调度。

表 9-5　设备分配结果

工序＼任务	1	2	3	4	5	6	7	8	9	10
1	(1,46)	(2,50)	(3,23)	(1,28)	(3,35)	(2,13)	(4,24)	(5,26)	(4,31)	(5,22)
2	(5,21)	(4,18)	(6,30)	(7,45)	(9,21)	(10,42)	(3,19)	(8,34)	(6,23)	(9,30)
3	(6,28)	(10,33)	(5,35)	(10,13)	(4,27)	(8,44)	(7,37)	(1,40)	(9,49)	(2,40)
4	(10,12)	(7,15)	(9,28)	(4,32)	(8,46)	(5,26)	(10,45)	(9,25)	(3,19)	(6,18)

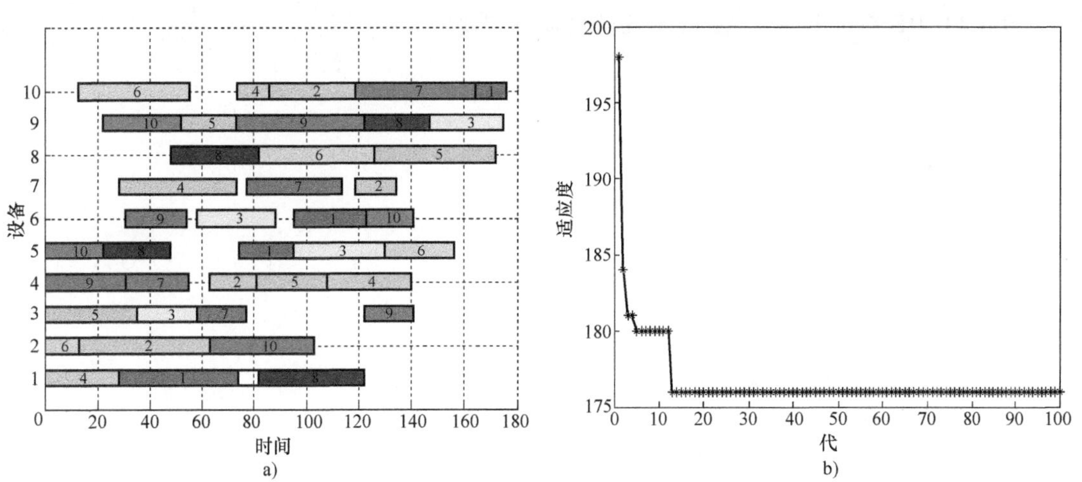

图 9-11　表 9-5 的调度结果

为了详细阐明重调度过程，本例给出了两种随机的异常事件。第一种异常事件中，设备的恢复时间是未知的；第二种异常事件中，设备有确切的恢复时间。如图 9-12a 所示，第一种异常事件中，设备 1 和设备 6 在时间为 40 时产生故障，此异常事件被运行过程监控 Agent 捕获并传送到实时调度 Agent 中去。同样如图 9-12b 所示，设备 1、设备 6 和设备 7 也在 $t=40$ 时产生故障，此异常事件被运行过程监控 Agent 捕获并传送到实时调度 Agent 中去。在第一种异常事件中，如图 9-12a 所示，设备 1 和设备 6 失去竞争任务的加工权。在第二种异常事件中，如图 9-12b 所示，设备 6 和设备 7 的恢复时间被考虑进去，来进行重调度。

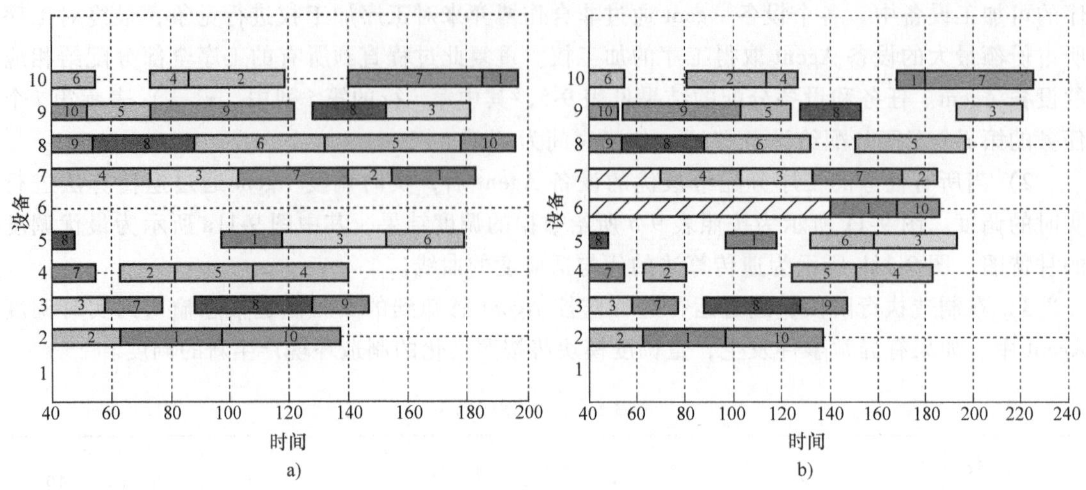

图 9-12　两种异常事件类型的重调度结果

习　题

9-1　多 Agent 系统的特征有哪些？

9-2　具有完全自治结构的多 Agent 系统的优势是什么？

9-3　请说明现实世界中两个 Agent 间的通信过程。

9-4　JADE 平台上的多 Agent 系统的组成有哪些？

第10章 制造服务组合优选智能决策理论与方法

知识点

1. 在物联制造系统的服务应用过程中，制造服务请求或者制造任务主要包括单一资源服务需求任务和多资源服务需求任务。针对单一资源服务需求任务，需要进行资源服务优选；针对多资源服务需求任务，需要进行资源服务组合优选。

2. 资源服务优选与组合优选的实现框架，自底向上共包括任务解析层、资源服务匹配与搜索层、资源服务 QoS 综合处理层、资源服务优选层、资源服务组合层五个部分。

3. 一般的组合资源服务，主要包括串联模型、并联模型、选择模型和循环模型 4 种基本构成模型。其中，并联模型、选择模型和循环模型均可转化成简单的串联模型。

4. 针对资源服务组合优选问题，必须在考虑多目标并满足多约束的条件下，从所有可能的组合中选择最佳的一个组合来执行相应任务。

在物联制造系统中，制造服务请求或制造任务主要可分为单一资源服务需求任务（Single Resource Service Request Task，S-Task）和多资源服务需求任务（Multi-Resource Service Request Task，M-Task）两类。针对 S-Task，系统必须从大量的待选资源服务中选择最佳的资源服务来执行该任务，即资源服务优选。针对 M-Task，系统必须从搜索到的符合各子任务需求的待选资源服务集中，各选一个资源服务组装成组合资源服务，并从所有可能组合中选择最佳的一组组合来协同完成该任务，即资源服务组合优选。本章将针对资源服务组合优选问题，概述制造服务组合的概念与实现架构，阐明制造服务组合的服务质量（Quality of Service，QoS）量化评估方法，分析并构建制造服务组合优选问题模型，并介绍两种典型的制造服务组合优选智能决策方法。

10.1 制造服务组合概述

10.1.1 制造服务组合的概念

制造任务是物联制造系统为解决某一问题而运行的对象，该运行对象需要调用系统中的资源服务来完成。任务可以是所需要的资源服务的任何事务，是用户对资源服务需求的一个通称，例如一个简单请求（如带宽请求、计算请求、解决方案请求、查询请求等）、一个应用请求（如结构设计、仿真分析等）和一个应用集合（如一系列工程仿真分析等）。由于制造任务的复杂性，往往一个制造任务需要调用几个资源服务按照一定的顺序执行才能完成，即用户提交的制造任务可以分解为多个子任务。子任务是任务的一个子集，子任务可以再分解。不能分解或不用分解的任务叫原子任务，原子任务是任务分解的最基本单位。

系统中任务或资源服务请求主要分为两类，单一资源服务需求任务（S-Task）和多资源服务需求任务（M-Task）。针对 S-Task，系统必须从大量的待选资源服务中选择最佳的资源服务来执行该任务，即资源服务优选；针对 M-Task，系统必须从搜索到的符合各子任务需求的待选资源服务集中，各选一个资源服务构成组合资源服务，并从所有可能的组合中选择最佳的一组组合来协同完成该任务，即资源服务组合优选。

图 10-1 所示为系统中从任务分解到资源服务需求映射，再到组合资源服务路径生成的示意图。将任务表示为 $T=\{ST^1, ST^2, \cdots, ST^j, \cdots, ST^N\}$ （$N=1, 2, 3, \cdots$），其中ST^j 表示 T 的第j（$j=1, 2, 3, \cdots, N$）个子任务。设根据服务搜索方法得到符合 ST^j 要求的待选资源服务集为 $RSS^j=\{RS_1^j, RS_2^j, \cdots, RS_i^j, \cdots, RS_{M_j}^j\}$，即有 M_j（$M_j=1, 2, 3, \cdots$）个资源服务满足 ST^j 的要求。因此，资源服务优选与组合优选问题数学描述如下：

1）如果 $N=1$，则 T 属于 S-Task，资源服务优选就是从 RSS^j 中选择一个最佳的资源服务来执行 T。

2）如果 $N>1$，则 T 属于 M-Task，系统必须从 N 个待选资源服务集中各选一个资源服务，按照一定的顺序组装成组合资源服务来执行 T，并从所有可能的 $\prod_{j=1}^{N} M_j$ 个组合中选择最佳的一个组合来执行 T。

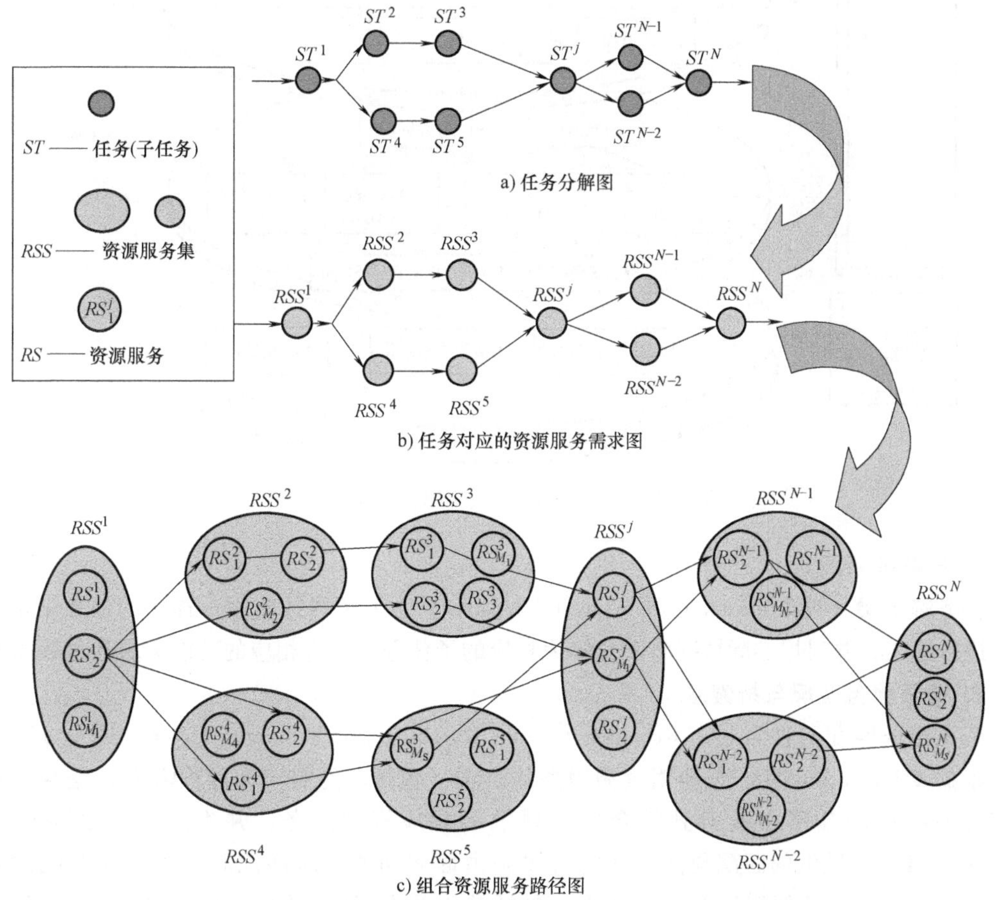

图 10-1 任务分解到组合资源服务执行路径生成示意图

10.1.2 制造服务组合优选的实现框架

根据资源服务优选和组合优选要求，图 10-2 所示为资源服务优选与组合优选实现框架。该实现框架自底向上共分为五层，包括任务解析层、资源服务匹配与搜索层、资源服务 QoS

综合处理层、资源服务优选层、资源服务组合层。各层提供的功能和服务简要介绍如下：

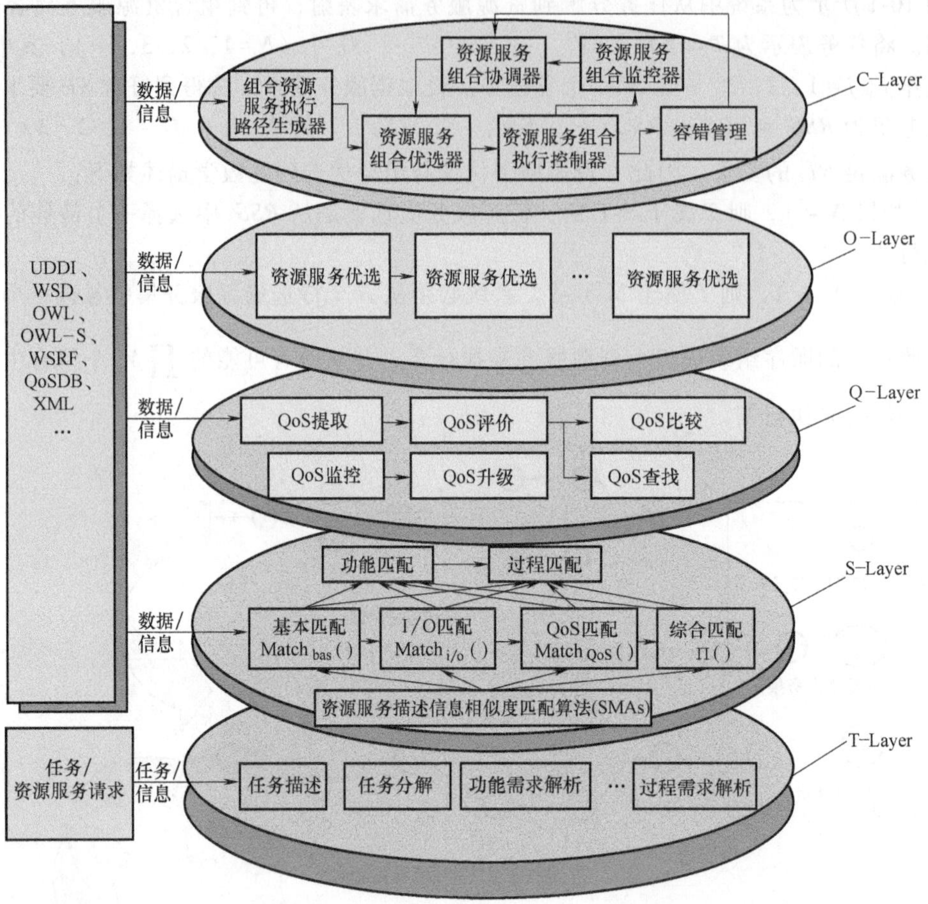

图 10-2　资源服务优选与组合优选实现框架

1. 任务解析层

任务解析层（Task decomposition Layer，T-Layer）主要负责接收用户提交的任务请求，对任务进行描述，并根据实际情况将其分解为相应的子任务，解析相应的功能需求和过程需求。

2. 资源服务匹配与搜索层

资源服务匹配与搜索层（Resource Service Matching and Searching Layer，S-Layer）主要负责根据 T-Layer 分解的子任务对资源服务的需求（包括功能需求和过程需求）信息，从资源服务中心或服务器中搜索到符合用户要求的相应资源服务，并生成待选资源服务集（*RSS*）。S-Layer 提供的匹配与搜索功能主要是由面向功能需求匹配和过程需求匹配的各类资源服务描述信息相似度匹配算法实现，包括基于基本匹配、输入输出（I/O）匹配、QoS 匹配的资源服务匹配算法等。

3. 资源服务 QoS 综合处理层

资源服务 QoS 综合处理层（Resource Service QoS Synthetically Processing Layer，Q-Layer）对根据 S-Layer 搜索到的符合用户需求的待选资源服务集（*RSS*）进行 QoS 信息提取、QoS 评估等操作，并淘汰部分 QoS 不高的待选资源服务，从而简化上层（资源服务优选层和资源服务组合层）

的难度和复杂度，并为资源服务优选层和资源服务组合层的实现提供决策数据支持。

4. 资源服务优选层

资源服务优选层（Resource Service Optimal-selection Layer，O-Layer）根据 Q-Layer 提供的 QoS 参数信息，针对任务需求对待选资源服务进行综合评估排序，为上层资源服务组合提供数据和信息支持。

5. 资源服务组合层

资源服务组合层（Resource Service Composition Layer，C-Layer）主要负责从各子任务的待选资源服务集中各选一个资源服务，并按照一定的顺序组装成组合资源服务，并从所有组合方案中选择最优的一个组合方案来执行整个制造任务。C-Layer 提供的功能主要包括组合资源服务执行路径生成、资源服务组合优选、资源服务组合执行控制、资源服务组合监控、资源服务组合协调等。

对应于图 10-2 所示的实现框架，资源服务组合是按照“自底向上聚合、自顶向下分解”的过程来实现的，其实现流程如图 10-3 所示。图 10-3 所示的关键功能实现模块与图 10-2 所示的资源服务优选与组合优选实现框架对应关系如下：任务描述、任务分解/需求解析对应于 T-Layer；功能需求匹配、过程需求匹配对应于 S-Layer；QoS 综合处理对应于 Q-Layer；资

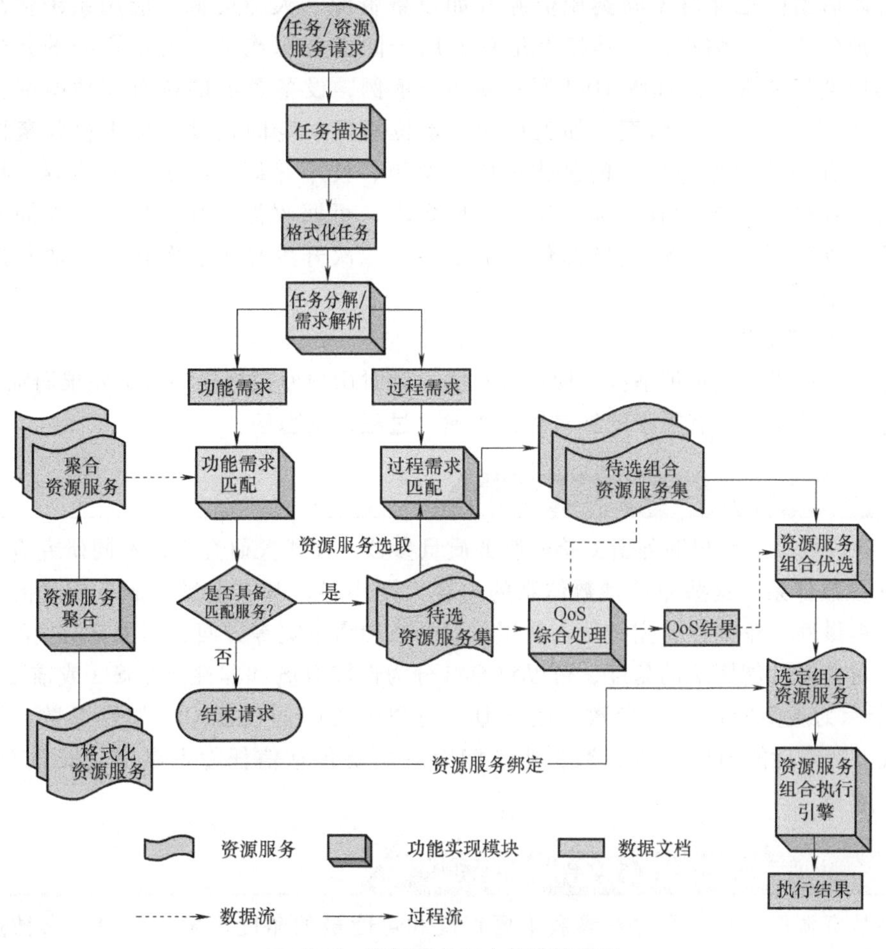

图 10-3　资源服务组合优选流程图

源服务组合优选和资源服务组合执行引擎对应于 C-Layer。

10.2 制造服务组合 QoS 评估

10.2.1 制造服务评估指标体系

资源服务优选与组合优选涉及多方面的评估指标，除了时间（T）、信誉（Cr）、成本（C）、服务（S）等通用 QoS 指标外，用户提出的个性化要求、各资源属性和特点、资源的监控和组建能力、合作能力以及可信度等也是必须关注的关键指标。为此，可将每类资源服务评估指标分为通用 QoS 指标、特有评估指标、个性化评估指标三类。

1. 通用 QoS 评估指标

通用 QoS 评估指标主要包括资源服务的时间、信誉、成本、可靠性等方面，几乎所有资源服务的优选评估过程均包含这类指标。

2. 特有评估指标

特有评估指标是针对不同类型资源（如设备资源、人力资源、应用系统资源、物料资源等）所特有的评估指标，其特点是只适用于同类资源或某一特定资源的评估，而不适用于其他类型的资源。如图 10-4 所示的部分示例，设备资源的特有评估指标包括故障率、运行环境要求、运动精度、加工尺寸、定位精度、定向精度、加工材料范围等，人力资源的特有评估指标包括人的工作经验、学历、技术等级、年龄、职称等，物料类型资源的特有评估指标包括有效期、使用环境要求、可回收性、绿色性、存放周期、寿命等，应用软件资源的特有评估指标包括版本号、二次开发能力、源代码开放程度、兼容性、可靠性等。

3. 个性化评估指标

个性化评估指标是指评估指标库中没有的，针对用户专门提出的特殊要求而临时建立的评估指标，其使用性具有很强的针对性，其建立过程是动态的。

10.2.2 制造服务 QoS 评估指标

QoS 参数取决于用户服务所支持的服务质量参数。在相关研究中，不同研究者提出了不同的 QoS 参数体系。这些 QoS 参数体系的内容大同小异，基本上涵盖服务质量的性能、可靠性、可提供性、正确性、完整性、费用、安全、网络带宽等方面，其中有定量的，也有定性的。从对系统性能影响的角度，可以将 QoS 分为性能 QoS 和非性能 QoS（或描述性 QoS）。表 10-1 所示为主要 QoS 属性参数，性能 QoS 可以分为时间性能 QoS 属性参数、服务性能 QoS 参数、网络性能 QoS 属性参数；非性能 QoS 主要包括信任 QoS 参数、安全 QoS 参数、记账 QoS 参数。

10.2.3 制造服务组合 QoS 评估模型

本节从资源服务特点及 QoS 参数重要程度和可度量的角度出发，对 QoS 参数进行量化建模，所建立的资源服务 QoS 模型主要包括如下参数：

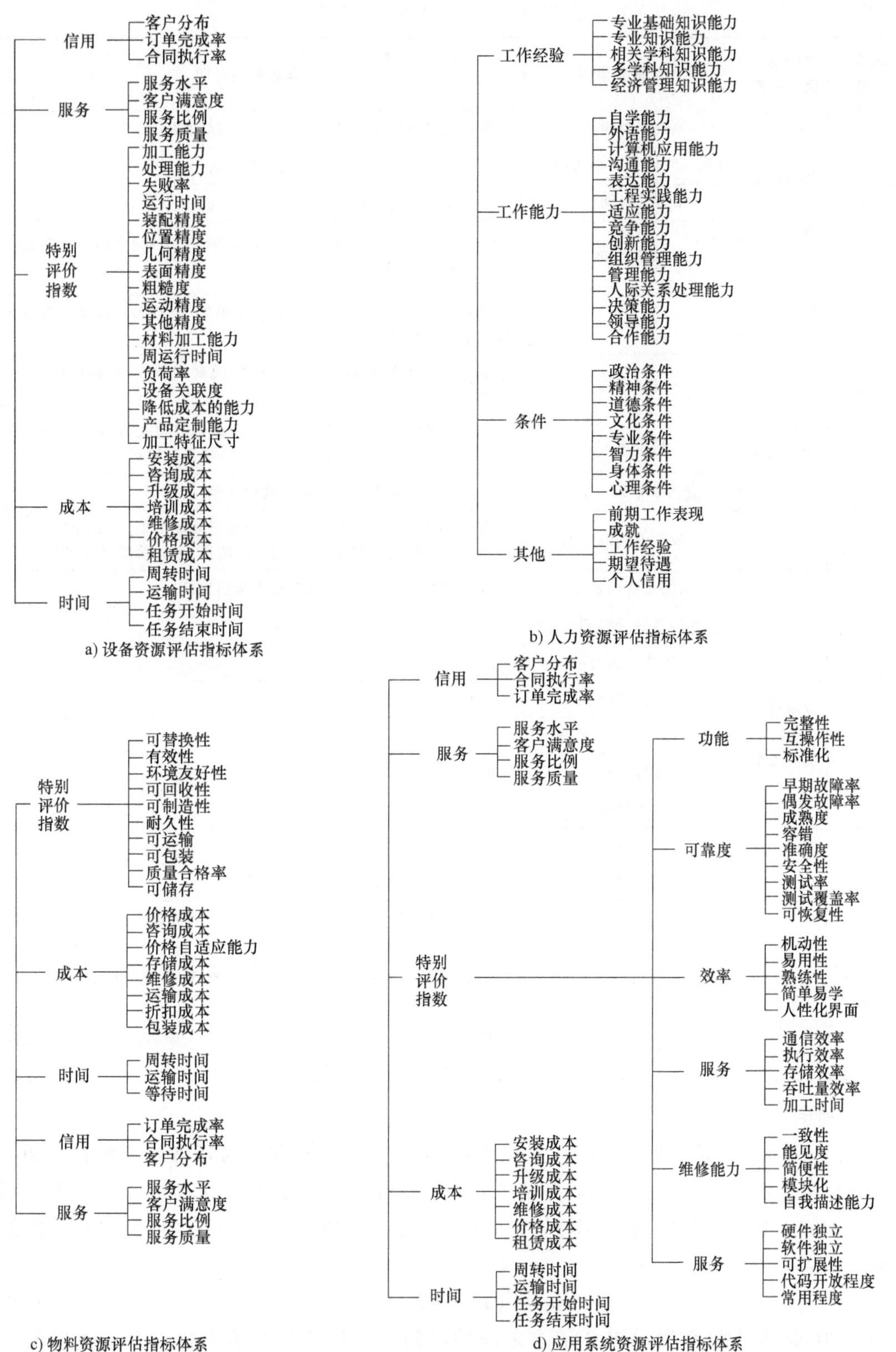

图 10-4　部分特有评估指标示例

表 10-1 主要 QoS 属性参数表

QoS 大类	QoS 属性类别	QoS 参数举例	参数描述说明
性能 QoS	时间性能 QoS 属性参数	本地处理时间(T_1)	制造任务开始执行到执行结束的时间间隔
		系统中间件花费时间(T_2)	系统中间件在执行过程中花费的时间
		网络传输时间(T_3)	服务或信息在传输过程中占用的时间
		服务响应时间(T)	任务请求到收到任务结果的时间间隔，为本地处理时间、系统中间件花费时间、网路传输时间之和，即 $T=T_1+T_2+T_3$
	服务性能 QoS 属性参数	鲁棒性	面对无效的、不正确的输入能够正确处理的能力，以及异常情况下能够正常处理的能力
		可移植性	服务与实际物理资源的关联程度，关联度越大，可移植性越差，反之越好
		资源需求 QoS	反映服务对各类型资源的需求，需求本身也构成集合 QR = { Rer, Rtr, Rhr, Rmr, Rnet ,Rdisk ,Rcpu, … }，每个元素代表相应资源类型
		成功率 Q-Suc-Rate	被成功调用次数与总调用次数的比例
		可靠性 Q-reliability	在规定时间和特定条件下能执行特定功能的能力（如资源在时间 t 内可用或可访问时间比例；平均无故障率；平均故障修复率等）
	网络性能 QoS 属性参数	网络正常可达率	在一定时间内，网络可以正常连接的比例
		处理器的始终频率	
		处理器的占有率	
		最大宽带	单位时间
		T 时间内带宽占有率	
		传输延迟	传输请求到确认完成时间的间隔
		延迟抖动	同一路由包延迟变化量
		丢包率	单位时间内传输包丢失包的比例
		吞吐量	单位时间内网络传输的最大字节数
非性能 QoS	安全 QoS		是由资源服务提供者提供的用来表示网格服务自身安全级别和网格服务访问控制策略等方面的 QoS 参数
	记账 QoS		服务成本及其管理策略方面的 QoS 参数，由服务提供者提供，可以按时间计量，也可以按照内容或流量计量
	信任 QoS		资源服务交易过程中双方之间的信任关系，主要是指资源服务信息、制造能力的准确性和可靠性

1. 时间

时间（*Time*）：是一个与时间有关的度量性能尺度，为衡量资源服务性能的常用和重要指标。该指标可定义为一个资源服务请求到最后输出结果之间的时间间隔，主要由服务延迟时间（*TDs*）、服务通信时间（*TCs*）、服务处理时间（*TEs*）、服务生存时间（*TLs*）四部分构成。即

$$Time = (TDs, TCs, TEs, TLs) \tag{10-1}$$

式中，*TDs* 是指接收和发送服务请求之间的时间差，包括服务请求排队和建立时间。令 $TDs(i)$ 为 i 时刻的延迟，t 是统计延迟的时间段，则 $TDs=\sum_{i=0}^{t} TDs(i)/t$ 。*TCs* 是服务请求

信息通信时间，设两个通信节点之间的通信速度为 $v(A, B)$，通信量为 $SumInfor(A, B)$，则通信时间定义为 $Tc(A, B) = SumInfor(A, B)/v(A, B)$。$TEs$ 是具体服务执行时间。TLs 是指请求服务存在的时间，包括本地生存时间和远程生存时间，均由系统获取得到。

2. 成本

服务成本（*Cost*，*C*）：是指执行资源服务后，用户向服务提供者支付的费用，可由服务提供者在服务注册时直接给出，也可通过服务提供者所提供的方法来获取。成本对于需求者和提供者双方来说都很重要。资源服务需求者希望以最低廉的费用获取高质量的资源服务，而资源服务提供者希望以适当的费用来为一定量的资源服务需求者服务，以获取更高的利润。因此服务成本对于资源服务需求者和资源服务提供者来说在某种程度上是矛盾的。因此设计服务成本由两部分组成：资源服务需求者成本（C_{RSD}）和资源服务提供者成本（C_{RSP}）。即

$$Cost = (C_{RSD}, C_{RSP}) \tag{10-2}$$

3. 可靠性

可靠性（*Reliability*，*Rel*）：指资源服务在规定的条件下和规定的时间内能完成规定任务的能力，其概率度量称为可靠度。当前很多研究将可靠度定义为成功执行服务次数与被调用执行次数的比值，即 $Rel = N_{RS}/K_{RS}$，其中，N_{RS}表示到目前为止资源服务成功执行的次数，K_{RS}表示到目前为止资源服务总共被调用的次数。以上定义和计算方法缺乏完整性和动态性。根据定义，可靠性应该与时间有关。资源服务在被调用过程中，由于涉及数据通信和数据处理，导致不可靠性可能由通信端和执行端引发。据此，将资源服务可靠性定义为与通信时间和执行时间相关的两个部分，即虚拟连接可靠性和执行可靠性。

对于虚拟连接可靠性，设调用资源服务 RS_i 过程中所需的虚拟连接为 $VL(i, k)$（$k=1, 2, 3, \cdots, K$），相应的数据传输量为 $b(i, k)$，通信能力为 x_i^k，则 $VL(i, k)$ 所需要的通信时间为 $T_c(i, k) = b(i, k)/x_i^k$。设节点为 i 和 k，虚拟连接 $VL(i, k)$ 的故障率分别为 λ_i、λ_k、$\lambda_{i,k}$，则调用 RS_i 在通信过程中的可靠度定义为 $Rel_C = \prod_{k=1}^{K} e^{-(\lambda_{i,k}+\lambda_i+\lambda_k)\frac{b(i,k)}{x_i^k}}$。

对于执行可靠性，设资源服务 RS_i 为执行任务 i 所需处理的数据量为 $d(i, j)$（$j = 1, 2, 3, \cdots, J$），对应的处理能力为 y_i^j，则 RS_i 执行任务 i 的时间为 $T_E(i, j) = d(i, j)/y_i^j$。设 RS_i 的故障率为 λ_i，则调用 RS_i 在执行过程中的可靠度为 $Rel_E = \prod_{j=1}^{J} e^{-\lambda_i d(i,j)/y_i^j}$。

因此，资源服务 RS_i 的可靠度为

$$Rel(RS_i^j) = \prod_{k=1}^{K} e^{-(\lambda_i+\lambda_k+\lambda_{i,k})b(i,k)/x_i^k} \prod_{j=1}^{J} e^{-\lambda_i d(i,j)/y_i^j} \tag{10-3}$$

4. 功能相似度

功能相似度（*Function Similarity*，*FS*）：是指所请求的资源服务功能能够被与其属于同一资源服务类的其他资源服务所替代的程度。设资源服务 RS_a^j 和 RS_b^j 同属于资源服务类 RSS^j，即 $RS_a^j, RS_b^j \in RSS^j$。若满足 $\bigcup_{i=1}^{k_b} function(RS_b^j) \supseteq \bigcup_{i=1}^{k_a} function(RS_a^j)$（$k_a, k_b = 1, 2, 3, \cdots$；且 $k_b \geqslant k_a$），则定义资源服务 RS_b^j 是 RS_a^j 的候选资源服务，即 RS_a^j 的功能能够被 RS_b^j 所替代。其中，$\bigcup_{i=1}^{k_b} function(RS_b^j)$ 和 $\bigcup_{i=1}^{k_a} function(RS_a^j)$ 分别是 RS_b^j 和 RS_a^j 各自的所有公共功能。设 $C_{RS_i^j}$ 为资源服务 RS_i^j 的候选资源服务总数，k_j 是 RS_i^j 所在资源服务类 RSS^j 的资源服

务总数，则资源服务 RS_i^j 的功能相似度定义为

$$FS(RS_i^j) = (C_{RS_i^j}/k_j) \tag{10-4}$$

5. 安全性

安全性（*Security*，*Sec*）：指机密性、不可否认性的信息加密和存取控制。具体的安全性实现不在本书的讨论范围。在实际操作中，若不能满足安全条件，$Q_{\text{Sec}}=1$，否则 $Q_{\text{Sec}}=0$。

6. 可维护性

可维护性（*Maintainability*，*Ma*）：是指服务在出现意外的情况下能正确维护的概率。即 $Ma=P_{\text{RS}}/F_{\text{RS}}$，其中 P_{RS} 表示到目前为止资源服务 *RS* 成功维护意外情况的次数，F_{RS} 表示到目前为止资源服务 *RS* 出现意外情况的总次数。

7. 满意度

满意度（*Satisfaction*，*SA*）：是指客户对本次服务执行的满意程度，可表示为 $SA_{\text{S}}=(SA_{\text{S}1}+SA_{\text{S}2}+SA_{\text{S}3}+\cdots+SA_{\text{S}i}+\cdots+SA_{\text{S}n})/n$，其中 $n=1, 2, 3, \cdots$；$SA_{\text{S}i}$ 表示主体服务在第 i 次执行时用户的满意度。

10.3 制造服务组合优选问题建模

10.3.1 组合服务基本构成模型

针对 M-Task，系统必须从每个子任务对应的待选资源服务集中各选一个资源服务，按照一定的顺序组装成组合资源服务来执行该任务，并在多目标（如执行时间最短、价格最低、可靠性最高等）和多约束（如要求满足最低的可维护性、信任度和功能相似性等）条件下，从所有可能的组合中选择最佳的一个组合来执行该任务。以上问题被定义为多目标资源服务组合优选（Multi-Objective Resource Service Composition Optimal-Selection，MO-RSCOS）问题。

从图 10-1 可以看出，一个任务从开始执行到完成需要调用很多不同类型的资源服务，即任务需要组合资源服务（Composite Resource Service，CRS）来完成。任务所需的 CRS 主要有以下两种结构形式：①由原子资源服务顺序执行组成的单向链表结构，称为串联组合资源服务（Sequence Composite Resource Service，SCRS）；②含有并联、选择、循环等基本模型混合连接而成的混合链表结构，称为混联组合资源服务（Mixed Composite Resource Service，MCRS）。制造资源服务组合优选的主要任务就是根据任务分解后的子任务需求，生成相应的资源服务组合路径，然后从构成该资源服务组合路径所有可能的执行路径中选择一条最优的路径去执行该任务。由于 MCRS 自身的复杂性，导致其资源服务组合路径十分错综复杂，根据资源服务组合路径生成的执行路径则更加复杂。因此，应先将 MCRS 转化为 SCRS，然后根据 SCRS 生成的组合资源服务执行路径进行最优求解。

组合资源服务执行路径的产生实际上是一个基于服务的工作流。如图 10-5 所示，组合资源服务基本构成模型可以分为如下四种：串联模型（Sequence Model）、并联模型（Parallel Model）、选择模型（Selective Model）和循环模型（Circular Model）。大部分组合资源服务（包括 SCRS 和 MCRS）都可以由这 4 种基本模型构成。因此，只要能将并联模型、选择模型和循环模型转化成相应的串联模型，大部分 MCRS 形式即可被转化为相应的 SCRS 形式。

下面将具体介绍资源服务的 4 种基本构成模型转化成相应的串联模型的转化规则及其相应聚合 QoS 的计算方法，如图 10-6~图 10-9 所示。综合考虑时间（*T*）、费用（*C*）、可靠性（*Rel*）、可维护性（*Ma*）、信任度（*Trust*）、功能相似性（*FS*）这 6 个 QoS 属性参数，任意资源服务的 QoS 评估模型如公式 10-5 所示：

$$Q(RS_i^j)=[T(RS_i^j),C(RS_i^j),Rel(RS_i^j),Ma(RS_i^j),Trust(RS_i^j),FS(RS_i^j)] \tag{10-5}$$

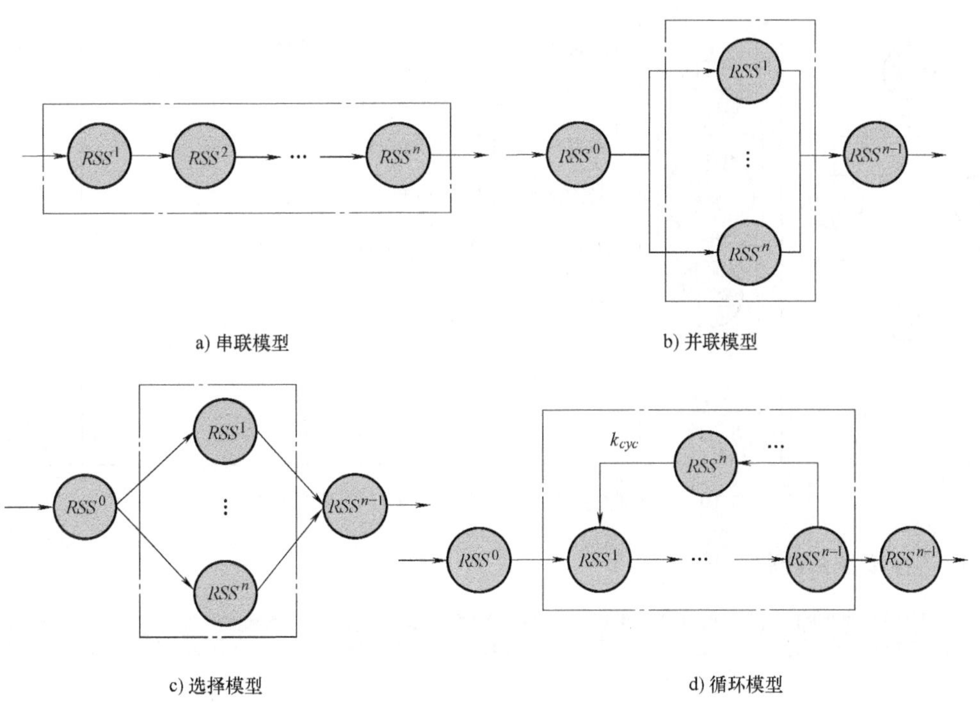

图 10-5　组合资源服务基本构成模型

1. 复杂串联模型的转化（图 10-6）

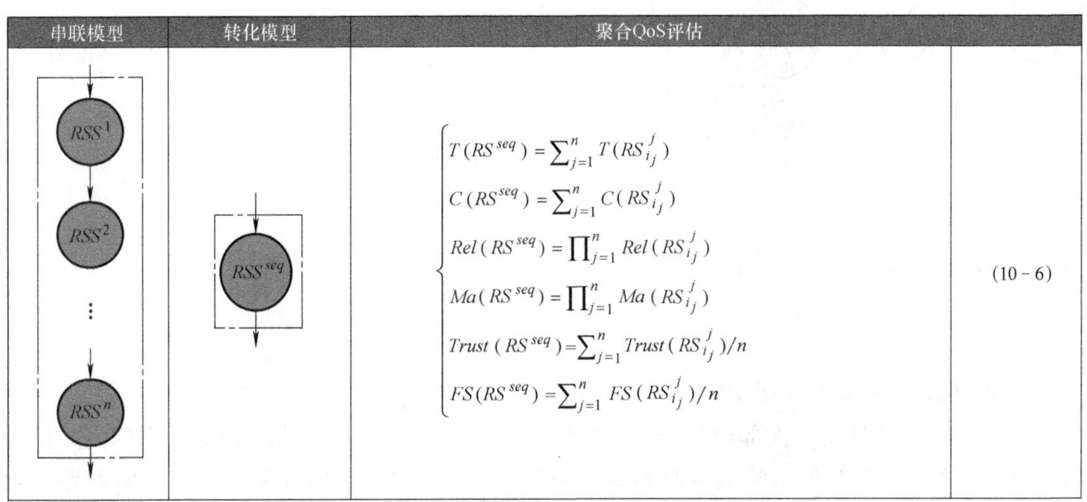

串联模型	转化模型	聚合QoS评估	
RSS^1 → RSS^2 → ⋮ → RSS^n	RSS^{seq}	$\begin{cases} T(RS^{seq})=\sum_{j=1}^{n}T(RS_{i_j}^{j}) \\ C(RS^{seq})=\sum_{j=1}^{n}C(RS_{i_j}^{j}) \\ Rel(RS^{seq})=\prod_{j=1}^{n}Rel(RS_{i_j}^{j}) \\ Ma(RS^{seq})=\prod_{j=1}^{n}Ma(RS_{i_j}^{j}) \\ Trust(RS^{seq})=\sum_{j=1}^{n}Trust(RS_{i_j}^{j})/n \\ FS(RS^{seq})=\sum_{j=1}^{n}FS(RS_{i_j}^{j})/n \end{cases}$	(10－6)

图 10-6　串联模型转化规则及其聚合 QoS 计算方法

2. 并联模型的转化（图 10-7）

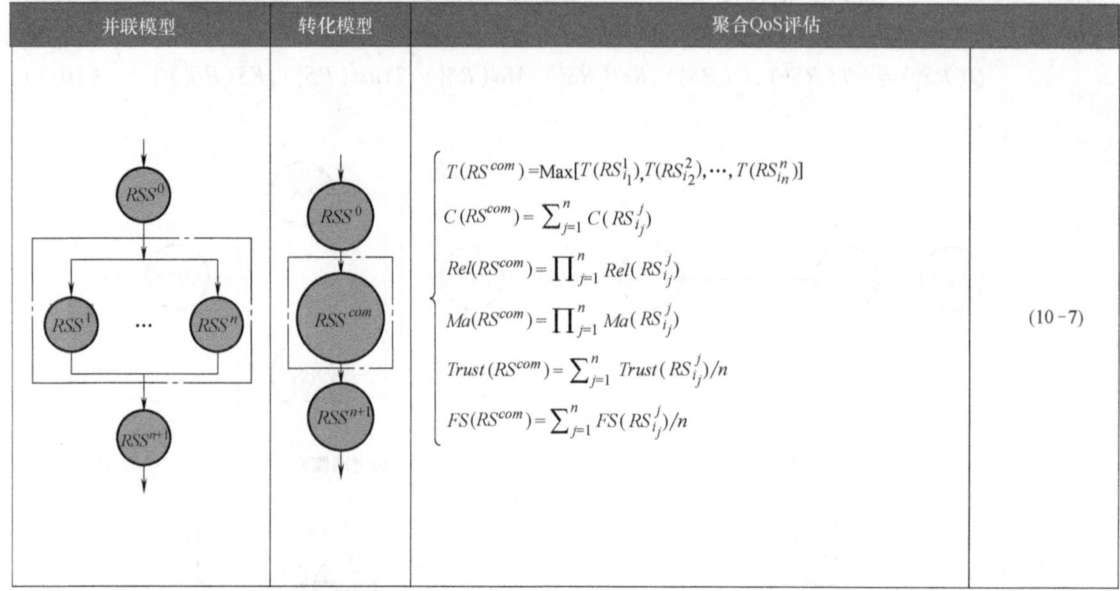

并联模型
转化模型
聚合QoS评估
RSS^0
RSS^1
…
RSS^n
RSS^{n+1}
RSS^0
RSS^{com}
RSS^{n+1}
$T(RS^{com})=\mathrm{Max}[T(RS_{i_1}^1),T(RS_{i_2}^2),\cdots,T(RS_{i_n}^n)]$
$C(RS^{com})=\sum_{j=1}^{n}C(RS_{i_j}^j)$
$Rel(RS^{com})=\prod_{j=1}^{n}Rel(RS_{i_j}^j)$
$Ma(RS^{com})=\prod_{j=1}^{n}Ma(RS_{i_j}^j)$
$Trust(RS^{com})=\sum_{j=1}^{n}Trust(RS_{i_j}^j)/n$
$FS(RS^{com})=\sum_{j=1}^{n}FS(RS_{i_j}^j)/n$
(10-7)

图 10-7 并联模型转化规则及其聚合 QoS 计算方法

3. 选择模型的转化（图 10-8）

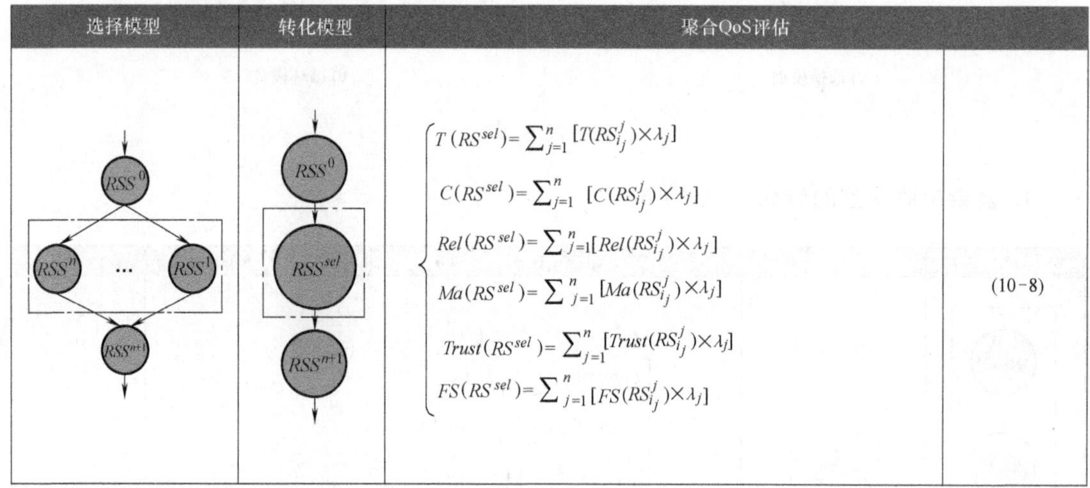

选择模型
转化模型
聚合QoS评估
RSS^0
RSS^n
…
RSS^1
RSS^{n+1}
RSS^0
RSS^{sel}
RSS^{n+1}
$T(RS^{sel})=\sum_{j=1}^{n}[T(RS_{i_j}^j)\times\lambda_j]$
$C(RS^{sel})=\sum_{j=1}^{n}[C(RS_{i_j}^j)\times\lambda_j]$
$Rel(RS^{sel})=\sum_{j=1}^{n}[Rel(RS_{i_j}^j)\times\lambda_j]$
$Ma(RS^{sel})=\sum_{j=1}^{n}[Ma(RS_{i_j}^j)\times\lambda_j]$
$Trust(RS^{sel})=\sum_{j=1}^{n}[Trust(RS_{i_j}^j)\times\lambda_j]$
$FS(RS^{sel})=\sum_{j=1}^{n}[FS(RS_{i_j}^j)\times\lambda_j]$
(10-8)

注：λ_j 是RS_i被选择的相应概率且$\sum_{j=1}^{n}\lambda_j=1$。

图 10-8 选择模型转化规则及其聚合 QoS 计算方法

4. 循环模型的转化（图 10-9）

基于以上转换规则，大部分任务对应的组合资源服务模型（包括 SCRS 和 MCRS）都可以被简化为如图 10-10 所示的基本的 SCRS 形式。对应的 MCRS 执行路径优选求解问题，则可被简化为一般的 SCRS 执行路径优选求解问题。

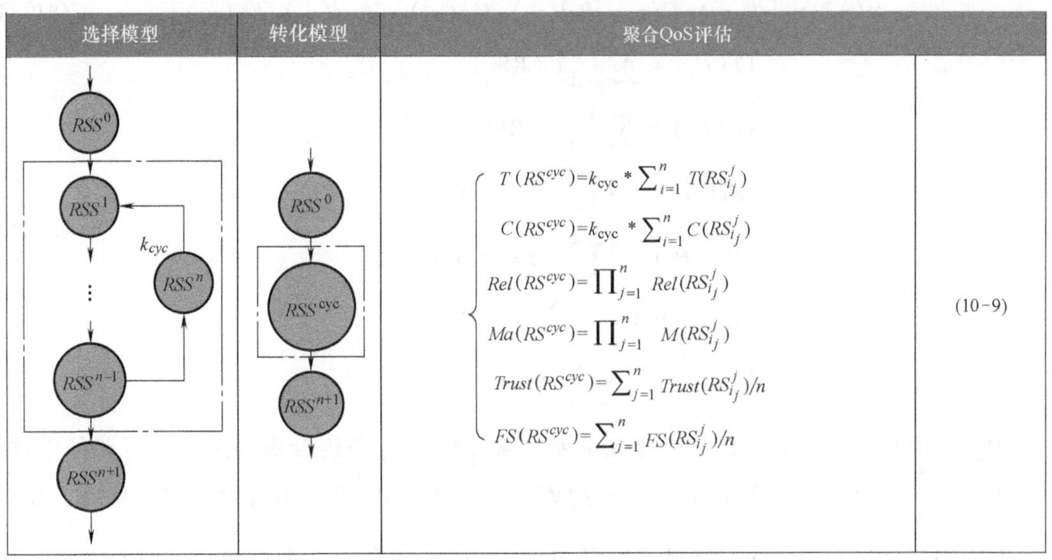

注：k_{cyc}（k_{cyc}=1,2,3, …）是循环时间。

图 10-9　循环模型转化规则及其聚合 QoS 计算方法

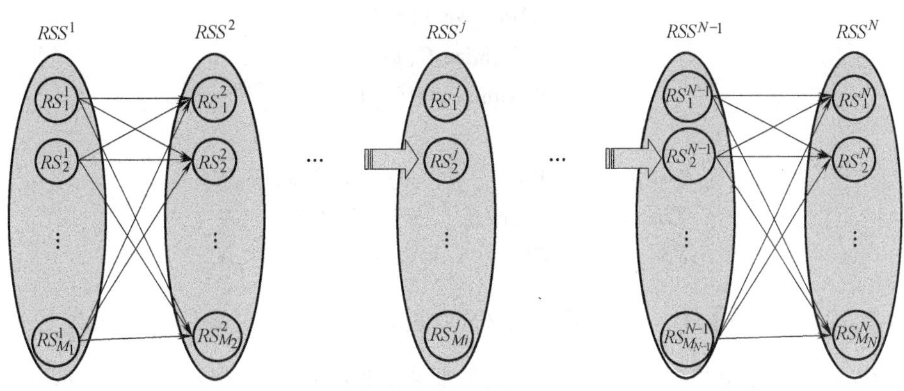

图 10-10　任务串联组合资源服务执行路径示意图

10.3.2　MO-MRSCOS 问题的数学模型

如图 10-10 所示，设简化后的 SCRS 由 N 个 RSS 串联组成，即 $RSS=\{RSS^1, RSS^2, \cdots, RSS^j, \cdots, RSS^N\}$，其中 RSS^j 为任意一个 RSS，且 RSS^j 有 M_j（$M_j=1, 2, 3, \cdots$）个待选资源服务，即 $RSS^j=\{RS_1^j, RS_2^j, \cdots, RS_{i_j}^j, \cdots, RS_{M_j}^j\}$。因此，任何一条组合资源服务执行路径 p_i 可以表示为

$$p_i=\{RS_{i_1}^1, RS_{i_2}^2, \cdots, RS_{i_j}^j, \cdots, RS_{i_N}^N\}\ (RS_{i_j}^j \in RSS^j) \tag{10-10}$$

理论上，共有 $\prod_{j=1}^{N} M_j$ 条可能的组合资源服务执行路径，根据式（10-5），第 i 条组合资源服务执行路径 p_i 的 QoS 评估模型 $Q(p_i)$ 可表示为式（10-11），其中各项 QoS 参数评估指标可根据式（10-12）计算得到。

$$Q(p_i) = [T(p_i), C(p_i), Rel(p_i), Ma(p_i), Trust(p_i), FS(p_i)] \tag{10-11}$$

$$\begin{cases} T(P_i) = \sum_{j=1}^{N} T(\mathrm{RS}_{i_j}^{j}) \\ C(P_i) = \sum_{j=1}^{N} C(\mathrm{RS}_{i_j}^{j}) \\ Rel(P_i) = \prod_{j=1}^{N} Rel(\mathrm{RS}_{i_j}^{j}) \\ Ma(P_i) = \prod_{j=1}^{N} Ma(\mathrm{RS}_{i_j}^{j}) \\ Trust(P_i) = \sum_{j=1}^{N} Trust(\mathrm{RS}_{i_j}^{j})/\mathrm{N} \\ FS(P_i) = \sum_{j=1}^{N} FS(\mathrm{RS}_{i_j}^{j})/\mathrm{N} \end{cases} \tag{10-12}$$

由前述内容可知，资源服务组合优选就是从 $\prod_{j=1}^{N} M_j$ 条组合资源服务执行路径中选择最优的一个，要求满足任务的全局 QoS 约束且使得式（10-12）中各值均能最优化。显然，在 $\prod_{j=1}^{\mathrm{N}} M_j$ 条待选路径中，每一条路径都是 MO-MRSCOS 问题的一个可能解。例如，“满足执行时间最短、价格最低、可靠性最高，并满足最低可维护性、信任度和功能相似性要求”的 MO-MRSCOS 问题可以按如下公式进行描述：

$$\text{Minimize } T(p_i) \tag{10-13}$$

$$\text{Minimize } C(p_i) \tag{10-14}$$

$$\text{Maximize } Rel(p_i) \tag{10-15}$$

得

$$Ma(p_{i,j}) \geqslant Ma \quad \forall j = 1,2,3,\cdots,N \tag{10-16}$$

$$Trust(p_{i,j}) \geqslant Trust \quad \forall j = 1,2,3,\cdots,N \tag{10-17}$$

$$FS(p_{i,j}) \geqslant FS \quad \forall j = 1,2,3,\cdots,N \tag{10-18}$$

式中，$i = 1, 2, \cdots, \prod_{j=1}^{N} M_j$；$Ma$、$Trust$、$FS$ 分别表示对待选资源服务的可维护性（Ma）、信任度（$Trust$）和功能相似性（FS）的最低要求；$Ma(p_{i,j})$、$Trust(p_{i,j})$、$FS(p_{i,j})$ 分别表示在第 i 个组合资源服务执行路径（即 $p_i = \{RS_{i_1}^1, RS_{i_2}^2, \cdots, RS_{i_j}^j, \cdots, RS_{i_N}^N\}$）中被选用的第 j 个资源服务（即 $RS_{i_j}^j$）对应的 Ma、$Trust$ 和 FS 的性能指标值；式（10-13）、式（10-14）和式（10-15）为 MO-MRSCOS 问题目标优化函数，即希望所选组合资源服务执行路径的“执行时间最短、价格最低、可靠性最高”；式（10-16）、式（10-17）和式（10-18）为 MO-MRSCOS 问题相应的约束方程，即要求所选组合资源服务执行路径必须满足最低的可维护性、信任度和功能相似性要求。

10.4 制造服务组合优选智能决策方法

10.4.1 基于简单 MADM 的资源服务组合优选

在资源服务匹配与搜索过程中，主要是对资源服务的功能因素进行匹配，因此在进行资源服务组合优选的过程中，主要依赖各资源服务的非功能因素（即 QoS）建立优选决策矩阵。假设依据组合资源服务执行路径生成方法最终生成的有效待选组合资源服务执行路径集为 $P=\{P_1, P_2, \cdots, P_j, \cdots, P_{M^*}\}$，其中 M^* 表示有效待选组合资源服务执行路径的数量，P_j 为第 j 条可供选择的组合资源服务执行路径，且 $P_j=\{RS_{i_1}^1, RS_{i_2}^2, \cdots, RS_{i_j}^j, \cdots, RS_{i_N}^N\}$，采用简单的多属性决策判定（Multiple Attribute Decision Making，MADM）方法求解 MO-MR-SCOS 问题的关键在于以下四个矩阵：

1）P 中组合资源服务执行路径的 QoS 性能信息矩阵 $\boldsymbol{QP}_{KM^*}$［见式（10-19）］。该矩阵中第 j 列表示供任务 T 选择的待选资源服务执行路径 P_j 对应的 QoS 矢量，如 $q_i^{p_j}$ 表示 P_j 的第 i 个 QoS 属性指标值，其中 K（$K=1, 2, 3, \cdots$）为所考虑的 QoS 的属性个数，由式（10-5）可知，本节讨论问题中的 $K=6$。

2）设共有 N（$N=1, 2, 3, \cdots$）个任务，任务 T 的总体 QoS 性能需求信息矩阵 $\boldsymbol{QT}_{NK}$［见式（10-20）］及相应 QoS 权重矩阵 $\boldsymbol{W}_{NK}$［见式（10-21）］。由于不同用户对每个 QoS 属性指标的重视程度不同，如有的比较关注价格、有的比较关注信任度，在资源服务组合优选评估过程中必须考虑各个 QoS 属性指标的权重。

3）根据 $\boldsymbol{QT}_{NK}$ 和 $\boldsymbol{W}_{NK}$ 得到加权后的任务 QoS 性能需求信息矩阵 $\boldsymbol{W/T}_{NK}$［见式（10-22）］。

$$\boldsymbol{QP}_{KM^*}=\begin{pmatrix} q_1^{p_1} & q_1^{p_2} & \cdots & q_1^{p_j} & \cdots & q_1^{p_{M^*}} \\ q_2^{p_1} & q_2^{p_2} & \cdots & q_2^{p_j} & \cdots & q_2^{p_{M^*}} \\ \vdots & \vdots & & \vdots & & \vdots \\ q_i^{p_1} & q_i^{p_2} & \cdots & q_i^{p_j} & \cdots & q_i^{p_{M^*}} \\ \vdots & \vdots & & \vdots & & \vdots \\ q_K^{p_1} & q_K^{p_2} & \cdots & q_K^{p_j} & \cdots & q_K^{p_{M^*}} \end{pmatrix} \tag{10-19}$$

$$\boldsymbol{QT}_{NK}=\begin{pmatrix} q_1^{t_1} & q_2^{t_1} & \cdots & q_i^{t_1} & \cdots & q_K^{t_1} \\ q_1^{t_2} & q_2^{t_2} & \cdots & q_i^{t_2} & \cdots & q_K^{t_2} \\ \vdots & \vdots & & \vdots & & \vdots \\ q_1^{t_j} & q_2^{t_j} & \cdots & q_i^{t_j} & \cdots & q_K^{t_j} \\ \vdots & \vdots & & \vdots & & \vdots \\ q_1^{t_N} & q_2^{t_N} & \cdots & q_i^{t_N} & \cdots & q_K^{t_N} \end{pmatrix} \tag{10-20}$$

$$\boldsymbol{W}_{NK}=\begin{pmatrix} w_1^{t_1} & w_2^{t_1} & \cdots & w_i^{t_1} & \cdots & w_K^{t_1} \\ w_1^{t_2} & w_2^{t_2} & \cdots & w_i^{t_2} & \cdots & w_K^{t_2} \\ \vdots & \vdots & & \vdots & & \vdots \\ w_1^{t_j} & w_2^{t_j} & \cdots & w_i^{t_j} & \cdots & w_K^{t_j} \\ \vdots & \vdots & & \vdots & & \vdots \\ w_1^{t_N} & w_2^{t_N} & \cdots & w_i^{t_N} & \cdots & w_K^{t_N} \end{pmatrix} \tag{10-21}$$

$$
W/T_{NK} = \begin{pmatrix} w_1^{t_1}/q_1^{t_1} & w_2^{t_1}/q_2^{t_1} & \cdots & w_i^{t_1}/q_i^{t_1} & \cdots & w_K^{t_1}/q_K^{t_1} \\ w_1^{t_2}/q_1^{t_2} & w_2^{t_2}/q_2^{t_2} & \cdots & w_i^{t_2}/q_i^{t_2} & \cdots & w_K^{t_2}/q_K^{t_2} \\ \vdots & \vdots & & \vdots & & \vdots \\ w_1^{t_j}/q_1^{t_j} & w_2^{t_j}/q_2^{t_j} & \cdots & w_i^{t_j}/q_i^{t_j} & \cdots & w_K^{t_j}/q_K^{t_j} \\ \vdots & \vdots & & \vdots & & \vdots \\ w_1^{t_N}/q_1^{t_N} & w_2^{t_N}/q_2^{t_N} & \cdots & w_i^{t_N}/q_i^{t_N} & \cdots & w_K^{t_N}/q_K^{t_N} \end{pmatrix} \tag{10-22}
$$

将 $\boldsymbol{QP}_{KM^*}$ 与 $\boldsymbol{W/T}_{NK}$ 相乘，即可得到每条待选组合资源服务执行路径对任务 T 而言的满足程度信息矩阵 $\boldsymbol{PW/T}_{NK}$，见式（10-23）。其中，$\sum_{i=1}^{K}((w_i^{t_j}/q_i^{t_j})q_i^{p_j})$ 表示组合资源服务执行路径 P_j 对任务 t^j 的适合程度。

$$
\boldsymbol{PW/T}_{NK} = \begin{pmatrix} \sum_{i=1}^{K}\left(\frac{w_i^{t_1}}{q_1^{t_1}}q_i^{p_1}\right) & \sum_{i=1}^{K}\left(\frac{w_i^{t_1}}{q_i^{t_1}}q_i^{p_2}\right) & \cdots & \sum_{i=1}^{K}\left(\frac{w_i^{t_1}}{q_i^{t_1}}q_i^{p_j}\right) & \cdots & \sum_{i=1}^{K}\left(\frac{w_i^{t_1}}{q_i^{t_1}}q_i^{p_{M^*}}\right) \\ \sum_{i=1}^{K}\left(\frac{w_i^{t_2}}{q_1^{t_2}}q_i^{p_1}\right) & \sum_{i=1}^{K}\left(\frac{w_i^{t_2}}{q_i^{t_2}}q_i^{p_2}\right) & \cdots & \sum_{i=1}^{K}\left(\frac{w_i^{t_2}}{q_i^{t_2}}q_i^{p_j}\right) & \cdots & \sum_{i=1}^{K}\left(\frac{w_i^{t_2}}{q_i^{t_2}}q_i^{p_{M^*}}\right) \\ \vdots & \vdots & & \vdots & & \vdots \\ \sum_{i=1}^{K}\left(\frac{w_i^{t_j}}{q_i^{t_j}}q_i^{p_1}\right) & \sum_{i=1}^{K}\left(\frac{w_i^{t_j}}{q_i^{t_j}}q_i^{p_2}\right) & \cdots & \sum_{i=1}^{K}\left(\frac{w_i^{t_j}}{q_i^{t_j}}q_i^{p_j}\right) & \cdots & \sum_{i=1}^{K}\left(\frac{w_i^{t_j}}{q_i^{t_j}}q_i^{p_{M^*}}\right) \\ \vdots & \vdots & & \vdots & & \vdots \\ \sum_{i=1}^{K}\left(\frac{w_i^{t_N}}{q_i^{t_N}}q_i^{p_1}\right) & \sum_{i=1}^{K}\left(\frac{w_i^{t_N}}{q_i^{t_N}}q_i^{p_2}\right) & \cdots & \sum_{i=1}^{K}\left(\frac{w_i^{t_N}}{q_i^{t_N}}q_i^{p_j}\right) & \cdots & \sum_{i=1}^{K}\left(\frac{w_i^{t_N}}{q_i^{t_N}}q_i^{p_{M^*}}\right) \end{pmatrix} \tag{10-23}
$$

因此，满足任务 t^j 的最佳组合资源服务执行路径即为矩阵 $\boldsymbol{PW/T}_{NK}$ 中最大值元素所对应的组合资源服务执行路径。然而基于 MADM 的 MO-MRSCOS 问题求解方法，在求解小规模 MO-MRSCOS 问题时（如任务请求规模小、待选资源服务数量不多的情况）比较有效；而针对大规模 MO-MRSCOS 问题的求解，其效率就显得严重不足。此外，基于 MADM 的求解方法没有考虑 MO-MRSCOS 问题的约束条件，所找到的解缺乏准确性。

10.4.2 基于改进 PSO 算法的资源服务组合优选

针对大规模 MO-MRSCOS 问题的求解，本节将介绍一种基于改进粒子群优化算法（Particle Swarm Optimization，PSO）的 MO-RSCOS 求解算法。该算法与传统 PSO 的不同之处，主要在于以下两个方面：①在传统 PSO 算法中引入非支配排序技术（Non-dominated Sorting Technique，NST）和 Pareto 最优解思想，来生成 PSO 算法中的个体极值（*pbest*）和全局极值（*gbest*）；②动态生成 PSO 算法中的粒子位置和速度更新公式中相应的参数（包括惯性权重、加速因子等），进而平衡 PSO 算法的全局搜索能力和局部搜索能力，从而提高算法的性能。

1. 标准 PSO

1995 年，美国社会心理学家詹姆斯·肯尼迪（James Kennedy）与电气工程师罗塞尔·埃伯哈尔（Russell Eberhar）在他们提交给 IEEE 神经网络国际会议的论文中首次提出了 PSO 算法。PSO 源于对鸟类捕食行为的模拟，与遗传算法相似，该算法也是一种基于群体和适应度的进化优化算法。与其他进化优化算法相比，PSO 的优势在于收敛速度快且容易实现。此外，PSO 需要调整的参数比较少，可以直接采用实数编码，算法结构相对简单。因此，自 1995 年以来，PSO 已在化工、通信、制造、电力系统、图像处理、生物信息、经济、医学、运筹学等多个领域得到了广泛应用。

在 PSO 中，每个优化问题的解都表示成搜索空间中的一只“鸟”，称之为“粒子”。所有的粒子都有一个由被优化的函数决定的适应值（Fitness value），每个粒子还有一个速度决定它们在搜索空间飞翔的方向和距离。在 PSO 运行过程中，粒子们追随当前的最优粒子在解空间中搜索。首先，初始化一群随机粒子（随机解），然后通过进化（迭代）找到最优解。每个粒子通过跟踪两个“极值”来更新自己的位置：一个极值是粒子本身到目前为止找到的最优位置，被称作个体极值 $pbest$；另一个极值是整个粒子群到目前为止找到的最优位置，被称作全局极值 $gbest$。假设第 i 个粒子的位置表示为 $x_i = (x_{i,1}, x_{i,2}, \cdots, x_{i,j}, \cdots, x_{i,N})$，其中 N 表示求解问题的维度，相应第 i 个粒子的速度表示为 $v_i = (v_{i,1}, v_{i,2}, \cdots, v_{i,j}, \cdots, v_{i,N})$，第 i 个粒子当前最佳位置（最优解）表示为 $pbest_i(t)$，粒子群目前找到的全局最优位置为 $gbest(t)$，t 为当前进化代（即迭代次数）。每个粒子根据式（10-24）和式（10-25）分别更新自己的速度和位置。

$$v_{i,j}(t) = \omega v_{i,j}(t-1) + c_1 r_1(pbest_i(t-1) - x_{i,j}(t-1)) + c_2 r_2((gbest(t-1) - x_{i,j}(t-1)) \tag{10-24}$$

$$x_{i,j}(t) = x_{i,j}(t-1) + v_{i,j}(t) \tag{10-25}$$

式（10-24）中 j 的取值范围是 $[1, N]$；参数 ω（$0<\omega\leqslant 1$）称作惯性权重，它使得粒子保持运动惯性，具有扩展空间的趋势，用来平衡全局搜索能力和局部搜索能力。较大的 ω 有较好的全局收敛能力，而较小的 ω 则有较强的局部搜索能力；参数 c_1 和 c_2 被称作学习因子，也被称为加速因子，通常 $c_1 = c_2 = 2$；参数 r_1 和 r_2 表示（0，1）之间的随机数。在 PSO 运行过程中，粒子的 $pbest$ 和粒子群的 $gbest$ 都不断更新。算法运行结束时，输出全局极值 $gbest$，即为问题的最优解。PSO 算法结构可简单描述如下：

Standard_PSO
设置 p 是 PSO 种群数量； $x_i(t) = x_{i,1}(t), x_{i,2}(t), \cdots, x_{i,N}(t)$ 是 PSO 种群粒子 i 在 t 次迭代时的位置（$t = 1, 2, 3, \cdots$），表示问题的候选解决方案； $fitness(i)$ 是粒子 i 的适应度值； $v_i(t) = v_{i,1}(t), v_{i,2}(t), \cdots, v_{i,N}(t)$ 是粒子 i 在 t 次迭代时的行进距离或速度； $gbest(t)$ 是在 t 次迭代时全局最优位置对应的粒子指针； $pbest_i(t)$ 是在 t 次迭代时粒子 i 的局部最优位置； $fitness(pbest_i(t))$ 是在 t 次迭代时粒子 i 的局部最优位置对应的适应度值。

步骤 1 初始化。针对种群中的每个粒子 i：
步骤 1.1：为 $x_i(1)$ 随机赋值；
步骤 1.2：为 $v_i(1)$ 随机赋值；
步骤 1.3：计算 $fitness(i)$；
步骤 1.4：初始化 $gbest(t)$；
步骤 1.5：初始化 $pbest_i(t)$，使其赋值与 $x_i(1)$ 一致。
步骤 2 循环迭代直至满足终止条件。
步骤 2.1：找到合适的 $gbest(t)$ 使其满足 $fitness(gbest(t)) \geqslant fitness(i)$，$\forall i \leqslant p$；
步骤 2.2：对于每个粒子 i，若满足 $\forall i \leqslant pV\ fitness(i) \geqslant fitness(pbest_i(t))$，则令 $pbest_i(t)=x_i(t)$；
步骤 2.3：对于每个粒子 i，分别根据式（10-24）和式（10-25）更新 $v_i(t)$ 和 $x_i(t)$ 的值；
步骤 2.4：计算 $fitness(i)$，$\forall i \leqslant p$。
步骤 3 输出结果。

在应用 PSO 求解 MO-MRSCOS 问题时，关键在于粒子的初始化表示、适应度函数设定、粒子运动及相应参数选定（包括惯性权重、粒子群大小、加速因子、位置极限、速度极限）、*pbest* 和 *gbest* 的产生、种群多样性等。对应上述操作，下面将详细介绍针对大规模 MO-MRSCOS 问题并结合 NST 和 Pareto 最优解思想所设计的改进 PSO 算法。

2. 粒子与组合资源服务执行路径的映射

应用 PSO 求解 MO-MRSCOS 问题时首先要解决的就是实现问题与粒子之间的映射，即粒子初始化。设定每个粒子（解）代表一条待选组合资源服务执行路径，PSO 的搜索空间（粒子的位置空间）为 N 维，对应于每条组合资源服务执行路径对应的 *RSS* 个数。如第 i 个粒子表示为 $p_i=(x_{i,1}, x_{i,2}, \cdots, x_{i,j} \cdots, x_{i,N})$，其中 $x_{i,j}$ 为组合资源服务执行路径对应 RSS^j 中的待选资源服务索引，其取值为一个离散的值域 $\gamma=\{x_{i,j}: 1 \leqslant x_{i,j} \leqslant M_j\}$，$M_j$ 是 RSS^j 中待选资源服务的个数。如图 10-11 所示，待选组合资源服务执行路径为 $\{RS_2^1, RS_5^2, RS_4^3, RS_2^4, RS_7^5, RS_3^6\}$，其对应的粒子可以表示为（2，5，4，2，7，3）。

3. 适应度函数的设定

针对前述举例的“要求执行时间最短、价格最低、可靠性最高并满足最低可维护性、信任度和功能相似性”这一资源服务组合优选多目标要求，可设计如下适应度函数来评估每个待选组合资源服务执行路径，即

$$fitness(p_i) = [Z(p_i) + \mathrm{Constraint}(p_i)]^{-1} \tag{10-26}$$

式（10-26）中，$fitness(p_i)$ 越大，表明 p_i 越优。$Z(p_i)=\alpha T(p_i)+\beta C(p_i)+\varepsilon/Rel(p_i)$ 为原始目标优化函数，即希望“执行时间最短、价格最低、可靠性最高”。函数 $Z(p_i)$ 通过 α、β、ε 这三个参数将原始的三个优化目标（即执行时间最短、价格最低、可靠性最高）集成为一个单一的优化目标。同时，α、β、ε 可以看作是三个目标量［即 $T(p_i)$、$C(p_i)$、$Rel(p_i)$］的权重系数，通过这三个参数对每个目标量进行规范化处理，使它们处于可比较的范围内，而不至于让 $Z(p_i)$ 的结果被其中某一个优化目标所主宰。

另外，式（10-26）中 $\mathrm{Constraint}(p_i)$ 为 p_i 的约束函数或称作补偿函数（Penalty Func-

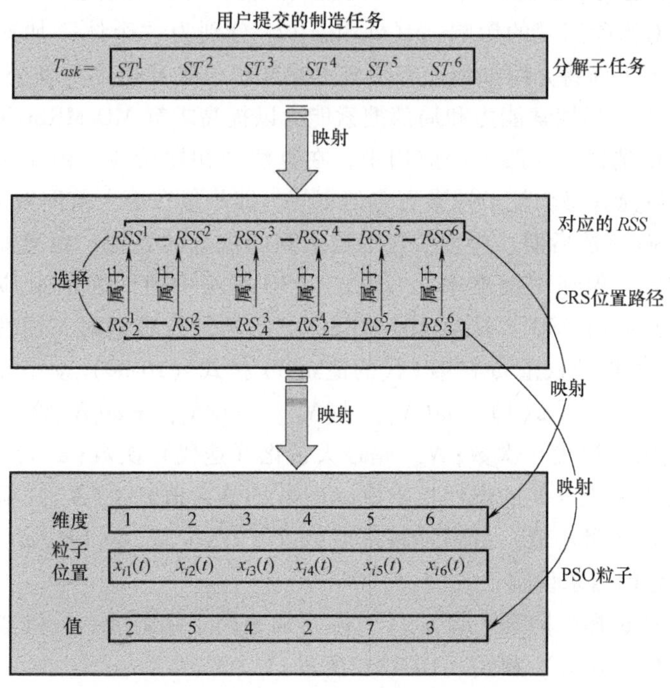

图 10-11　组合资源服务执行路径和 PSO 中粒子之间的映射例子

tion)，主要用于考虑可维护性（*Ma*）、信任度（*Trust*）和功能相似性（*FS*）三个约束条件，如式（10-27）所示：

$$\text{Constraint}(p_i) = \lambda_1 \times \sum_{j=1}^{N} \max\left[0, \frac{Ma - Ma(p_{i,j})}{Ma}\right] + \lambda_2 \times \sum_{j=1}^{N} \max\left[0, \frac{Trust - Trust(p_{i,j})}{Trust}\right] + \lambda_3 \times \sum_{j=1}^{N} \max\left[0, \frac{FS - FS(p_{i,j})}{FS}\right] \tag{10-27}$$

式中，$j=1, 2, 3, \cdots, N$ 且 $i=1, 2, \cdots, \prod_{j=1}^{N} M_j$；$\lambda_1$、$\lambda_2$、$\lambda_3$ 为 *Ma*、*Trust* 和 *FS* 相应的约束权重；Ma 、$Trust$ 、FS 为系统或用户设定的对待选资源服务可维护性（*Ma*）、信任度（*Trust*）和功能相似性（*FS*）的最低要求；$Ma(p_{i,j})$ 、$Trust(p_{i,j})$ 、$FS(p_{i,j})$ 分别表示在第 i 个待选组合资源服务执行路径（即 $p_i = \{RS_{i_1}^1, RS_{i_2}^2, \cdots, RS_{i_j}^j, \cdots, RS_{i_N}^N\}$ ）中被选用的第 j 个资源服务（即 $RS_{i_j}^j$ ）对应的 *Ma*、*Trust* 和 *FS* 的性能指标值。

4. 粒子的运动更新

设第 i 个粒子在第 t（$t=1, 2, 3\cdots$）次进化（迭代）时的位置和速度分别为 $p_i(t) = [x_{i,1}(t), x_{i,2}(t), \cdots, x_{i,j}(t), \cdots, x_{i,N}(t)]$ 和 $v_i(t) = [v_{i,1}(t), v_{i,2}(t), \cdots, v_{i,j}(t), \cdots, v_{i,N}(t)]$，其速度和位置分别根据式（10-28）和式（10-29）来更新。

$$v_{i,j}(t) = \omega(t)v_{i,j}(t-1) + c_1(t)r_1(t)[pbest_i(t-1) - x_{i,j}(t-1)] + c_2(t)r_2(t)[(gbest(t-1) - x_{i,j}(t-1)] \tag{10-28}$$

$$x_{i,j}(t+1) = x_{i,j}(t-1) + v_{i,j}(t) \tag{10-29}$$

式中，$r_1(t)$ 和 $r_2(t)$ 是两个取值在（0，1）的随机函数；$\omega(t)$ 为动态惯性权重函数，决定每个粒子之前的速度对当前速度的影响；$c_1(t)$ 和 $c_2(t)$ 分别为“个体”加速因子函数和“全局”加速因子函数。下面将介绍如何动态生成上述粒子位置和速度更新公式中相应的参数，进而平衡 PSO 算法的全局搜索能力和局部搜索能力以提高求解 MO-MRSCOS 问题的性能。

（1）惯性权重的选择　一般工程应用中，在算法的初期阶段，由于对搜索空间的认识不够或没有参照，应允许每个粒子搜索更多的空间，即尽量在更大范围搜索不同的解，保证“搜全率”。而在 PSO 算法后期，应多关注对搜索到的信息的处理，在当前搜索到的“最优解”附近小范围搜索，保证“搜准率”。因此，PSO 算法中惯性因子 ω 应该随着进化（迭代）的次数递减。在应用 PSO 算法对 MO-MRSCOS 问题进行求解时，惯性权重被设计为线性递减函数 $\omega(t)$，即惯性权重 ω 在第 t 代的值 $\omega(t)$ 按式（10-30）动态计算获取得到。

$$\omega(t) = [\omega(1) - \omega(N_{\text{exe}})](N_{\text{exe}} - t)/N_{\text{exe}} + \omega(N_{\text{exe}}) \tag{10-30}$$

式中，t 是当前的进化（迭代）次数；N_{exe} 是最大进化（迭代）次数；$\omega(t)$ 为粒子在第 t 代的惯性权重；$\omega(1)$ 是第一次迭代的惯性权重值（即 ω 的最大值）；$\omega(N_{\text{exe}})$ 是最后一次（即第 N_{exe} 次）迭代（即 ω 的最小值）的惯性权重值；以上 t、N_{exe}、$\omega(1)$、$\omega(N_{\text{exe}})$ 的值由用户或系统根据求解问题的需求设定。

（2）加速因子的选择　同理，设定“个体”加速因子函数 $c_1(t)$ 和“全局”加速因子函数 $c_2(t)$ 分别如式（10-31）和式（10-32）所示。

$$c_1(t) = [c_1(N_{\text{exe}}) - c_1(1)]t/N_{\text{exe}} + c_1(1) \tag{10-31}$$

$$c_2(t) = [c_2(N_{\text{exe}}) - c_2(1)]t/N_{\text{exe}} + c_2(1) \tag{10-32}$$

式中，$c_1(N_{\text{exe}})$ 为第 N_{exe} 次迭代（即 $c_1(t)$ 的最小值）的“个体”加速因子值；$c_1(1)$ 为第一次迭代的“个体”加速因子值（即 $c_1(t)$ 的最大值）；$c_1(t)$ 为第 t 次迭代（当前）“个体”加速因子值，且 $c_1(t) \in [c_1(N_{\text{exe}}),\ c_1(1)]$；$c_2(N_{\text{exe}})$ 为第 N_{exe} 次迭代（即 $c_2(t)$ 的最大值）的“全局”加速因子值；$c_2(1)$ 为第一次迭代的“全局”加速因子值（即 $c_2(t)$ 的最小值）；$c_2(t)$ 为第 t 次迭代“全局”加速因子值，且 $c_2(t) \in [c_2(N_{\text{exe}}),\ c_2(1)]$；以上 $c_1(N_{\text{exe}})$、$c_1(1)$、$c_2(N_{\text{exe}})$、$c_2(1)$ 的值由用户或系统根据需求设定。

（3）个体位置极限　由于每个粒子在每个维度的取值 $x_{i,j}$ 为一组离散的值域 $\gamma = \{x_{i,j}: 1 \leqslant x_{i,j} \leqslant M_j\}$。因此，必须对每次进化得到的 $x_{i,j}$ 作相应极值处理。所有维度的粒子位置的参数，无论是在搜索中初始化的还是已更新的，都必须限制在 $[1, M_j]$ 或 $[x_{i,j}^{\min}, x_{i,j}^{\max}]$ 中。在算法执行过程中，$x_{i,j}$ 的值直接取结果的整数部分，且 $x_{i,j}$ 的值在 $\gamma = \{x_{i,j}: 1 \leqslant x_{i,j} \leqslant M_j\}$ 之外时，采用式（10-33）和式（10-34）进行调整。

$$\text{如果 } x_{i,j}(t) > x_{i,j}^{\max}\text{，则 } x_{i,j}(t) = x_{i,j}^{\max} \tag{10-33}$$

$$\text{如果 } x_{i,j}(t) < x_{i,j}^{\min}\text{，则 } x_{i,j}(t) = x_{i,j}^{\min} \tag{10-34}$$

（4）个体速度极限　同个体位置极限一样，粒子的速度也应该有极值，从而避免粒子“飞到”有效搜索空间即 $[1, M_j]$ 或 $[x_{i,j}^{\min}, x_{i,j}^{\max}]$ 之外。显然，在算法执行过程中，粒子飞行的最大速度 $v_{i,j}^{\max}$ 至多与 $x_{i,j}^{\max}$ 相等。因此，粒子的速度应该限定在 $[-v_{i,j}^{\max}, v_{i,j}^{\max}]$ 或 $[-M_j, M_j]$ 内。在算法执行过程中，当粒子的速度超出极值时，按式（10-35）和式（10-36）进行调整。

$$\text{如果 } v_{i,j}(t) > v_{i,j}^{\max}\text{，则 } v_{i,j}(t) = v_{i,j}^{\max} \tag{10-35}$$

$$\text{如果 } v_{i,j} < -v_{i,j}^{\max}\text{，则 } v_{i,j}(t) = -v_{i,j}^{\max} \tag{10-36}$$

5. MO-MRSCOS 问题的 Pareto 最优解

针对优化问题，当只有单个目标时，最优解就是在给定约束条件下使得目标函数有最大值的解。而当多个目标需要同时最优化时，找到的最优解通常是 Pareto 最优集（或非劣解集）。

定义 10.1　Pareto 最优解：假设 p_i^* 和 p_j 是 MO-MRSCOS 问题的两个可行性解，且 p_i^* 和 p_j 均满足限制条件式（10-16）、式（10-17）和式（10-18），如果 p_i^* 和 p_j 之间满足式（10-37）所示条件：

$$\begin{pmatrix} T(p_i^*) \leqslant T(p_j)\text{ and} \\ C(p_i^*) \leqslant C(p_j)\text{ and} \\ Rel(p_i^*) \geqslant Rel(p_j) \end{pmatrix} \text{and} \begin{pmatrix} T(p_i^*) < T(p_j)\text{ or} \\ C(p_i^*) < C(p_j)\text{ or} \\ Rel(p_i^*) > Rel(p_j) \end{pmatrix} \tag{10-37}$$

则称 p_i^* 支配 p_j，记作 $p_i^* > p_j$。如果不存在任何解 p_j 满足 $p_j > p_i^*$，则 p_i^* 被定义为 MO-MRSCOS 问题的 Pareto 最优解（或非劣解）。所有 Pareto 最优解的集合，被称为 Pareto 最优集；所有 Pareto 最优解对应的目标函数值所形成的区域，被称为 Pareto 前端（即 Pareto Front）。

对于 MO-MRSCOS 问题，系统可能会找到大量的候选解。然而，存在两个主要问题，①如何鉴别及划分 Pareto 最优解，即 Pareto Front 的分类；②如何比较不同的 Pareto 最优解并选择最好的 Pareto 最优解，即 Pareto 最优解的比较。这两个问题是应用 PSO 算法并使用 Pareto 最优解方法的关键。

（1）Pareto Front 的分类　令 P 为所有待选解的集合。为了实现 Pareto Front 的分类，根据解之间的支配关系，将解集 P 被划分成 K（$K=1, 2, 3, \cdots$）个子集 SP_1，SP_2，…，SP_K，且任意一个子集中的解之间不存在支配关系。并且当 $i<j$ 时，子集 SP_j 中的所有解都被子集 SP_i 中任一解支配。即 P 中所有解被分成 K 个 Pareto Front，其中 SP_1 包含当前所有的 Pareto 最优解。Pareto Front 分类可采用如下 NonDonminateClassify（）算法实现。

NonDonminateClassify(P)
步骤 1　对于 P 中的每个待选解 $p_i \in P$，令 $N_{p_i}=0$ 且 $\psi_{p_i}=\phi$。 **步骤 2**　对于 P 中的每个待选解 $p_j \in P$ ($j \neq i$)， 若（$p_i > p_j$），则令 $\psi_{p_i}=\psi_{p_i} \cup \{p_j\}$； 若（$p_j > p_i$），则令 $N_{p_i}=N_{p_i}+1$。 **步骤 3**　若 $N_{p_i}=0$，则令 $SP_1=SP_1 \cup \{p_i\}$。 **步骤 4**　令 $k=1$。 **步骤 5**　当 $SP_k \neq \phi$ 时，令 $\theta=\phi$。 **步骤 6**　对于每个 $p_i \in SP_k$。 **步骤 7**　对于 $p_j \in \psi_{p_i}$，令 $N_{p_j}=N_{p_j}-1$。 若 $N_{p_j}=0$，则令 $\theta=\theta \cup \{p_j\}$。 **步骤 8**　令 $k=k+1$，且 $SP_k=\theta$。 **步骤 9**　得到 SP_k 值。

（2）Pareto 最优解的比较　通过基于上述 NonDonminateClassify（）算法的 Pareto Front 分类操作之后，候选解集 P 可以表示为 $P = \{SP_1, SP_2, \cdots, SP_K\}$，其中子集合 SP_j 中的所有解受集合 SP_i（$i < j$ 且 $i, j = 1, 2, \cdots, K$）中任一解的支配。显然，任意两个不同的解 p_i 和 p_j 的分布有两种情况：一种是 p_i 和 p_j 属于两个不同的 Pareto Front，另一种是 p_i 和 p_j 属于同一个 Pareto Front。

因此，在选择最后的最优解时，也需要考虑以下两种情况：

1）如果两个 Pareto 最优解分属于不同 Pareto Front，则在选择时，偏好于靠前的 Pareto Front 中的解，即当 $\forall p_i \in SP_i$ 且 $\forall p_j \in SP_j$ 时，若 $i < j$，则偏好于 P_i。

2）如果两个 Pareto 最优解属于同一 Pareto Front，则在选择时，偏好于有着更大密集距离（Crowding Distance）的那个解。令 $d(p_i)$ 为 $SP_k(k = 1, 2, 3, \cdots, K)$ 中解 P_i 的密集距离，则 $d(p_i)$ 可依据如下 CrowdDistanceEvalate（）算法进行评估。

CrowdDistanceEvalate(*P*)
步骤 1　执行 $NonDonminateClassify(P)$，并将候选解集表示为 $P = \{SP_1, SP_2, \cdots, SP_K\}$。 **步骤 2**　设 $k = 1$。 **步骤 3**　若 $SP_k \neq \phi$。 **步骤 4**　对于每个 $p_i \in SP_k = \{p_1, p_2, \cdots, p_{N_k}\}$，令 $d(p_i) = 0$。 **步骤 5**　设 $j = 1$。 **步骤 6**　执行 $Sort\uparrow(SP_k, j)$，将 SP_k 中的解根据第 j 个目标值进行升序排列。 **步骤 7**　设 $f_j^{\max} = \max\{f_j(p_i), \forall p_i \in SP_k, k = 2, 3, \cdots, N_k - 1\}$； 且 $f_j^{\min} = \min\{f_j(p_i), \forall p_i \in SP_k, k = 2, 3, \cdots, N_k - 1\}$。 式中 $f_j(p_i)$ 为 p_i 的第 j 个目标值。 **步骤 8**　设 $d(p_1) = d(p_{N_k}) = +\infty$。 **步骤 9**　对于从 2 取值到 $(N_k - 1)$ 的每一个 i， 使 $d(p_i) = d(p_i) + (f_j(p_{i+1}) - f_j(p_{i-1}))/(f_j^{\max} - f_j^{\min})$。 **步骤 10**　若 $j = 3$，则跳至步骤 11；否则，令 $j = j + 1$ 并跳至步骤 6。 **步骤 11**　得到 $d(p_i)$ 的值。 **步骤 12**　令 $k = k + 1$。

定义 10.2　Pareto 最优解比较算子（$>_C$）：令候选解集为 $P = \{SP_1, SP_2, \cdots, SP_K\}$，其中 SP_j 中的所有解受 SP_i（$i < j$ 且 $i, j = 1, 2, \cdots, K$）中任一解支配，且 SP_j 中任意一对解不存在支配关系，则 P 中任意两个 Pareto 最优解的比较算子（$>_C$）定义如式（10-38）和式（10-39）所示。

$$\forall p_i \in SP_i \text{ 且 } \forall p_j \in SP_j \Rightarrow p_i >_C p_j \tag{10-38}$$

$$\forall p_i \in SP_i \text{ 且 } \forall p_j \in SP_i \text{，如果 } d(p_i) \geqslant d(p_j) \Rightarrow p_i >_C p_j \tag{10-39}$$

式中，$p_i >_C p_j$ 表示解 p_i 优于解 p_j，即在选择最后的最优解时，系统更偏好于 P_i。

6. *pbest* 的产生

$pbest_i(t)$ 为粒子 p_i 在经历 t 次飞行（迭代）后寻找到的最优位置。结合上述 Pareto 最优解思想以及 Pareto 最优解比较算子，在采用 PSO 求解 MO-MRSCOS 问题时，个体极值 $pbest_i(t)$ 的动态生成算法 $Generate\_$ $\mathrm{pbest}_i()$ 描述如下：

Generate_pbest$_i$(t)

$generate\_\ pbest_i(t,\ p_i(t),\ pbest_i(t-1))$
{
步骤 1 若 $t=0$，则令 $pbest_i(t)=p_i(t)$。
步骤 2 若 $p_i(t) >_C pbest_i(t-1)$，则令 $pbest_i(t)=p_i(t)$。
步骤 3 若 $pbest_i(t-1) >_C p_i(t)$，则令 $pbest_i(t)=pbest_i(t-1)$。
步骤 4 其余情况则令 $pbest_i(t)=p_i(t)$。
步骤 5 $pbest_i(t)$ 即为个体极值。
}

7. *gbest* 的产生

由于多目标之间可能存在冲突性这一特点，使得在多目标优化问题中选择最优解实现起来非常困难。为解决这一问题，引入了非劣解（Non-Dominated Solutions）或 Pareto 最优解的概念，将 PSO 搜索过程中所产生的非劣解存放到一个外部档案（记作 Λ）中。每次迭代过程中的 *gbest* 从相应的 Λ 中产生。为了提高选择 *gbest* 的效率，为外部档案 Λ 设定一个最大容量 N_Λ（$N_\Lambda=1,2,3,\cdots$），当外部档案内非劣解的数量达到了规定上限时（即超过 N_Λ 时），设计相应的渐进更新算法来维护 Λ，以确定新搜索到的解能否进入到档案中。在每一次迭代中，Λ_{t+1} 的成员由 Λ_t 和当前搜索到的解集 P_t 共同产生。Λ_{t+1} 的维护和生成算法 ArchiveUpdating( ) 描述如下。

ArchiveUpdating (t, $\Lambda(t)$, N_Λ, $P(t+1)$)
步骤 1 设 $k=1$。 **步骤 2** 执行 $NonDonminateClassify(P(t+1))$ 进行非支配距离排序分类， 得到 $SP_1(t)=\{p_1,\ \cdots,\ p_i,\ \cdots,\ p_{K_1}\}$。 // 在 $P(t+1)$ 中找到了所有非支配解集 // K_1 是非支配解集的数量 **步骤 3** 设 $\Lambda_{t+1}=\Lambda_t=\{p_1,\ \cdots,\ p_j,\ \cdots,\ p_{N_a}\}$。 // N_a 是目前 Λ_{t+1} 元素的数量 **步骤 4** 设 $i=1$。 **步骤 5** 对于 $p_i \in SP_1(t)$，令 $N_1=N_2=N_3=0$。 **步骤 6** 设 $j=1$。 **步骤 7** 对于任意 $p_j \in \Lambda_{t+1}$， 若 $p_i > p_j$，则令 $\psi=\psi \cup \{p_j\}$，$N_1=N_1+1$； 若 $p_j > p_i$，则令 $N_2=N_2+1$； 其余情况，则令 $N_3=N_3+1$。

ArchiveUpdating $(t, \Lambda(t), N_\Lambda, P(t+1))$
步骤 8 若 $j = N_a$，则前往步骤 9；否则，令 $j = j + 1$ 并返回步骤 7。 **步骤 9** 若 $N_1 = N_a$，则从 Λ_{t+1} 中清除所有 ψ 中的元素， 然后，令 $\Lambda_{t+1} = \Lambda_{t+1} \cup \{p_i\}$，$N_a = N_a - N_1 + 1$。 **步骤 10** 若 $N_3 = 0$，//即在 Λ_{t+1} 中没有元素被 p_i 支配 若 $N_a < N_\Lambda$，则令 $\Lambda_{t+1} = \Lambda_{t+1} \cup \{p_i\}$，$N_a = N_a + 1$。 // N_Λ 为解的最大值 若 $N_a = N_\Lambda$，则令 $\Lambda_{t+1} = \Lambda_{t+1} \cup \{p_i\}$，并从 Λ_{t+1} 中清除一个拥挤距离最小的解。 **步骤 11** 若 $i = K_1$，则前往步骤 12；否则，令 $i = i + 1$，并返回步骤 5。 **步骤 12** 得到 Λ_{t+1} 的值。

生成 Λ_{t+1} 之后，利用比较算子 $>_C$ 从 Λ_{t+1} 中选取全局最优解 $gbest(t)$。在采用 PSO 求解 MO-MRSCOS 问题时，相应的 $gbest(t)$ 的生成算法 Generate_gbest( ) 描述如下：

Generate_ gbest(t)

generate_ gbest(t, Λ_t)
{
步骤 1 执行 *NonDonminateClassfiy*(Λ_t)，进行非支配排序分类。
//在 Λ_t 中找到所有的非支配解
步骤 2 执行 *CrowdDistanceEvaluate*(Λ_t)，得到 Λ_t 中每一个元素的拥挤距离。
步骤 3 对于每一个待选解 $p_i \in \Lambda_t$，令 $N_{p_i} = 0$ 且 $\psi_{p_i} = \phi$。
步骤 4 设 $i = 1$。
步骤 5 令 $j = i + 1$。
步骤 6 对于解 $p_j \in \Lambda_t$，
若（$p_i >_C p_j$），则令 $\psi_{p_i} = \psi_{p_i} \cup \{p_j\}$；
否则，若（$p_j >_C p_i$），则令 $N_{p_i} = N_{p_i} + 1$。
步骤 7 若 $j = N_a$，则前往步骤 8；否则，令 $j = j + 1$ 并返回步骤 6。
步骤 8 若 $i = N_a - 1$，则前往步骤 9；否则，令 $i = i + 1$ 并返回步骤 5。
步骤 9 令 $\psi = \phi$。
步骤 10 对于每个待选解 $p_i \in \Lambda_t$，若 $N_{p_i} = 0$，则令 $\psi = \psi \cup \{p_i\}$。
步骤 11 从 ψ 中随机选出一个解作为最优解 $pbest(t)$。
步骤 12 得到 $pbest(t)$。
}

8. 种群多样性维护

在每次迭代过程中，PSO 算法可能会产生：①具有相同编码的解；②具有相同目标函数适应度值的解。从而降低了算法的种群多样性。为有效提高种群多样性，采用以下两种操作剔除每次迭代过程所产生的冗余解：

1）Permutation-based Trimming Operators（PBTrim( )）：在每次迭代过程中，如果存在具有相同编码的解，则选择其中任意一个保留，删除其他多余的，并通过随机的方法来产生新的解以替换被删除的解。

2）Objective-based Trimming Operators（OBTrim( )）：在每次迭代过程中，如果存在具有相同目标函数适应度值的解，则选择其中任意一个保留，删除其他多余的，并通过随机的方法来产生新的解以替换被删除的解。

9. 基于改进 PSO 的 MO-MRSCOS 求解算法

根据上述对标准 PSO 算法进行的相应参数和算子的改进，所设计的基于改进 PSO 的 MO-MRSCOS 问题求解算法结构可描述如下：

Advanced_PSO for MO-MRSCOS
步骤 1　初始化（t=0）。 **步骤 1.1**　随机产生一个初始种群 $P(t)=\{p_1^t, p_2^t, \cdots, p_{N_{\text{Size}}}^t\}$，其中 N_{Size} 表示种群的大小。 **步骤 1.2**　初始化每个粒子的速度为 $v_i(t)$。 **步骤 1.3**　对 $P(t)$ 中的每个粒子进行裁剪操作 $PBTrim(P(t))$ 和 $OBTrim(P(t))$。 **步骤 1.4**　执行非支配排序分类，选出非支配解并存储在 Λ_t 中。 **步骤 1.5**　初始化粒子的最佳位置 p_i^t，对于粒子 i 从 1 到 N_{Size}，得到 $pbest_i(t)=p_i^t$。 **步骤 2**　重复（$t=1$ 到 N_{exe}）。 **步骤 2.1**　对于 $i=1$ 和 N_{Size}，令 $pbest_i(t)=generate\_\ pbest_i(t, p_i(t), pbest_i(t-1))$。 // $P(t)$ 中到每个粒子 p_i^t 产生个体最优位置 $pbest_i(t)$ **步骤 2.2**　执行 $Generate\_gbest(\Lambda(t))$ 并且产生全局最优解 $gbest(t)$。 **步骤 2.3**　根据式（10-30），式（10-31）和式（10-32），更新 $\omega(t)$，$c_1(t)$，$c_2(t)$。 **步骤 2.4**　根据式（10-33）计算粒子的速度 p_i^t，根据式（10-35）和式（10-36）调整 p_i^t 的速度来保证粒子在搜索空间内，以免超出边界。 **步骤 2.5**　根据式（10-29）计算 p_i^t 的新位置，并根据式（10-33）和式（10-34）调整 p_i^t 的新位置来保证粒子在搜索空间内，以免超出边界，得到 $P(t+1)=\{p_1^{t+1}, p_2^{t+1}, \cdots, p_N^{t+1}\}$。 **步骤 2.6**　对 $P(t+1)$ 中每个粒子，执行裁剪操作 $PBTrim(P(t+1))$ 和 $OBTrim(P(t+1))$。 **步骤 2.7**　执行 $ArchiveUpdating$（t，Λ（t），N_Λ，P（t+1）），并且得到 Λ_{t+1}。 **步骤 3**　输出，得到 Λ_{t+1} 的值。//得到 Pareto 解前沿

复习小结

在物联制造系统实际运行过程中，同时存在大量的单一资源服务需求任务和多资源服务需求任务。为支持系统中服务的按需应用，如何实现资源服务优选与组合优选，是促进物联制造系统落地应用所需解决的关键问题之一。由于针对单一资源服务需求任务进行的资源服务优选，可视为针对多资源服务需求任务进行的资源服务组合优选的部分环节，本章针对多资源服务需求任务，首先介绍了制造服务组合的概念与实现架构，阐明了制造服务组合的服务质量（Quality of Service，QoS）量化评估方法，分析并构建了制造服务组合优选问题模型，最后介绍了两种解决制造服务组合优选问题的智能决策方法。

习　题

10-1　为什么资源服务组合优选的实现对物联制造系统的运行应用具有重要的意义？

10-2　请说明资源服务组合优选的实现框架及其实现流程的内容。

10-3　请说明组合资源服务有哪几种形式，且包括哪些基本构成模型。

10-4　试举例说明多目标资源服务优选问题，并构建该优化问题的数学模型。

10-5　针对习题10-4所建立的问题模型，试采用其他算法（不包括本章已介绍的方法）求解该多目标资源服务优选问题。

第11章

典型智能制造系统案例分析

知识点

1. 汽车行业典型零部件智能车间以 MES 系统为主线，借助 AGV 小车、SCADA 系统、Andon 系统等设备或技术，实现智能化生产。

2. 航空航天行业典型零部件车间实施智能制造的主要内容包括数字化设计、生产过程仿真和优化，技术支撑体系包括硬件支撑层、标准规范层、数据库层、应用系统层、功能层、应用平台层和制造单元层。

智能制造系统已经在各行各业有大量应用，尤其是在以汽车为代表的离散制造企业以及以航空航天制造为代表的高端装备制造企业中，取得了十分显著的效果。本章将对汽车行业以及航空航天行业典型零部件智能车间案例进行介绍。

11.1 汽车行业典型零部件智能车间案例

汽车行业在典型零部件的制造过程中大量应用了智能制造技术，主要包括制造执行系统（Manufacturing Execution Systems，MES）、自动导引车（Automated Guided Vehicle，AGV）、数据采集与监视控制系统（Supervisory Control And Data Acquisition，SCADA）以及安灯系统（Andon）的使用。企业通过智能工厂的建设，可以有效提升工厂的可视化程度，打破“工厂黑箱”，提升生产效率。

11.1.1 MES 系统

1. 汽车制造企业的装配 MES 共性需求

在汽车制造企业实施 MES，需解决以下共性需求：

1）针对准时制（Just In Time，JIT）生产和混流装配的要求，通过高级计划排程，制定优化的总装上线顺序，以此拉动物料准备，并生成涂、焊、冲等车间的生产计划。

2）实现生产过程实时数据的采集和生产现场的透明化管控，包括在制品位置、缓冲区信息、质量状态、关键重要零件档案等。

3）实现物流过程的精益化管理，针对不同的物料类型，采用不同的物流配送方式，通过 RFID、条码等手段实现物流过程跟踪，确保物料准时、正确地送达生产现场，并对线边库存进行有效的管理。

4）实现生产现场无纸化和可视化，通过工作流下发生产指令，通过数据采集手段自动获取生产进度，通过物联技术实现质量档案信息的收集，通过物料看板防止漏装、错装，通过电子化看板展示生产进度和绩效信息。

2. 陕西重型汽车有限公司 MES 的应用实施内容

陕西重型汽车有限公司（简称陕重汽）是在国内外有着重大影响的汽车厂商，是中国企业 500 强之一，公司产品范围覆盖重型军用越野车、重型卡车、大中型客车、中轻型卡车、重型车桥、康明斯发动机及汽车零部件等，现已达到年产重型卡车 10 万辆、中型卡车

2 万辆、大客车 1500 辆及中型车桥 35 万根的能力。

2012 年 1 月起，华中科技大学和陕重汽合作实施 MES。2013 年 8 月，MES 系统通过验收并上线应用于公司的车身厂、车架厂、特种车事业部、总装厂和下属通汇物流公司。

陕重汽产品型号多、结构复杂、零部件和材料产品繁多，工艺过程复杂，涉及的生产环节多，制造难度大，各环节配套要求高，且现场由于客户需求等各种因素造成的更改频繁，产品的装配过程等环节采用人工管理的模式，相对于生产制造部门及生产业务部门的电子化管理来说依然是暗箱，这种制造现场的手工管理模式与整个企业主生产计划的高效率信息化管理的矛盾越来越突出。

车间生产管理涉及的方面很多，并且每个车间的生产特点都不一样，但是生产管理围绕的核心都是生产计划的管理及生产计划的执行，同时辅助相应的质量检验、物料管控等业务流程，因此结合陕重汽的实际情况以及陕重汽的生产特点，以计划→监控→物料为主线，结合整车关键件质量数据采集功能将车间内外的主体业务贯穿起来。

陕重汽 MES 系统流程如图 11-1 所示。主要包括 8 个功能范围：

1）生产计划与控制（民品、军品、试制、配件、专项改制等类）。

2）总装上线序列。

3）质量监控（关键件与 VIN 匹配）。

4）数据采集（车身厂、车架厂和总装厂）。

5）在制品跟踪。

6）缓冲区库存管理（车架缓冲区和驾驶室缓冲区）。

7）物料管理（物料接收和物料需求发布）。

8）统计与报表。

陕重汽 MES 应用实施的内容如下：

1）生产计划与控制。采用高级计划排程技术，形成了整车装配到车身、车架等子公司及零部件的协同计划排产模式，对无法自产的零部件自动生成对应的外协计划，实现了跨系统、多层级计划级联调整。具体功能包括订单管理、生产计划编制、上线顺序排序、上线计划发布、外协计划、计划调整、计划看板等，软件界面如图 11-2、图 11-3 和图 11-4 所示。

2）物流管控和在制品跟踪。根据总装上线顺序和 BOM 发布物料需求，如图 11-5 所示。实现了物料配送和物料跟踪管理。通过对车架、车身厂缓冲区，第三方物流公司仓库的实时监控，实现了以整车装配拉动物流执行过程。支持整车装配过程中对车身、车架库位的自动指导，实现了车身、车架的按需接收和出库。通过 RFID、条码等手段实现总装线上在制品进度的跟踪，如图 11-6 所示。

3）实时数据采集与监控。包括实时信息采集与处理平台构建、缓冲区实时信息采集等，如图 11-7 所示。并通过移动终端对各种主要零部件质量数据进行采集，对现场质量异常数据进行实时反馈与可视化提醒，以完整的电子质量档案替代原有的纸质档案，生产状况通过可视化看板的形式进行展示。实现对生产过程的可视化监控（见图 11-8）以及关键件追溯（见图 11-9）。

3. 江淮汽车乘用车三厂 MES 应用实施内容

安徽江淮汽车股份有限公司（简称“江淮汽车”），是一家集商用车、乘用车及动力总成研发、制造、销售和服务于一体的综合型汽车厂商，是中国企业 500 强之一。公司具有年

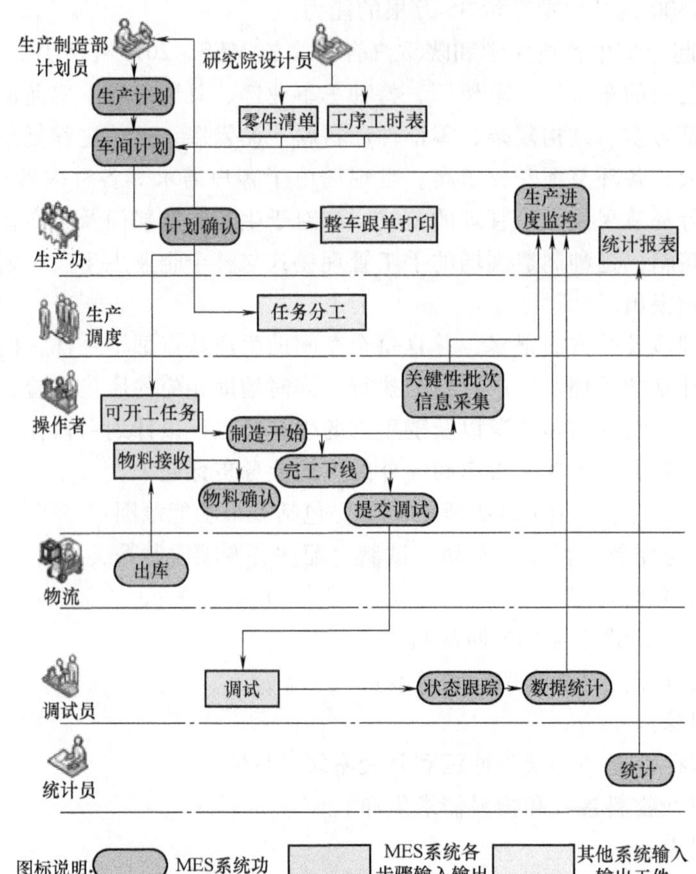

图 11-1 生产业务流程示意图

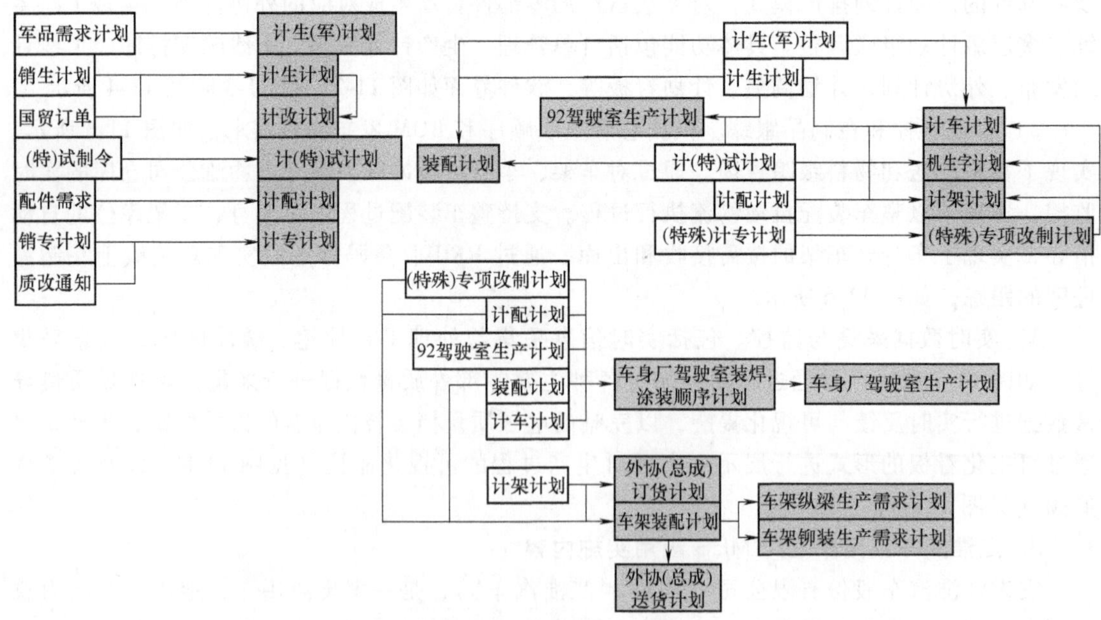

图 11-2 多级计划流程

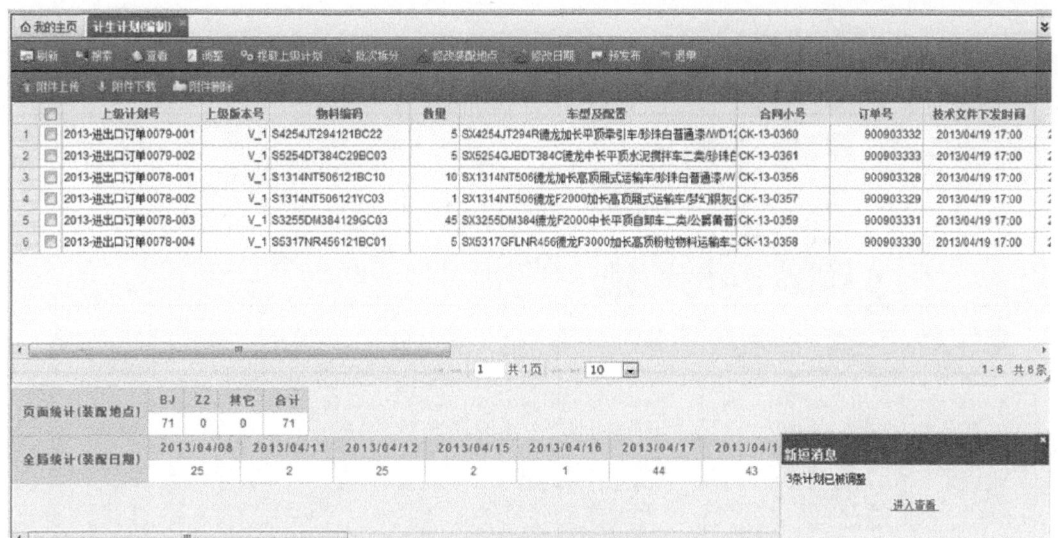

	上级计划号	上级版本号	物料编码	数量	车型及配置	合同小号	订单号	技术文件下发时间
1	2013-进出口订单0079-001	V_1	S4254JT294121BC22	5	SX4254JT294R德龙加长平顶牵引车/珍珠白普通漆/WD1	CK-13-0360	900903332	2013/04/19 17:00
2	2013-进出口订单0079-002	V_1	S5254DT384C29BC03	5	SX5254GJBDT384C德龙中长平顶水泥搅拌车二类/珍珠白	CK-13-0361	900903333	2013/04/19 17:00
3	2013-进出口订单0078-001	V_1	S1314NT506121BC10	10	SX1314NT506德龙加长高顶厢式运输车/珍珠白普通漆/W	CK-13-0356	900903328	2013/04/19 17:00
4	2013-进出口订单0078-002	V_1	S1314NT506121YC03	1	SX1314NT506德龙F2000加长高顶厢式运输车/梦幻银灰	CK-13-0357	900903329	2013/04/19 17:00
5	2013-进出口订单0078-003	V_1	S3255DM384129GC03	45	SX3255DM384德龙F2000中长平顶自卸车二类/公爵黄普	CK-13-0359	900903331	2013/04/19 17:00
6	2013-进出口订单0078-004	V_1	S5317NR456121BC01	5	SX5317GFLNR456德龙F3000加长高顶粉粒物料运输车	CK-13-0358	900903330	2013/04/19 17:00

1　共1页　10　1-6　共6条

页面统计(装配地点)	BJ	ZZ	其它	合计
	71	0	0	71

全局统计(装配日期)	2013/04/08	2013/04/11	2013/04/12	2013/04/15	2013/04/16	2013/04/17	2013/04/1
	25	2	25	2	1	44	43

新运消息
3条计划已被调整
进入查看

图 11-3　生产计划编制

我的主页　包计划　上线计划发布
北郊1线　北郊2线
刷新　搜索　查看　导出　置顶　上移　下移　置底　确定排序　退至编制包计划　退至上线序列编制
上线计划发布

	包编号	当天序号	流水号	装配计划号	计生计划号	线序号	批次	车型及配置	备注	合同小号
1	20130412023	20130412-188	DX023660	2013-装配0079-103	2013-计生0185-015	B1_56	2-1	SX4257GR324 M3000高顶	强制发布：43178日期：201	H-13-1125
2	20130412023	20130412-189	DX023661	2013-装配0079-103	2013-计生0185-015	B1_56	2-2	SX4257GR324 M3000高顶	强制发布：43178日期：201	H-13-1125
3	20130416014	20130416-80	DX024646	2013-装配0082-091	2013-计生0217-036	B1_36	1-1	SX3317DR326德龙F3000中		H-13-1316
4	20130417011	20130417-16	DX025009	2013-装配0084-044	2013-计生0220-032	B2_34	1-1	SX4257NT324德龙F3000加		F-13-0201
5	20130417011	20130417-28	DX025004	2013-装配0084-040	2013-计生0222-019	B2_30	1-1	SX4257NR324德龙F3000加		H-13-1341
6	20130416004	20130417-63	DX022392	2013-装配0076-084	2013-计生0177-088	B1_49	7-5	SX3317MN366德龙M3000	强制发布：12741日期：201	E-13-0445
7	20130416004	20130417-67	DX022387	2013-装配0076-083	2013-计生0177-089	B1_48	3-3	SX3317MM366德龙M3000	强制发布：12741日期：201	E-13-0446
8	20130416004	20130417-68	DX022386	2013-装配0076-083	2013-计生0177-089	B1_48	3-2	SX3317MM366德龙M3000	强制发布：12741日期：201	E-13-0446
9	20130417020	20130418-5	DX025249	2013-装配0085-021	2013-计生0217-016	B1_13	4-2	SX1255UM564奥龙中长平		A-13-1129
10	20130417020	20130418-7	DX025251	2013-装配0085-021	2013-计生0217-016	B1_13	4-4	SX1255UM564奥龙中长平		A-13-1129

2013-装配0085-021
1　共10页　10　1-10　共97条

图 11-4　总装上线计划发布

我的主页　物料需求
刷新　搜索　查看　导出
物料需求

		包编号	物料编码	合同小号	流水号	装配数量	批次	车型及配置	交货日期	任务号	计
1	+	20121209001	S3257DR464W19G002	S-12-1663	CX066994	5	5-1	SX3257DR464TL德龙F300	2012-12-07 00:00:00	BJF12111002955260 2 E	20
2	+	20121210001	S3257DR464W19G002	S-12-1663	CX066995	5	5-2	SX3257DR464TL德龙F300	2012-12-07 00:00:00	BJF12111002955260 2 E	20
3	+	20121210003	S3257DR464W19G002	S-12-1663	CX066996	5	5-3	SX3257DR464TL德龙F300	2012-12-07 00:00:00	BJF12111002955260 2 E	20
4	+	20121210003	S3257DR464W19G002	S-12-1663	CX066997	5	5-4	SX3257DR464TL德龙F300	2012-12-07 00:00:00	BJF12111002955260 2 E	20
5	+	20121210003	S3257DR464W19G002	S-12-1663	CX066998	5	5-5	SX3257DR464TL德龙F300	2012-12-07 00:00:00	BJF12111002955260 2 E	20
6	−	20121210002	S3317MM346W11G002	T-12-0927	CX066484	10	10-9	SX3317MM346德龙M3000	2012-12-09 00:00:00	B2F12111002953550 1 E	20

计划号	父图号	位置号	图号	数量
2012-计生0910-061	2012-计生0910-061-A.2	0000	DC15221232108	1
2012-计生0910-061	2012-计生0910-061-A.2	0000	DC15221242109	1
2012-计生0910-061	2012-计生0910-061-A.2	0000	DC93189714003	1
2012-计生0910-061	2012-计生0910-061-A.2	0000	DC96189570200	1
2012-计生0910-061	2012-计生0910-061-A.2	0000	DC96259190802	1
2012-计生0910-061	2012-计生0910-061-A.2	0000	DC96319360000	1
2012-计生0910-061	2012-计生0910-061-A.2	0000	DC96319610400	1
2012-计生0910-061	81.97460.6037	2730	81.97460.0008	1
2012-计生0910-061	AZ9112590099	0010	AZ9112590097	1
2012-计生0910-061	DC15221232108	0045	Q150B1440	8
2012-计生0910-061	DC15221232108	0100	81.61243.0091	4
2012-计生0910-061	DC15221232108	0130	81.97445.0208	4
2012-计生0910-061	DC15221232108	0290	Q40106	10

1　共2788页　10　1-10　共27871条

图 11-5　物料需求发布

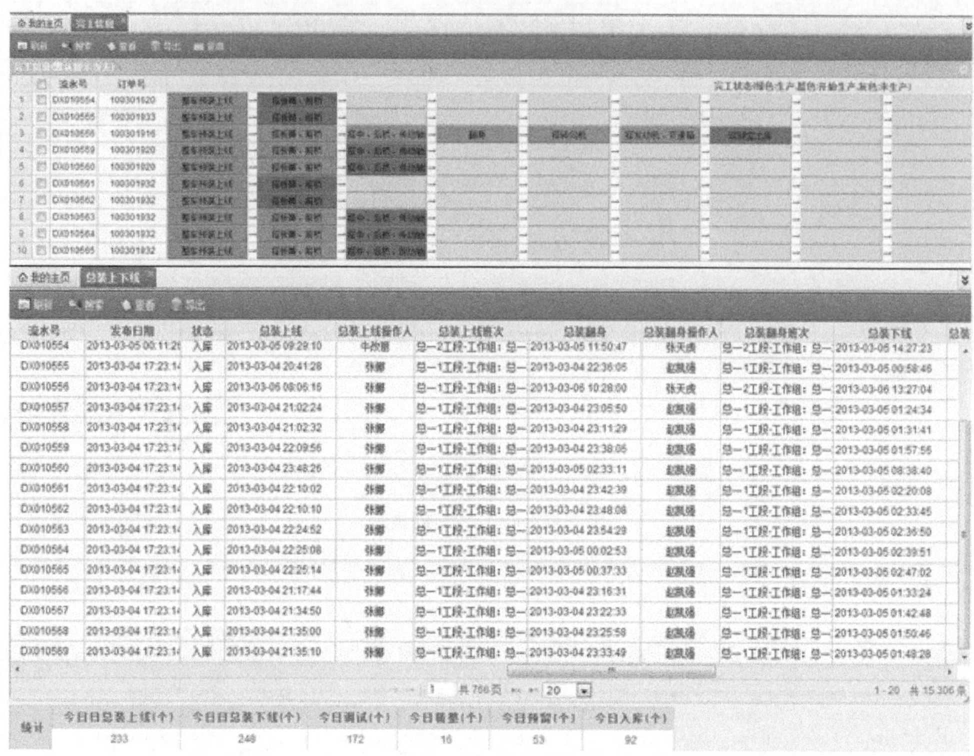

图 11-6　生产线在制品跟踪

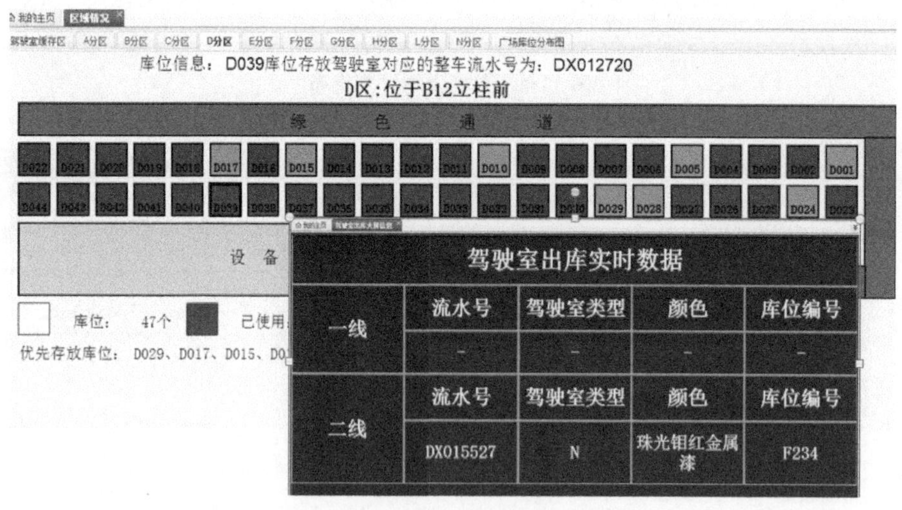

图 11-7　缓冲区实时信息采集

产 63 万辆整车、50 万台发动机及相关核心零部件的生产能力，实现了连续 22 年以来平均增长速度达 40%的超快发展。

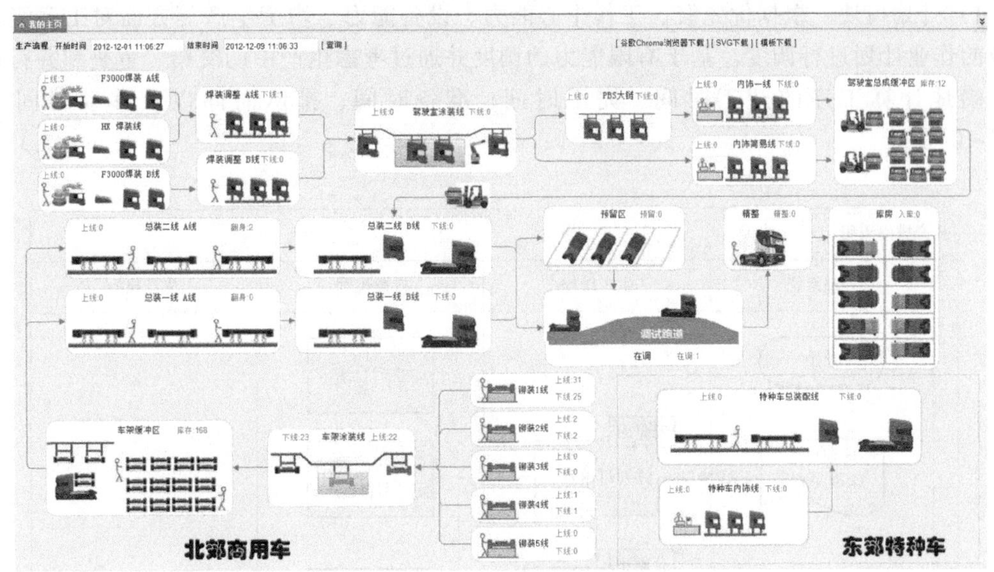

图 11-8 可视化监控

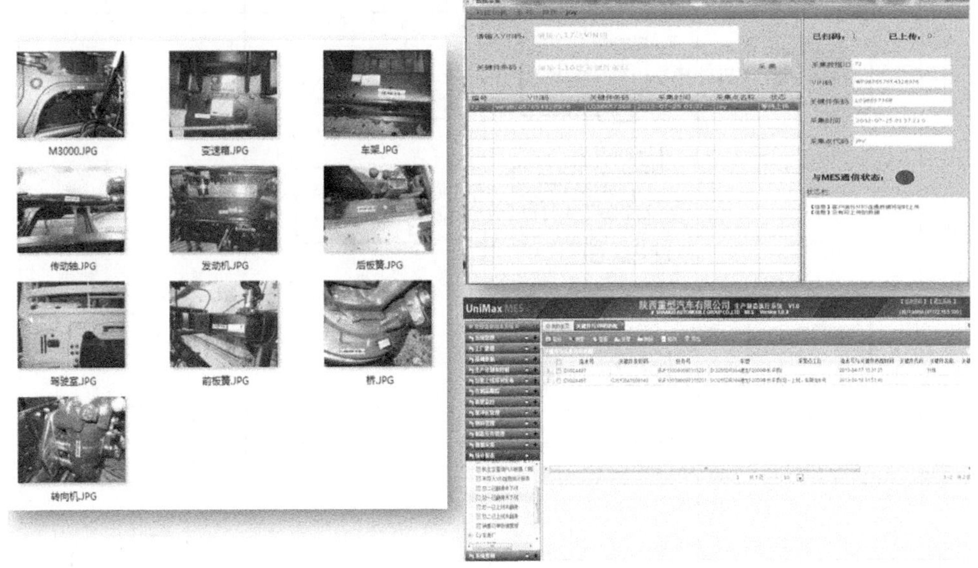

图 11-9 关键件追溯

华中科技大学自 2012 年 1 月起为江淮汽车乘用车三厂定制开发并实施了跨平台、跨部门的制造执行系统（MES），于 2013 年 6 月通过上线验收，目前已成功应用于焊接、涂装、总装等生产线。通过使用传感器、RFID 和智能设备来自动处理生产过程中的相关信息，运用精益化管理的思想进行流程的优化，形成了一套基于物联网技术的 MES 系统，实现了对从订单下达到产品完成整个生产过程的优化管理。通过在车间现场实现低级规划和生产线优化，提高了生产率降低了成本，并满足了企业变化的需求。

江淮汽车乘用车三厂 MES 应用实施的内容如下：

1）计划模块。根据优先级、工作中心能力、设备能力、均衡生产等方面对工序级、设备级的作业计划进行调度。基于有限能力的调度并通过考虑生产中的交错、重叠和并行操作来准确地计算工序的开工时间、完工时间、准备时间、排队时间以及移动时间（见图11-10）。

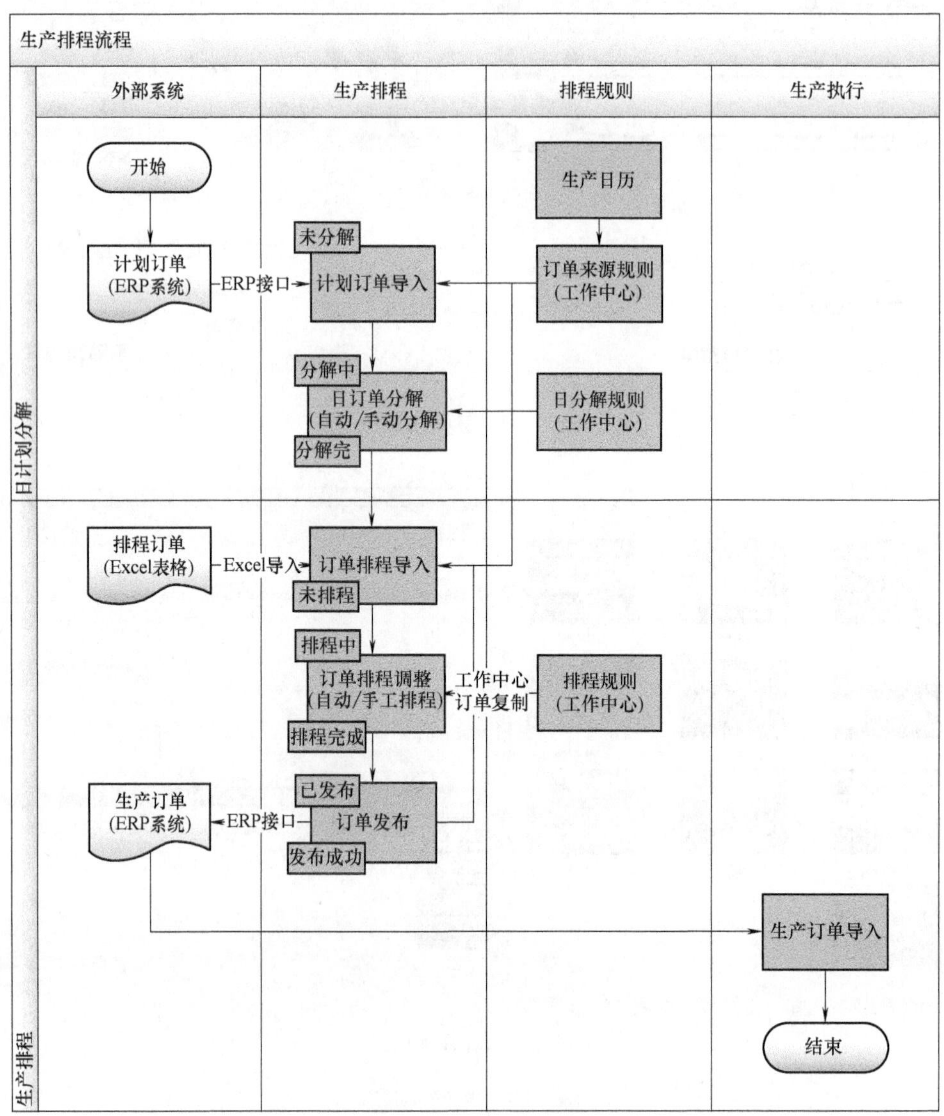

图 11-10　生产计划排程流程

2）精益物流执行模块。运用 JIT 理论，建立起覆盖装配生产、仓储、物流配送的全方位生产运作体系，搭建供应商平台，降低了在制品库存，减少了生产周期；同时与 Andon、AVG 系统集成，实现智能化拣货、配送和 AVG 小车自动送料，物流配送模式与流程如图11-11 所示。

3）质量管理模块。基于全面质量管理，采用 PDCA 动态循环理论，研发了质量数据采

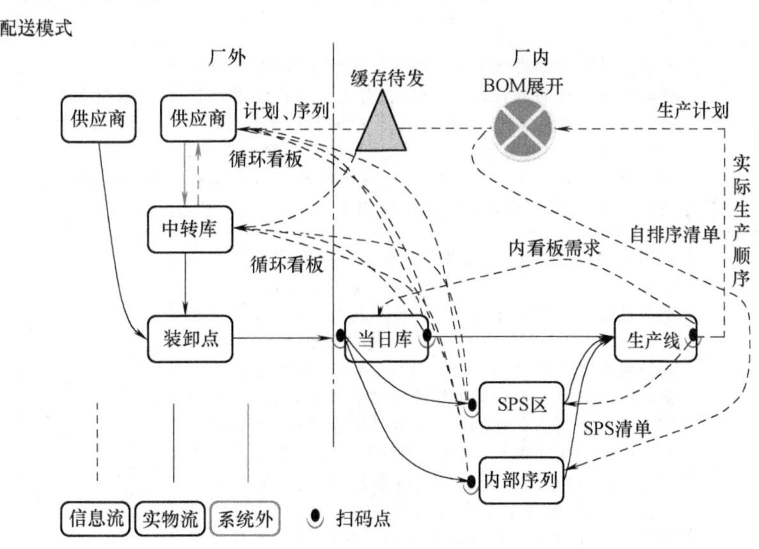

图 11-11　物流配送模式与流程

集终端，实现了车辆生产过程中缺陷数据快速采集，直方图、关联图可视化分析，多角度报表统计等功能；通过条码扫描、扫码枪导入导出等多种类多场景的方式达到了安全件防错追溯的效果，质量数据录入流程如图 11-12 所示。

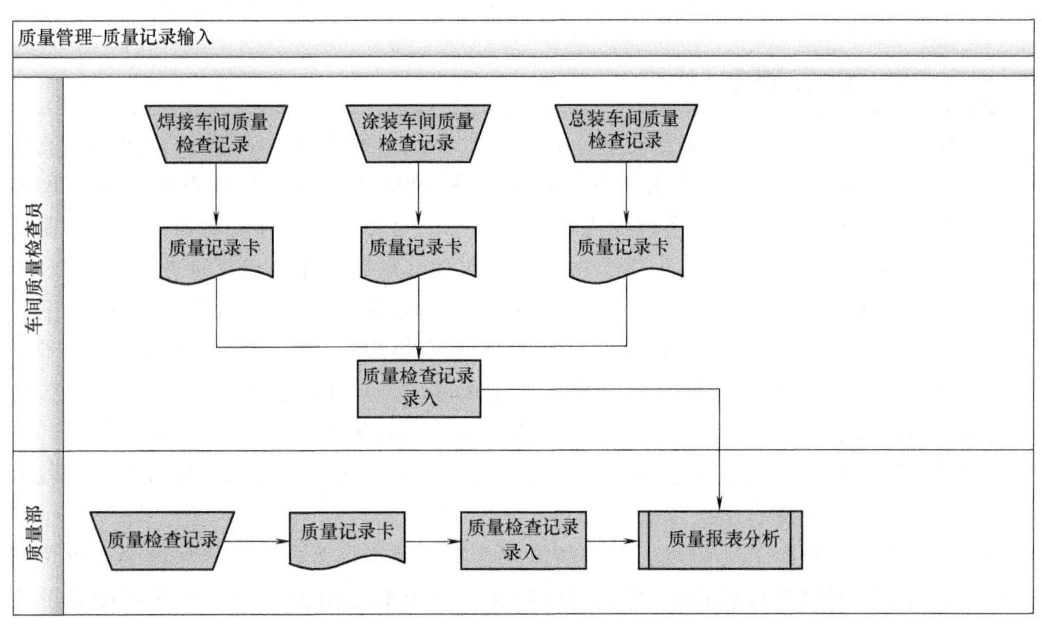

图 11-12　质量信息录入流程

4. 汽车制造企业装配 MES 应用效果分析

通过 MES 应用，在计划管控、物流管控、质量管控等方面都产生了显著的应用效果。两家汽车制造企业的 MES 应用效果见表 11-1。

表 11-1 汽车制造企业 MES 应用效果

MES 模块	陕重汽	江淮汽车
计划排程	通过高级计划排程形成了整车装配到车身、车架等子公司及零部件协同计划排产模式，对无法自产的零部件自动生成对应的外协计划，装配计划编制时间由 12 小时缩短至 2 小时；实现了跨系统、多层级计划级联调整，计划调整时间由 12 小时缩短为 2 秒；排产中考虑库存约束因素，使得车间库存降低 10%以上	通过 MES 计划管理的调度，作业计划可执行性显著提升，装配执行过程与装配计划偏离度降低 36%，装配线整体运行效率提高 10%以上
物流优化	通过对车架、车身厂缓冲区，第三方物流公司仓库的实时监控，实现了以整车装配拉动物流执行过程；支持整车装配过程中对车身、车架库位的自动指导，实现了车身、车架的按需接收和出库；实施前操作工需花费 10 多分钟来寻找车架，实施后上述时间基本减少为 0，驾驶室出库时间也由 6 分钟缩短为现在的 5 分钟，装配线整体运行效率提高 20%；缓冲区库存从原来的 12 小时更新一次变为实时更新，减少了驾驶室缓冲区台账维护人员 2 人；通过车间资源状况实时监控，取代了原来的人工统计方式，实现了车身及驾驶室的自动齐套保障，齐套保障时间由 2 小时缩短为 10 秒，并减少了车身及车架保障人员各 2 人	应用 MES 精益物流执行模块后，总装线生产节拍从 76 秒提升至 60 秒；总装车间年物料资金占用降低 35.4%，物料配送准时率提高 34%，配套零部件的库存降低 9.6%，在制品资金占用降低 22.5%；本项成果可为公司每年产生超过 2000 万的经济效益
数据采集和质量管控	通过移动终端对各种主要零部件质量数据进行采集，并对现场质量异常数据进行实时反馈与可视化提醒；以完整的电子质量档案替代原有的纸质档案，实时提供整车质量信息及零部件装配信息，降低关键零部件追溯时间 80%以上；通过移动终端对装配过程信息进行采集，减少了车间质量信息录入人员 2 人	通过质量录入终端，质检效率大幅提升，错检、漏检率降低 20%，检测人员工时减少 20%，建立了完整的电子质量档案，装配质量问题追溯时间缩短 25%以上

11.1.2 AGV 小车

汽车行业是 AGV 应用率较高的行业。目前，世界汽车行业对 AGV 的需求仍占主流地位（约 57%）。在我国，AGV 最早应用于汽车行业是在 1992 年。随着目前汽车工业的蓬勃发展，为了提高自动化水平，同时实现少人化、低成本的目标，近几年，已有许多汽车制造厂应用了 AGV 技术，如东风日产、上海通用、上海大众、东风汽车、武汉神龙及北汽福田等。

武汉通畅汽车电子照明有限公司（以下简称：武汉通畅）于 2015 年底建成并正式投产，主要为上汽通用和武汉神龙汽车两大汽车厂商配套供应汽车灯具。武汉通畅智慧工厂的建设是以 MES 系统为主线，借助 AGV、SCADA、Andon 等设备或技术，实现智能化生产。

武汉通畅公司应用 AGV 小车实现了从零部件和自制件到装配成品，从生产车间到成品仓库的自动运输，并通过自动化立体仓库和仓库管理系统，实现了自动存取成品，不仅减少了物流人员的配置，还提升了工作效率。

当有班组需要物料时，装配线上的物料员就会报单给立体仓库，配送系统会根据班组提供的信息，迅速找到放置该物料的容器，并向 AGV 发出取货指令。AGV 小车在接到取货指令后，自动行驶至立体仓库取货。取完货后，AGV 小车通过布置在地面的 RFID 标签进行导引，从而在厂区内实现 AGV 小车的自动运动。AGV 小车的工作流程包括：

1）利用探感物联配置符合要求的 AGV 专用 RFID 设备和节点识别专用 RFID 标签，车间地面上的 RFID 标签如图 11-13 所示。

2）规划好 AGV 的移动路线，制定 RFID 标签安装节点，形成节点位置与 RFID 标签 ID

的一一对应。

3）为 AGV 安装专用的 RFID 设备，实现对 RFID 标签 ID 号的识别。

4）AGV 根据设定好的规则，对行进路线上的关键节点进行识别，并自动引导准确移动。

5）AGV 停车后，产线两侧的机械或人工可对台车上的配件进行组装加工。

6）当该流程加工完成后，AGV 自动牵引台车进入下一个流程进行加工，以此类推。

图 11-13　车间地面上的 RFID 标签

7）当 AGV 牵引台车，运行完产线上的所有加工流程后，小车将会牵引已经加工完成的成品运回到成品卸载区。

8）AGV 完整地完成任务后，继续前往配件装载区进行装载，或者到充电区进行充电，或者更换电池。

采用 AGV，具有以下优势：

1）工作效率高。相比于需要人工驾驶的叉车和拖车，AGV 小车无需人工驾驶，是自动化物料搬运设备，可在一两分钟完成电池更换，或者自动充电，实现近乎 24 小时的满负荷作业，具有人工作业无法比拟的优势。

2）成本费用较低。近年来随着 AGV 技术的发展与成熟，AGV 的购置费用已降低到与叉车比较接近的水平，而人工成本却在不断上涨。两者相比较，少人化、无人化的工业转型升级优势日益明显。

3）节省管理精力。叉车或拖车司机作为一线操作人员，通常劳动强度大、收入不高，员工的情绪波动较大，离职率也比较高，给企业管理带来较大的难度。而 AGV 可有效规避管理上的风险，特别是近年来频现的用工荒现象。

4）可靠性高。相对于叉车及拖车行驶路径和速度的未知性，AGV 的导引路径和速度是非常明确的，且定位停车精准。因此，大大提高了物料搬运的准确性；同时，AGV 还可做到对物料的跟踪监控，可靠性得到极大提高。

5）避免产品损坏。AGV 可大大减少叉车工技术上的失误或者野蛮操作对产品本身及包装箱的损伤风险。

6）较好的柔性和系统拓展性。AGV 控制系统可允许最大限度地更改路径规划，具有较好的灵活性。同时，AGV 系统已成为工艺流程中的一部分，可作为众多工艺连接的纽带，因此，具有较高的可扩展性。

7）成熟的控制系统管制。AGV 系统可控制规划小车运行路线，分配小车任务，对小车运行路线进行交通管理。在减轻对员工的管理负担的同时又对场内生产环境进行管理，避免叉车以及员工进行工作时缺乏规划性，导致交通堵塞、物料堆放杂乱等现象。

8）安全性高。AGV 小车通常采用了光电防护、声光预警、信号灯、声光报警等多级硬件、软件的安全措施，从而保证小车运行过程中自身、现场人员及各类设备的安全。

11.1.3 SCADA系统

SCADA系统主要包括三部分：主站端、通信系统和远程终端单元。企业通过应用SCADA系统，实现对设备、人员以及生产线相关数据的实时采集与监控，进行相应的数据分析，发现问题并及时改善，不断对生产线进行优化。

SCADA的主站一般采用先进的计算机，有着良好的图形支持，现在采用PC和Windows系统居多。一个主站可能的分站数量从几十到几百、几千个不等。主站系统一般包括：①通信前置系统，主要负责解析各种不同的规约，完成通信接口数据处理，数据转发。包括前置计算机、串口池或者MODEM池、机架、防雷措施和网络接口。②实时数据库系统，主要包括运行实时数据库的服务器。③工程师工作站，负责系统的组态、画面制作和系统的各种维护。④生产调度工作站，是监控系统的主要用户，可显示画面，画面浏览，实现各种报警等。⑤各种监控工作站，主要用于特别庞大，几个人已经无法监控的情况，这时会根据需要，设立各种监控工作站，每个工作站有人员工作。⑥历史数据库服务器，是SCADA系统保存历史数据的服务器。⑦网站服务器，可以通过用户浏览器软件访问相关数据。⑧上层应用工作站，主要用于实时数据和历史数据的挖掘工作。作为SCADA主站系统，大的系统可能有几十个上百个工作站，多个服务器。为了保证系统的可靠性，采用双前置系统，多服务器系统，两个网络。但是对于简单的SCADA主站系统可能就只有一台计算机，运行一套软件。

SCADA的通信系统非常复杂，包括有线、无线以及网络通信三类方式。有线通信方式包括：音频电缆、架空明线、载波电缆、同轴电缆、光纤和电力载波等。有线传输大体分为基带传输和调制传输，基带传输在介质上传输的是数字信号，可能也要经过信号变化。调制传输是需要经过模拟数字变换的传输。很多介质既可以作为基带传输也可以作为调制传输。无线通信方式主要包括：电台、微波、卫星、光线和声波等。网络通信方式是通过架构在计算机网络的方式进行通信，比如帧中继、ATM和IP网，可能是有线的也可能是无线的，甚至多次跨越无线和有线，例如通过GPRS网络或者CDMA传输SCADA系统数据。

远程终端单元的品种也很多，大的系统由很多机柜组成，小的系统可能就是一个小盒子。远程终端单元由通信处理单元、开关量采集单元、脉冲量采集单元、模拟量采集单元、模拟量输出单元、开关量输出单元和脉冲量输出单元等构成。远程终端单元除了完成本身的数据采集工作和协议处理之外，还要完成各种智能电子设备（Intelligent Electronic Device，IED）的接口和协议转换工作。其通信处理单元的能力越来越强大，而相应的采集工作却在逐渐地弱化，由各种IED设备代替了。

在车灯框架注塑车间，每个注塑机台旁边的架子上都放了若干个类似于电脑主机的设备，这些设备利用各种管线与注塑机连接在一起，上面有很多指示灯在闪烁。当注塑机工作时，机台里面的水路和油路也在发生各种改变，通过SCADA系统，将采集到的注塑机生产过程的温度、压力以及流量等各种数据收集起来，通过线路传输到客户端的人机交互界面进行监控。当参数发生异常的时候，相应的工程技术人员到现场进行及时处理。在某时段如果发现产品质量问题，还可以通过数据记录对问题进行追溯。该SCADA系统还可以远程操控注塑机台。

11.1.4　Andon系统

Andon系统是实现准时制（JIT）生产的一个核心管理工具，可以对生产线问题快速响应，采集生产岗位、设备、品质、物料信息，实时记录生产管理过程中产生的基础数据，实现生产线上的实时无线呼叫、无线调度和可视化管理。Andon系统采用现场总线技术，主要包括现场终端软件、电子看板、网页管理端和信息接收端四个主要的功能模块，如图11-14所示。

现场终端软件包括品质异常报警、物料异常报警、设备异常报警和异常处理。生产出现质量问题时，提前预警通知质量管理人员分析质量问题；工序缺料时，提前预警通知上一工序提供物料，如物料堆积较多时，通知下一工序过来取料；若生产线出现错料、产品测试、设备故障等异常，将实时通报相关人员。

电子看板包括异常实时显示、异常累积时长、异常处理状态。目前开发了按钮、触摸屏、拉线、无线遥控等多种成熟的Andon装置，能够通过电子看板实时显示所出现的异常、异常的累积时长以及异常处理的状态，针对长时间没有处理的异常，发出预警，敦促相关人员尽快解决。

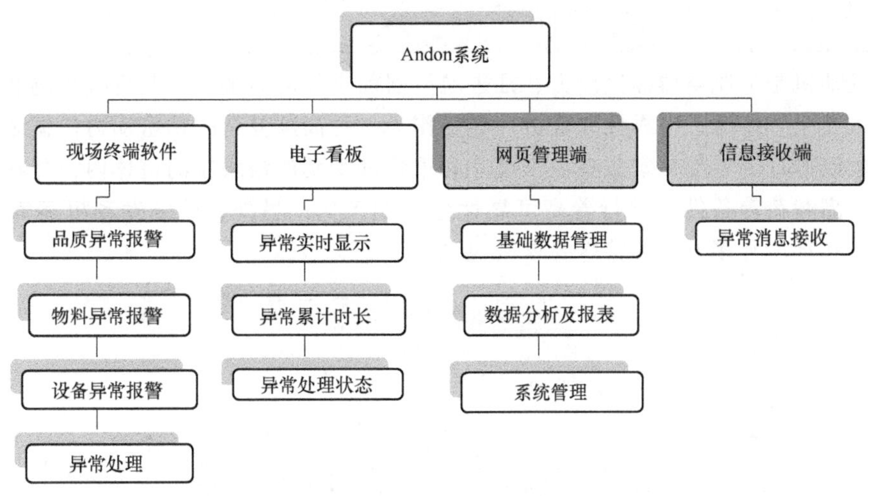

图11-14　Andon系统的构成模块

网页管理端包括基础数据管理、数据分析及报表和系统管理。数据可通过各工序的PC端录入，或通过手动条码扫描、红外线等方式收集并显示；生产过程各类运行数据可以通过智能算法进行分析，并进行归类；系统管理用于对整个Andon系统的账户、安全、数据等信息进行管理。

信息接收端用于接收异常信息，通过跟踪异常处理过程，督促相关人员及时处理。

在汽车行业，Andon系统已成为进行综合性信息管理和控制系统的行业标准，能够有效提高产品产量和质量，在其他行业的应用也越来越广泛。在生产现场可以看到，Andon系统的指示灯分为红黄蓝绿四种颜色，当工位或生产线处在不同的生产状态时（如正常生产、质量异常以及设备维修等），灯会显示不同的颜色，同时在异常状态时也会发出报警声。通过这套Andon系统可为工厂带来如下好处：

1）当工位或生产线上有异常状况（如品质、设备、物料等问题）产生时，即时发出报警信息，附近的技术工作人员接收到信息后，会赶到现场及时处理故障情况。

2）推动管理层和支持部门通过“巡视”发现生产线上的问题并采取行动。

3）系统采集数据，识别问题发生最多的地方，供技术人员分析并进行改善。

4）系统跟踪异常状况的发生到问题解决的整个进度，促使问题解决流程的实施。

5）传递各工位或生产线的实时状态信息，建立透明化的生产现场。

11.2 航空发动机典型零部件智能制造车间案例

航空发动机被誉为工业之花，它是现代工业皇冠上最璀璨的明珠，现已成为衡量一个国家科技水平、工业基础和综合国力的重要标志。零部件制造车间作为整个企业的效益源泉，是保证零部件高效、均衡和平稳生产的基础环节。为此，我们将以某航空发动机集团有限公司（以下简称：某航发公司）机匣优良制造中心成功实施智能制造、数字化生产线的实践进行案例讲解。

11.2.1 航空发动机产品及其生产特点

航空发动机是为航空器提供动力、推进航空器前进的动力装置，其直接影响和决定着飞机的性能、安全、寿命、可靠性和经济性等。作为一种高度复杂的精密动力机械装置，航空发动机有数以万计的零部件集成在一个尺寸和重量都受到严格限制的机体内，并在高温、高压、高速、高载荷等条件下进行着高可靠性地长期工作；另外，航空发动机还需要满足性能、适用性和环境等多方面的特殊要求（见图 11-15）。

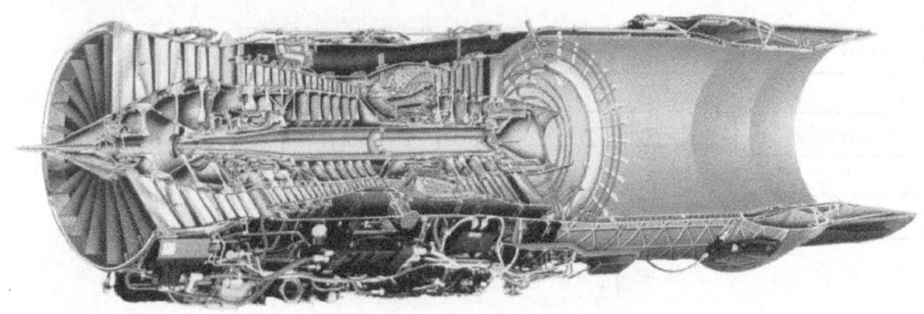

图 11-15 航空发动机解剖图

目前，航空发动机的制造特点表现为：

1）为在激烈的市场竞争中保持竞争优势，需要加快航空发动机的型号研制速度，因此，航空发动机制造必须适应多品种、小批量的生产特点。相对于大规模生产方式而言，航空发动机生产企业运作管理的复杂度、困难度显著增加。

2）航空发动机产品的零部件数量多、配套关系复杂，为了产品保质保量按期交付，对部件和产品配套的齐套性要求极高。

3）航空发动机整机生产涉及多单位、多部门的协同工作，而且各个零部件承制单位之间的协作关系紧密，上游生产单位零部件的及时交付对下游生产单位影响较大。

4）航空发动机零部件类别多，包含如轴类、复杂壳体类、机匣、涡轮盘和叶片等，它们的生产过程涉及锻/铸等毛料生产、粗加工、热处理、精加工、表面处理、理化处理、喷丸和无损探伤等多个生产环节，由此导致零部件加工周期长，且涉及多个车间的协作生产，因此，零部件成品的按期交付有赖于对大量中间工序加工进度的有效控制。

5）航空发动机零部件生产涉及大量的专用工装、专用刀具和专用量具，对这类专用工具的加工进度管控，是保障零部件按期生产及交付的前提和基础。

6）航空发动机类零部件原材料大多采用高温合金、合金钢和钛合金等贵重金属，因此，发动机生产企业的原材料、在制品库存占用资金普遍较大。提升生产单位在制品流速，科学控制生产单位投料，对于减少企业的原材料库存、在制品资金积压具有十分重大的现实意义。

11.2.2　机匣产品及其工艺特点分析

沿航空发动机轴向来看：机匣可以分为前后两端。前端与压气机其他部件连接，装配各种尺寸较大的静力涡轮叶片；后端是复杂的法兰盘结构，除了复杂的孔系之外，还沿环周分布着放气孔。如图11-16所示是某型发动机风扇机匣组件的实物照片，从图中可以看出该机匣产品涉及组合件的分解及装配，同时车间内部及各零件车间之间存在大量外协加工和配件供应。

图11-16　风扇机匣组件的实物照片

机匣类零件材料多为高温合金（GH4169、GH188、GH536等）、钛合金（T60、TC40等）等难加工材料，并且多为薄壁环形件，呈悬臂结构及对开结构。组合方法多数采用焊接，少数采用装配。另外，机匣类零件普遍精孔较多，尤其是在安装边、法兰等装配精度较高的部位。此类零件加工难点主要体现在以下方面：

1）零件的变形控制。机加工、焊接等工艺方法对零件都会造成不同程度的变形。因此，应采用设计合理的工装夹具，合理安排加工顺序，以及在精加工之前安排专门的平基准工序等办法进行零件变形控制。

2）精密尺寸的测量难度。公差要求在0.1mm以内的直径尺寸、尖点尺寸、特征点尺寸都属于难测量尺寸，位置度、同轴度等几何公差只能采用三坐标测量仪进行测量，在加工过程中只能采用专用测量工具进行测量。

3）多组孔之间孔位置度的保证。由于每一个机匣类零件都有多组精孔和大量孔组，并且各组孔相互之间存在复杂的角向关系，使其加工中的装夹、找正等任何加工因素都会导致孔位置度的偏差。为最大限度地消除各种影响孔位置度的因素，在加工中必须尽量采用五坐标加工中心来实现零件孔组的一次装夹、一次找正、一次测量。

4）异种合金焊接难度。当一个组件由两种不同材料的零件焊接组成时，就对焊接工艺提出了巨大考验。必须根据零件装配时的受力情况，选择合理的径向和端面定位位置，并确定合理的焊接参数和焊接方法。

11.2.3 机匣车间的管理现状及存在问题

车间是整个企业的效益源泉，而工艺设计和现场生产是一个车间的两大主要业务。近年来，随着集团公司科研生产任务的日益增长，某航发公司机匣车间原有的技术准备和现场生产管理暴露出以下诸多问题：

1. 技术准备阶段存在的主要问题

1）在工艺设计方面。①由于上游设计院所没有提供二维以及三维的电子图纸，在进行工艺模型建立时，需要重新输入零件设计信息，导致生产准备期较长；②在进行工艺编制的时候，对利用工艺设计软件已经形成的典型工艺缺乏有效管理，对积累的工艺知识没有可行方法进行重用；③车间的加工设备、工艺装备、典型工艺等工艺资源信息缺乏有效管理；④产品结构工艺性审查、工艺方案设计、工艺设计路线或车间分工明细表、专用装备设计、工艺规程设计、编制材料定额及工艺的校对、审核、批准等活动的信息传递质量与效率很低；⑤工装的申请及管理过程没有对工装任务派制单利用信息化软件进行发放及管理，导致工装申请滞后，延误生产周期，并会出现重复向工具厂发放派制单的情况。

2）在工装设计方面。通用工装设计以二维为主，三维设计技术还未全面推广应用。产品的工艺、工装属于串行设计模式，待工艺完成审签后才开始工装设计，生产准备周期 3 到 6 个月，时间较长。

3）在数控程序编制方面。数控程序编制周期较长，质量亟待提高。没有实现 CAD、CAM、CAPP 软件的有效集成；数控代码的管理混乱；数控加工仿真技术仅在科研课题、关键件加工中验证应用，还未正式纳入到工艺设计流程。

4）在技术资料管理方面。技术资料管理信息不详尽，缺乏预警机制。查找、追溯都受到限制，存在资料丢失、泄密隐患。

2. 制造执行阶段存在的主要问题

1）计划管理缺乏准确的经验数据支撑，致使计划的可执行性较低。生产调度不能把握全局，随意性强，均衡性差。

2）计划管理缺乏一定的柔性，当生产过程中出现意外情况时，计划不能很快响应。

3）由于计划管理均衡性差，使得物料管理被动、混乱。

4）工具管理相对粗放，没有把工具的领用、消耗、检定与计划之间的关系进行精细化管理，用高库存来保证生产消耗，工具库存占用资金庞大。

5）生产现场质量数据的采集主要以手工采集为主，信息采集的随意性较强。质量控制以事后检验作为主要手段，事前预防与事中控制的力度较小。

6）由于生产状态监控缺乏科学有效的手段，不能对主轴转速、生产准备、开工时间、完工时间等期量标准进行精确的跟踪记录，影响计划派工的准确性。

7）生产成本缺乏控制。以按期交付为生产目标，为按期交付往往不计成本地进行生产，造成设备负荷不均衡，加班加点，生产成本高。

8）车间上各部门的信息都是局部的、分散的，很难显现问题源头，对于决策层而言，已经初步出现了“数据丰富，信息贫乏”的局面。

针对机匣车间存在的上述问题，某航发公司提出从生产组织方式和信息化支撑技术两方面进行变革。在生产组织方式改进方面，将优良制造中心这种新型车间组织方式引进来；在信息化支撑技术方面，实施以信息化、数字化为特征的智能制造工程。

11.2.4　机匣 COE 生产组织方式及运作流程

优良制造中心（Center Of Excellence，COE）是一种全新的车间生产组织方式，它将企业中的多产品、多机种生产线，按照零部件对象进行划分，并与企业技术、生产、工艺、质量等部门协调发展，形成企业内相对独立又不孤立存在的制造单元。COE 对该单元产品的全生命周期负责，具有工艺设计、采购、制造、检测和交付所需的全部功能。

1. 机匣 COE 内部组织结构

某航发公司机匣 COE 始建于 2007 年，它是公司“十一五”重点建设项目之一。机匣中心现有职工近 300 人，厂房面积一万多平方米，拥有各类机械加工设备、精密测量、焊接及特种加工设备 70 多台套，90%以上设备为精密数控设备，具有较高的加工复杂航空发动机机匣和零部件的能力。

机匣 COE 的组织机构如图 11-17 所示。整个 COE 包含生产科、技术科、质检科和综合科，另外根据“专业化、小流水”的产线划分原则，依据机匣整体结构，将传统的生产工段划分为 7 条专业化柔性制造单元，每个制造单元负责机匣产品中的某类零部件，各单元在完成各自加工零部件任务后，再装配成机匣成品，并交付总装车间进行航空发动机整机装配。

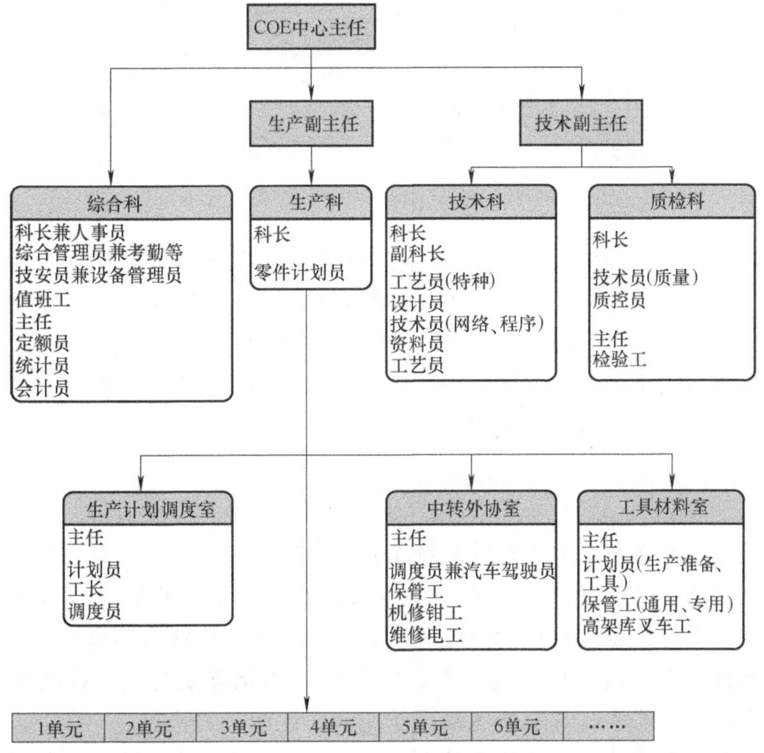

图 11-17　机匣 COE 的组织结构

2. 机匣 COE 内外部业务逻辑关系

图 11-18 描述了机匣 COE 内部各科室之间的业务划分，以及 COE 中心与某航发公司其他相关职能部门和车间的业务关系。从图中可以看出：整个 COE 中心类似于一个独立、专业化的小型工厂，涵盖计划调度、工艺设计、质量检验、制造单元、物料/工具供应和财务管理等多个业务功能。

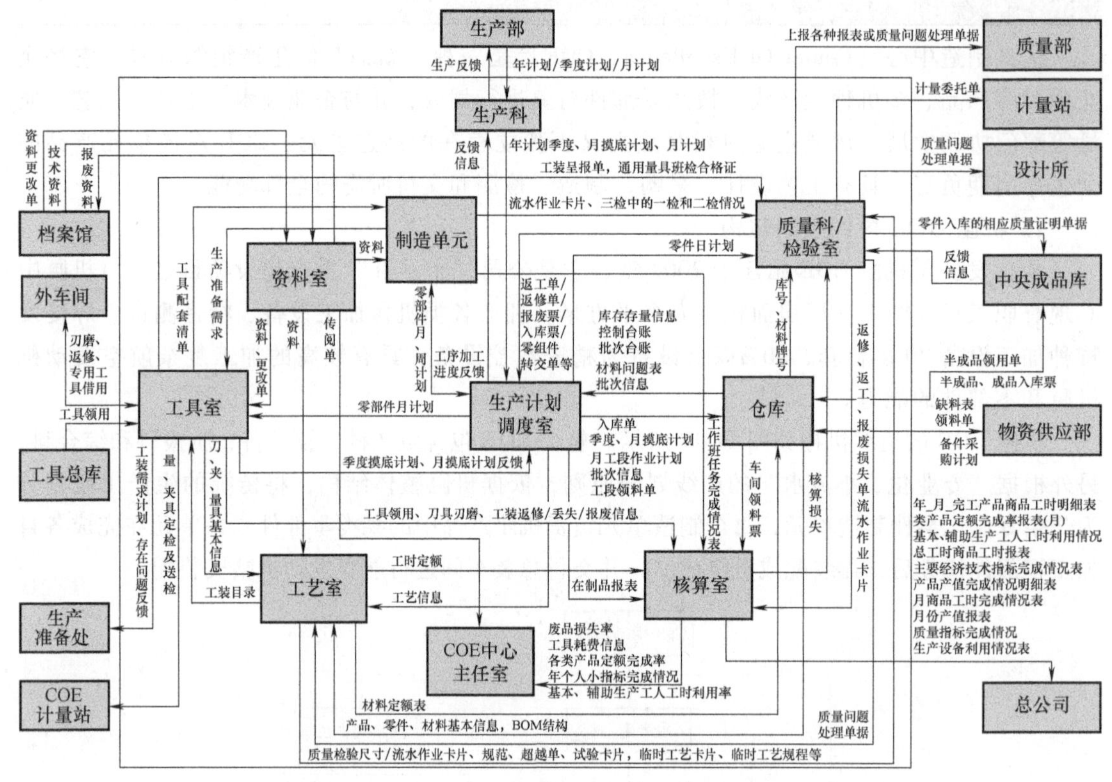

图 11-18　机匣 COE 内外部业务关系图

在整个 COE 日常运行过程中，其中的生产计划调度室处于核心和龙头地位，它负责接收上级生产部门下发的物料需求计划（Material Requirement Planning，MRP）订单任务，安排 COE 内部的月、周、日作业计划与调度，以此来推动整个 COE 内部的毛料、工具、设备、技术资料等部门的生产准备，同时也是制定、安排和协调各制造单元生产任务、班产派工、加工进度和问题处理的核心和枢纽。

11.2.5 机匣 COE 实施智能制造的主要内容

实施和推进智能制造是一项复杂的系统工程，既需要单一技术与装备的突破应用，还需要系统化的集成创新。某航发公司机匣 COE 在实施智能制造工程时，以数字化、信息化为主攻方向，以工艺设计、制造执行为两轮驱动，以数字化生产线为落脚点，以期实现生产运行过程的“物料流、信息流、控制流、资金流”的一体化集成管理。并能够满足不同产品类型、不同制造阶段的需求，具有快速动态响应和柔性制造的特点。

某航发公司机匣 COE 在具体实施智能制造工程时以技术准备、生产过程仿真、制造执行三个阶段为主要抓手（图 11-19）。零部件制造前端包括工艺设计、工装设计、NC 编程、切削仿真等主要阶段，通过技术准备应用系统的支撑，实现技术准备阶段的数字化和并行化；在技术准备完成后到正式投入现场生产前，通过生产线过程仿真、加工路线仿真与优化等数字化手段，改进和优化技术准备阶段的工艺设计方法；在零部件制造执行阶段，通过合理的计划排产和物料工装准备等手段，实现人、机、料、法等制造资源的优化配置和高效利用，并在制造执行过程中对生产质量过程进行严格控制、对设备运行状态和生产进度进行实时监控。以下具体对技术准备、生产过程仿真、制造执行三个阶段的主要实施内容进行详细说明。

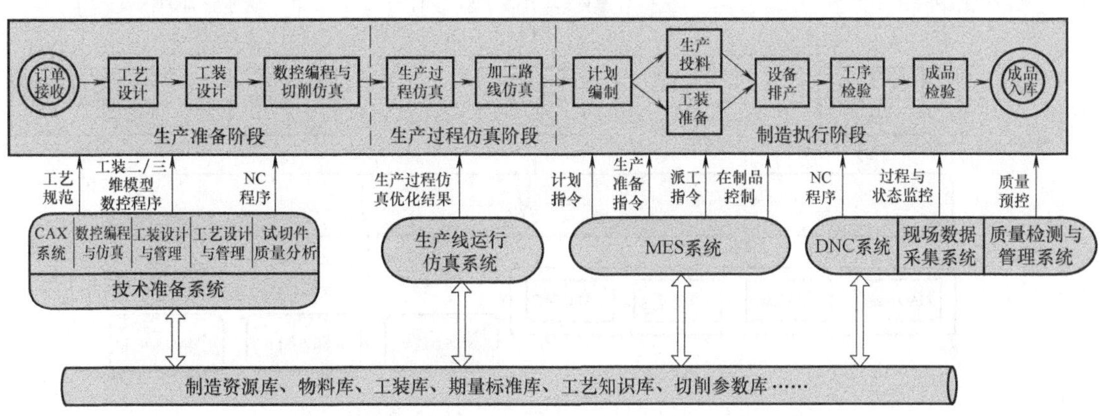

图 11-19　机匣 COE 实施智能制造的三个主要阶段及内容

1. 技术准备阶段的主要实施内容

作为零部件生产制造的前端环节，机匣 COE 的技术准备阶段实施内容如图 11-20 所示。主要包括：数字化工艺设计、数字化工装设计、数控编程与仿真和试切件质量分析四个子系统。各系统通过基于产品数据管理（PDM）的 CAD/CAM/CAPP/CAFD 工具集成、信息共享完成产品上线生产前的技术准备工作。

数字化工艺设计系统作为机匣 COE 技术准备系统的重要部分，主要完成工艺规程的设计、工艺审批流程和任务管理、工艺资源管理、系统管理并作为工艺设计支持工具；数字化工装设计系统承担零部件加工所需要的工艺装备（刀具、夹具、量具、模具、各种辅助工具等）的设计、工装设计过程的管理等功能，同时构建工装模板库、工装设计知识库等资源库。

通过对 CAD/CAM 软件系统的功能整合，利用工艺主模型，进行刀位轨迹计算、刀轴矢量获取，实现高效复杂零件多轴数控编程；在此基础上，进行数控程序仿真以验证数控代码的有效性和正确性，并利用切削参数库进行参数优化；通过 PDM 系统实现数控程序技术状态管理，并构建 PDM 系统与 DNC 系统集成接口，实现数控程序管理与发送。

试切件质量分析系统在零件正式上线生产前通过试切对关键工序的工艺进行事前分析，根据试切件质量分析，进行工艺方法（包括工步顺序、装卡方法等）、数控程序以及制造资源的评价、修正，保证零件正式上线生产过程的稳定运行。同时进行试切件技术状态管理，以降低试切成本，提高生产效率。

2. 生产过程仿真阶段的主要实施内容

生产过程仿真是在数字化条件下根据给定的生产工艺，对从毛料到成品的产品生产过程

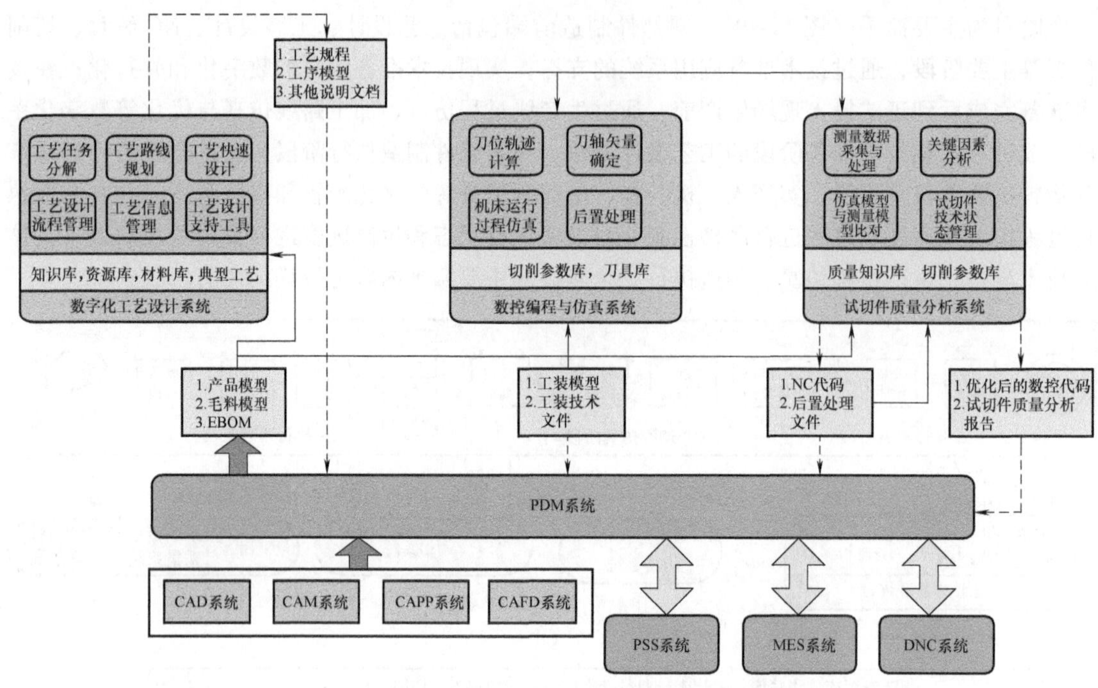

图 11-20 机匣 COE 技术准备阶段的主要实施内容

进行仿真、检验、分析和优化的技术，它是保证产品、零部件按时保质完成的关键环节之一。通过生产过程仿真技术的应用，有助于改变目前生产流水线缺乏数字化检验工具、生产现场没有数字化描述、新工艺实施风险大、物流路径控制缺乏有效手段等现状；通过生产过程仿真，可以充分事先暴露生产中的问题，并及时分析问题、优化工艺、消除瓶颈，以提高流水线的生产效率，降低生产成本，规避风险。同时，生产线的生产能力也可以通过仿真手段进行评估，从而为领导层的决策提供数字化的模型支持。某航发公司机匣 COE 生产过程仿真阶段的主要实施内容如图 11-21 所示，具体解释如下：

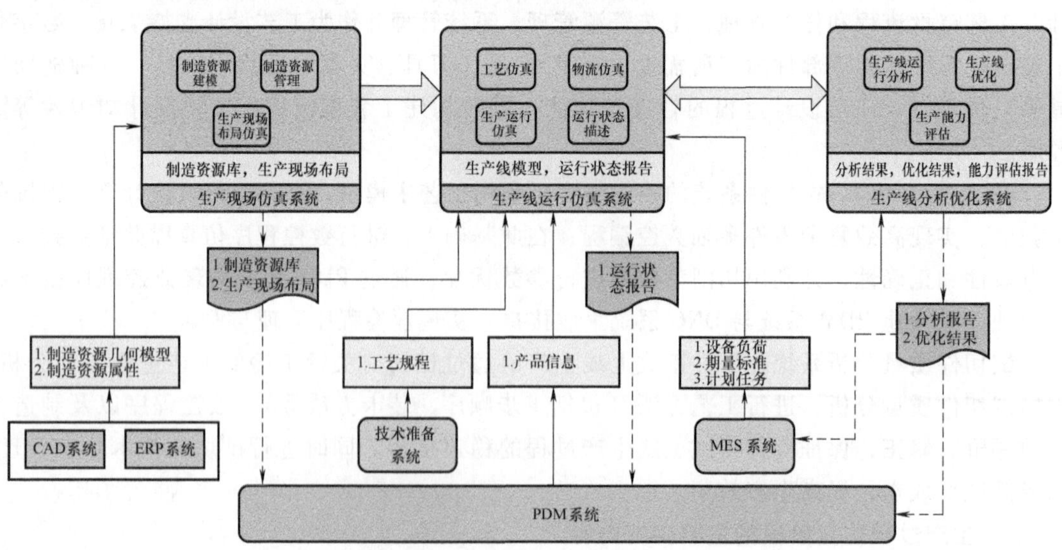

图 11-21 机匣 COE 生产过程仿真阶段的主要实施内容

生产过程仿真通过与技术准备系统和 MES 系统的数据共享，对生产过程进行仿真。主要通过生产现场仿真和生产线运行仿真，对生产线的运行状态进行分析和优化，对工艺规范和生产线进行验证，从而保证工艺规范的可行性。

采用 CAD 软件建立制造资源的几何模型，并建立几何模型和相关属性的关联，同时在 PDM 平台中构建制造资源库，对制造资源进行管理。通过对生产现场布局的仿真，建立一个数字化的虚拟运行环境。

根据技术准备系统和 MES 系统提供的工艺规范、制造资源及其状态、计划任务和期量标准等，规划生产物流，对生产过程进行仿真，验证工艺方案的可行性，并给出反映生产运行状态的各种统计数据和结果。

生产线分析优化流程是根据生产线运行仿真结果对生产过程进行分析优化，消除瓶颈，平衡生产节拍，合理安排工序，缩短周转和生产时间，提高生产效率。并对优化流水线的生产能力做出评价，为公司领导层提供决策支持。

3. 制造执行阶段的主要实施内容

在制造执行阶段，机匣 COE 主要实施了制造执行系统（MES）、现场数据采集与质量管理系统，如图 11-22 所示。其中，制造执行系统以计划拉动库房物料、工具室工装工具、资料室软件资料和生产现场设备等制造资源生产准备为主线，采用车间月份计划、周计划和工序日计划的三级作业计划控制模式，指导生产现场作业调度。

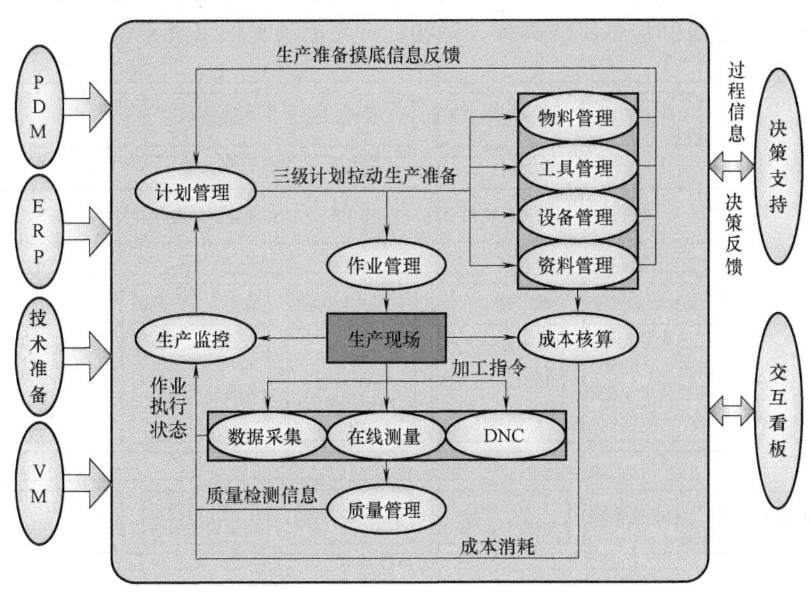

图 11-22　机匣 COE 制造执行阶段的主要实施内容

采用条码扫描技术、在线智能测量设备，通过集成分布式数控（DNC）系统进行现场生产过程动态信息的数据采集；发挥成本核算、质量管理和生产监控系统的控制功能，确保车间制造资源消耗、不合格率控制和生产过程问题处理，由事后控制转化为事前预防、事中控制，从而提高车间有效产出；通过对决策支持系统统计分析具有重要指导意义的车间期量标准，对现场加工过程问题进行主动预警提示；通过交互看板功能打通领导层与生产一线之间的数据传输通道，使车间管理人员能在第一时间获悉现场生产问题，提高决策效率。

11.2.6 机匣 COE 实施智能制造的技术支撑体系

某航发公司机匣 COE 实施智能制造工程，主要通过硬件设备、标准规范、管理制度、企业文化、应用系统和数字化工具等重要内容的建设和完善，为机匣产品生产提供强有力的技术支撑，同时也为在航空发动机的叶片、盘轴、盘环类等关键件推广实施智能制造工程奠定了坚实基础。机匣 COE 实施智能制造的技术支撑体系如图 11-23 所示，具体说明如下。

1）硬件支撑层。以数控机床、柔性制造单元、自动化立体仓库、数据采集、在线测量、可视化显示、基础网络为建设内容，最终形成数字化、网络化、可视化的数字化生产线硬件支撑平台。

2）标准规范层。以车间的规范、制度和文化建设为主，从编码体系、工艺规范、检验规范、管理规范、制度规范和车间文化等方面进行综合建设，从制度和机制上保证数字化生产线的规范运营。

3）数据库层。以零部件制造所需的制造资源、工艺参数、期量标准为重点，从加工装备、原材料、备品备件、刀具工装、切削参数、期量标准等方面构建支撑数据库，以支撑和保障数字化生产线应用系统的正常运行。

4）应用系统层。以信息化工具为手段，构建涵盖零部件生产的技术准备、运行模拟仿真、制造过程管理、质量检验和现场数据采集与过程监控等的完整信息化支撑工具，为数字化生产线物流、控制流和信息流的高效、顺畅、有序流动提供工具支持。

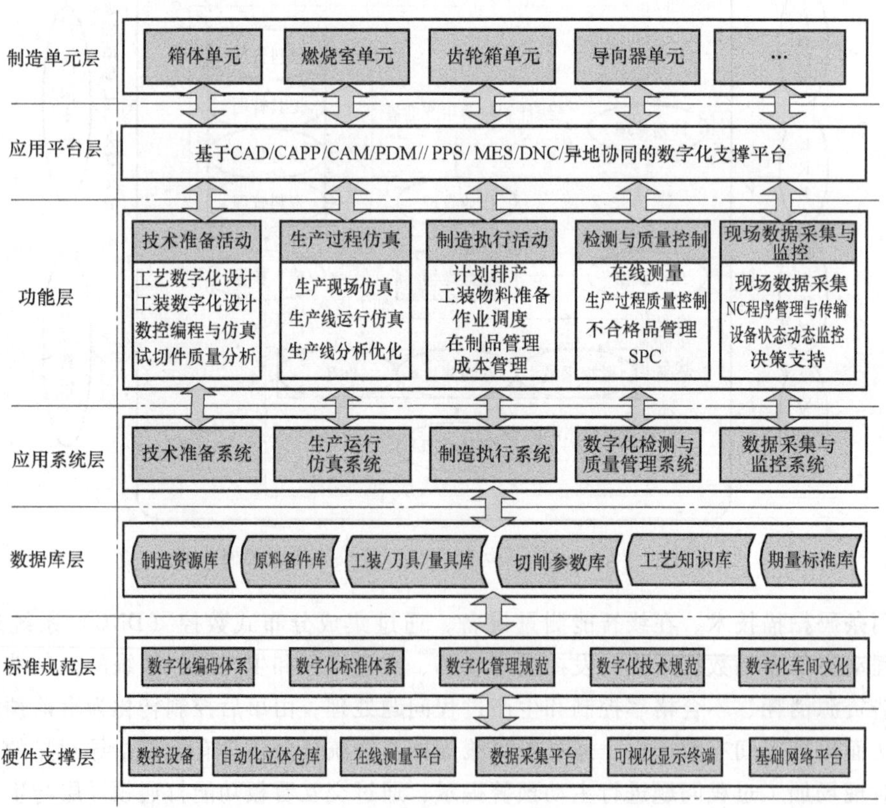

图 11-23 机匣 COE 实施智能制造工程的技术支撑体系图

5）功能层。通过相关的应用系统，在技术准备阶段以工艺优化为突破口，提供包括工艺/工装数字化设计、NC 编程与仿真、试切件质量分析、生产线运行仿真和分析等功能，在制造执行阶段以过程优化为突破口，提供包括计划排产、生产准备、作业调度、在制品管理、成本管理、检测与质量控制、现场数据采集、设备状态监控、辅助决策支持等功能，以期实现零部件制造的工艺优化和过程管理精益化。

6）应用平台层。构建集成异地协同、数字化设计、数字化工艺、数字化仿真模拟、数字化过程管理、数字化质量控制和数据采集与过程监控为一体的数字化协同支撑平台。

7）制造单元层。通过机匣 COE 整个智能制造工程的建设与实施，为航空发动机机匣产品及其相关零部件的均衡生产、高效产出、低成本运营提供使能技术支撑。

11.2.7　机匣 MES 软件的设计及实施

智能制造是一项复杂庞大的系统工程，除了研发并行化、装备智能化之外，零部件生产过程中的智能化管控应该是智能制造工程落地的一个重要切入点，而智能化生产管控的主体是制造执行系统（Manufacturing Execution System，MES）。

美国制造执行系统协会对 MES 的定义：MES 能通过信息传递对从订单下达到产品完成的整个生产过程进行优化管理。当工厂发生实时事件时，MES 能对此及时做出反应、报告，并用当前的准确数据对它们进行指导和处理。这种状态变化的迅速响应使 MES 能够减少企业内部没有附加值的活动，有效地指导工厂的生产运作过程，从而使其既能提高工厂的及时交货能力，改善物流的流通性能，又能提高生产回报率。MES 还通过双向的直接通信在企业内部和整个产品供应链中提供有关产品行为的关键任务信息。

2010 年，以西北工业大学开发的 WorkshopManager2.0 制造执行系统软件为基础，在结合某航发公司机匣 COE 的组织机构、管理现状、业务流程、工艺特点等综合分析的基础上，研制并成功实施了机匣 MES 软件。在机匣 MES 软件设计与实施过程中，遵循以计划为核心、以流程为驱动、以绩效为根本的生产线整体运行管控理念，并采用月/周/日三级作业计划拉动工具、材料、设备、人员和技术资料的并行化准备，实现了整个车间的“人、机、料、法、环”高效协同运作。

1. 月/周/日三级工序作业计划调度驱动下的机匣 MES 运作流程

图 11-24 所示为一个完整的月/周/日三级工序作业计划驱动的机匣 MES 软件运作流程。从图中可以看出：机匣 MES 包含从接收上级生产部门的 MRPII 计划任务开始，直至机匣成品检验入库的完整信息化解决方案。其中，计划调度主线作为整个 COE 运作的龙头和驱动，依次采用车间级工序月作业计划、制造单元级工序周作业计划、班组级工序日作业计划三级控制方式，对机匣订单任务进行了逐级分解和逐步细化。

1）面向车间层的工序月作业计划。由机匣 COE 中心计划员具体负责编制和优化，其计划任务来源于粗粒度的机匣成品订单任务。计划员根据 COE 内部库存账目、在制品加工进度、投料情况等，对该订单任务进行调整和修订，然后进行组合件 BOM 分解、零件按工艺路线分解、作业计划编制，经过多次预平衡、预模拟和预评估，最终形成指导整个机匣 COE 的月份正式生产计划任务，并将此计划结果下发至机匣 COE 内部的相关科室和各制造单元，以根据计划数量和时间节点进行毛料、备件、技术资料和外协等的生产准备。

2）面向制造单元级的工序周作业计划。各制造单元在接收到中心计划员下发的月份生

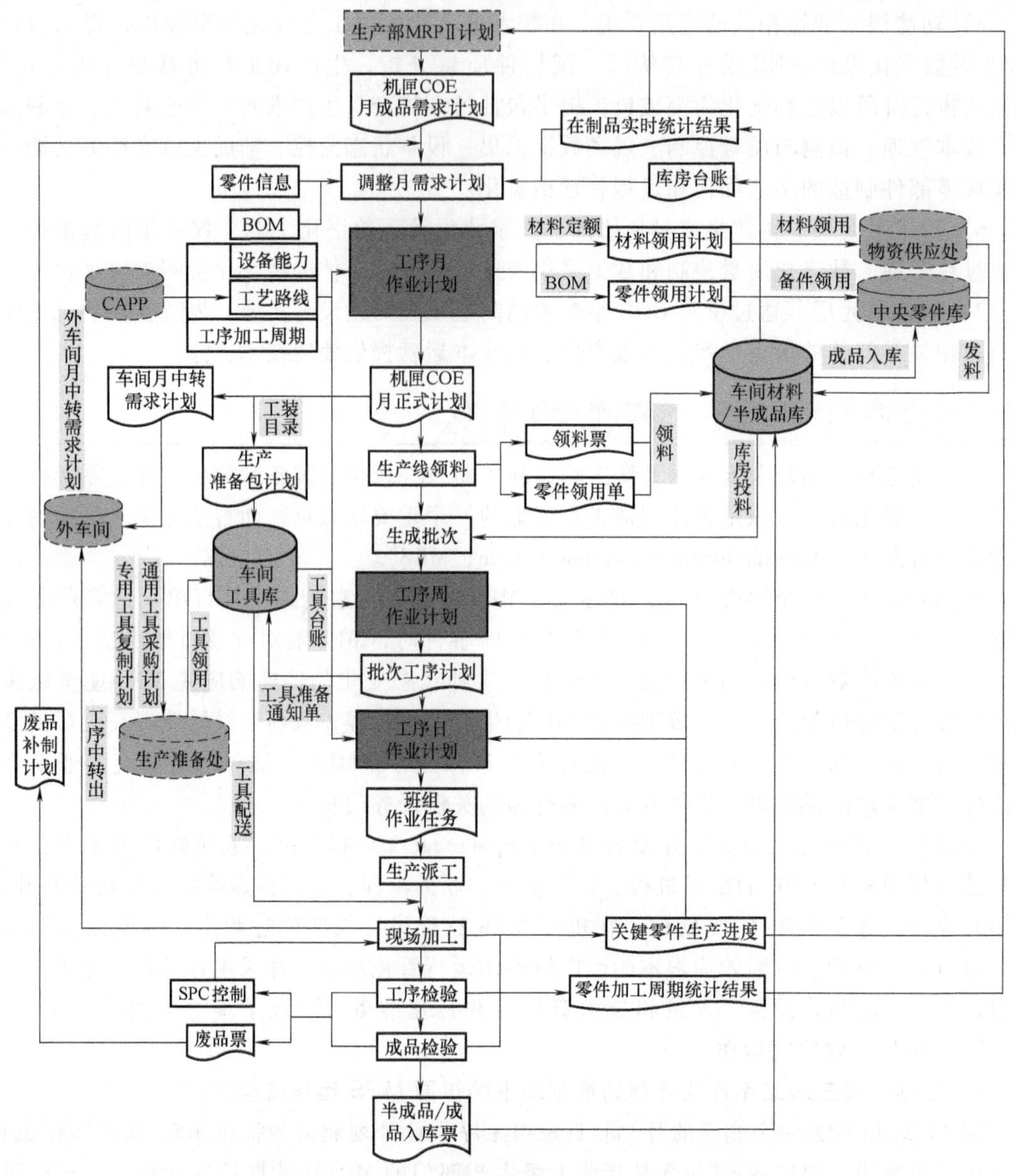

图 11-24 月/周/日三级工序作业计划驱动的机匣 MES 运作流程

产计划任务，并完成实际领料作业后，根据其制造单元内部的在制品进度、加工能力、工具台账等，再结合计划任务中的交付时间节点要求，进行本制造单元内部的工序周作业计划编制。依据该周作业计划结果中的零件生产数量和时间节点要求，工具室事先准备，并主动配送零部件加工所需的刀具、夹具、模具和测具等。

3）面向班组的工序日作业计划。班组是机匣 COE 内部的最底层单位，同时也是加工任务的具体承担者，班组管理、生产派工更贴近生产现场且时效性更强。因此，各班组在接收到单元计划员下发的工序周作业计划任务后，结合班组内的人员出勤情况、工序加工进度等因素，编制以日甚至以班次为计算单位的工序日作业计划，形成班组作业任务甘特图，从而进行班组内的生产派工、工序加工等日常作业活动。

2. 机匣 MES 软件的系统功能及外部信息集成

机匣 MES 软件采用 B/S(Browser/Server) 运行架构，基于微软公司的 .Net 平台，采用 Visual Studio 2010 集成开发工具，以 Oracle Database 作为后台数据库。以上述三级计划调度驱动为主线，其管理范围覆盖 COE 主任室、计调室、材料室、工具室、质量室、资料室和制造单元等所有部门和业务。该软件为机匣 COE 提供从订单任务接收到成品交付，覆盖 COE 全生产过程的信息化解决方案。

机匣 MES 主要由计划管理、作业调度、生产监控、库存管理、质量管理、工具管理、设备管理、成本管理、资料管理、决策支持、交互看板、工人门户、基础数据和系统管理共 14 个子系统组成（图 11-25）。

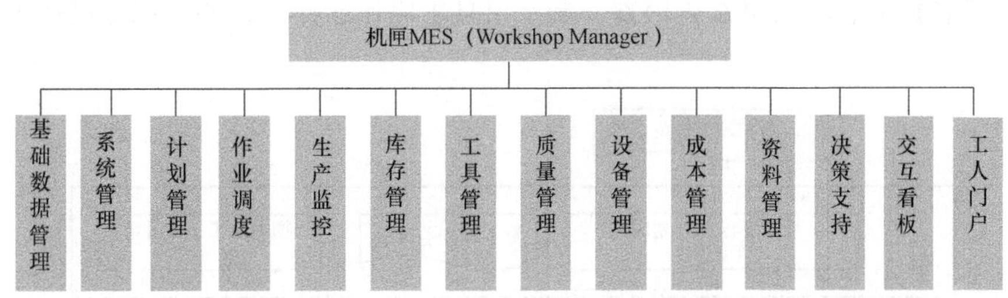

图 11-25　机匣 MES 软件的系统功能

整个系统以零件号为索引，实现了零件任务接收、计划下达、投料控制、工装准备、工序加工、在制品流转、成品入库和统计分析等生产过程的一条龙管理，同时提供与某航发公司的 ERP、PDM 以及生产准备、物资供应、中央成品库等部门的信息集成接口（图 11-26）。

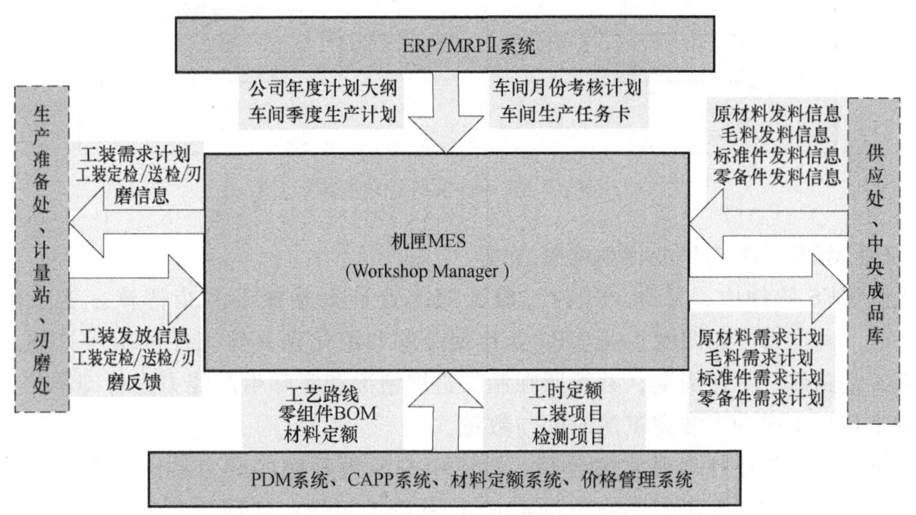

图 11-26　机匣 COE 与外部系统的信息集成

3. 机匣 MES 的三级计划拉动生产准备模式

在整个机匣 MES 软件内部，三级不同对象、不同粒度和不同时期的计划调度是整个机匣 MES 的主线和核心。图 11-27 展示了月/周/日三级工序作业计划的层级划分、时间周期和拉动对象。通过这三级计划调度来拉动机匣 COE 内部的毛料、备件、刀具、夹具、量具、模具、设备、人员、技术资料等并行化、合理化生产准备。

在月工序作业计划编制时，机匣 COE 中心计划员根据公司层下发的 MRP Ⅱ 任务中的计划数量和交付节点要求，再结合 COE 中心的在制品和半成品数量，依据工艺路线和工序加工周期，经过粗粒度的工序作业计划编制，形成指导整个机匣 COE 的月份工序作业计划稿。依据该月份工序作业计划稿，毛料库负责当月生产任务所需的零备件、毛料等的备料；工具室负责当月生产任务所需的刀具、夹具等的准备；外协室负责当月外协工序和任务的事先协调和准备。

各制造单元负责编制本单元内的周工序作业计划，并依据工艺技术文件，编制并准备下周零部件加工所需的工具清单；同时，材料室也依据该计划任务，准备下周加工所需的零备件和毛料。各制造单元内部包含若干个生产班组，班组调度员根据本周的计划任务，再结合工艺路线、设备能力、工人出勤等因素，制定出日工序作业计划，并由此形成派工单来指导每天生产。

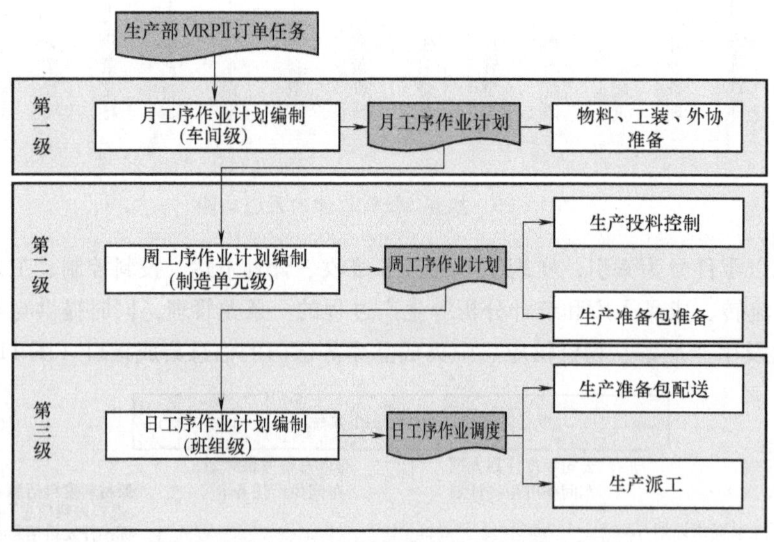

图 11-27　机匣 MES 的三级计划调度拉动模式

4. 机匣 MES 的工序作业计划编制方法

在机匣 MES 软件中，月/周/日的三级工序作业计划是核心和指挥棒。工序作业计划（Scheduling，也称为作业调度）是 MRP Ⅱ 计划分解和细化到具体工序的执行计划。它是根据零部件工艺路线、工序周期，并按照在制品进展情况和实际生产能力进行编制的，该计划具体规定了各个工序开工和完工的时间与数量。

实际上，工序作业计划是实现公司、机匣中心最为关键、最为具体的末端环节。其每天、每周任务完成的好坏不仅影响着机匣 COE 月份工序作业计划任务的完成，也直接关系着 MRP Ⅱ 系统各个件号计划的顺利执行。因此，只有工段和制造单元任务完成得好，才能确保公司产品按时交付。由于车间现场生产的动态性、随机性和复杂性，因此工序作业计划的合理编制是一件非常复杂的事情，同时也是 MES 软件最难、也最能发挥作用的环节。

目前，国内学术界解决工序作业计划（或调度）问题主要采用数学规划、智能优化和排序规则三大类方法。数学规划方法虽然在理论上能保证获得最优解，但对问题建模要求高，其仅适用于小规模问题；智能优化方法依据作业调度问题特性来设计特征模型和邻域结构，通过迭代搜索和智能优化等手段来获得满意解；排序规则是依据某一指标对待加工工序集进行优先级排序，可以快速获得可行解，但解的优化性较差。

机匣 COE 属于典型的多品种、小批量生产类型，其生产任务多、产品型号多、工艺路线长、加工周期长、现场例外情况频发，数学规划和智能优化这两种方法不大适用，因此，我们选择了简单实用的排序规则方法。另外，航空发动机生产涉及多车间协作，它对各个零部件承制车间的交付节点要求很严。因此，在机匣 MES 软件的三级工序作业计划编制时，我们采用了一种基于工序时差的排序规则方法；这三级作业计划的区别是时间粒度不同、计划粗细程度存在差异，但其内核都采用了基于工序时差的排序方法。下面以日工序作业计划编制为例进行说明。

随着生产进程前移的变化，一个零件不可能永远是优先级，它的每道工序也不可能永远是优先级。因此，在这里所指的优先级是特指某个零件的某道工序，优先级是在不断变化和转移的。计算和判定的依据就是工序时差，即依据工序时差值的大小来对所有等待加工的工序进行优先级排序，然后依据该优先级先后顺序安排加工。

某零组件工序时差=零组件完工交货期-当前日期-零组件待加工工序周期之和，即工序时差=剩余时间-剩余工作量

另外，在编制日工序作业计划时，还需要考虑以下诸多因素：

1）车间月份作业计划书（即 MRPⅡ计划任务书）。

2）工艺路线。

3）工序加工周期。

4）设备能力。

5）工装、材料、设备等的准备情况。

6）在制品数量和日加工进度。

7）单台设备排产。

8）设备加班情况。

9）采用人机交互方法解决现场突发情况。

图 11-28 展示了机匣 MES 软件在编制日工序作业计划时的处理逻辑。

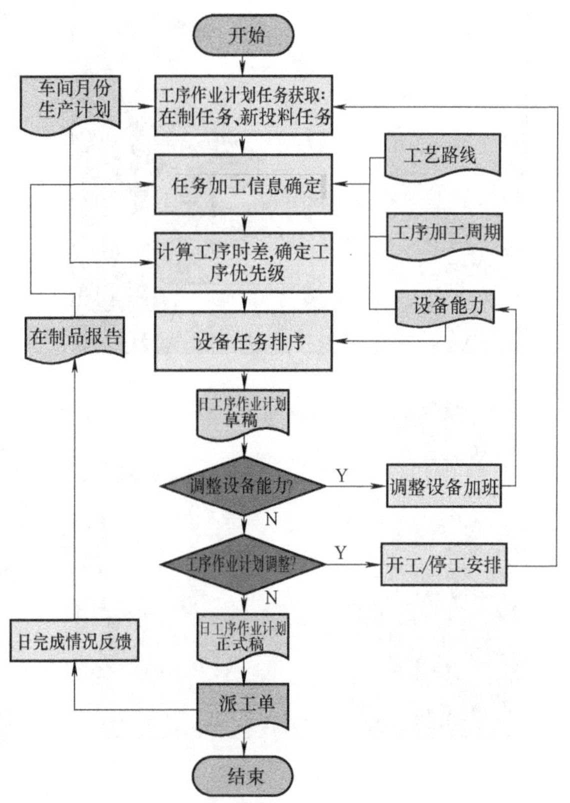

图 11-28　机匣 MES 编制日工序作业计划的处理逻辑

5. 机匣 MES 软件的实施应用效果

机匣 MES 自 2010 年正式上线以来，以上述三级工序作业计划拉动生产准备并行化为主线，管理范围涵盖机匣 COE 所有科室和单元，而且将信息流延伸至生产现场的设备端，由此将一线的操作工人和加工设备纳入到整个 COE 的信息化框架内，从而实现了全科室、全单元、全人员的信息化覆盖。同时，机匣 MES 与某航发公司的 PDM、ERP 两大

信息平台实现了无缝集成。以下展示部分实际应用效果。

1）机匣 MES 的主要实施模块。机匣 MES 以计划调度、生产准备、质量检验和配套监控四个核心业务为实施应用重点，计划调度主要以三级工序作业计划为主核心；生产准备以毛料库、备件库、工具库为实施重点；质量检验以工序检验、不合格品管理和员工质量档案为重点；配套监控以在制品加工进度、配套缺件、缺件进度跟踪等为实施重点，机匣 MES 的主要实施业务功能如图 11-29 所示。

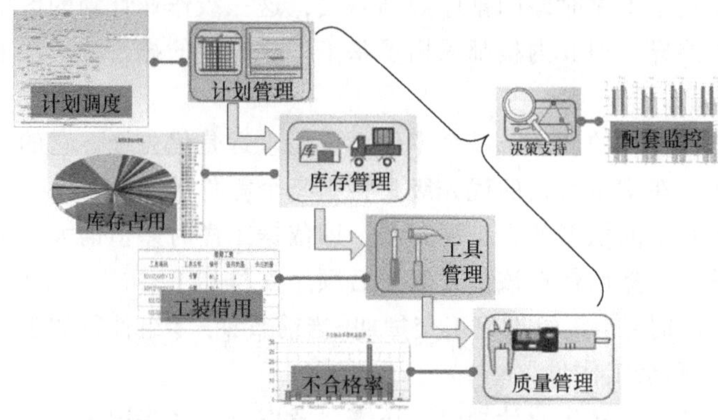

图 11-29　机匣 MES 软件的主要实施模块

2）机匣 MES 的实际应用场景。如图 11-30 所示是机匣 COE 的中心计划员、工人门户、条

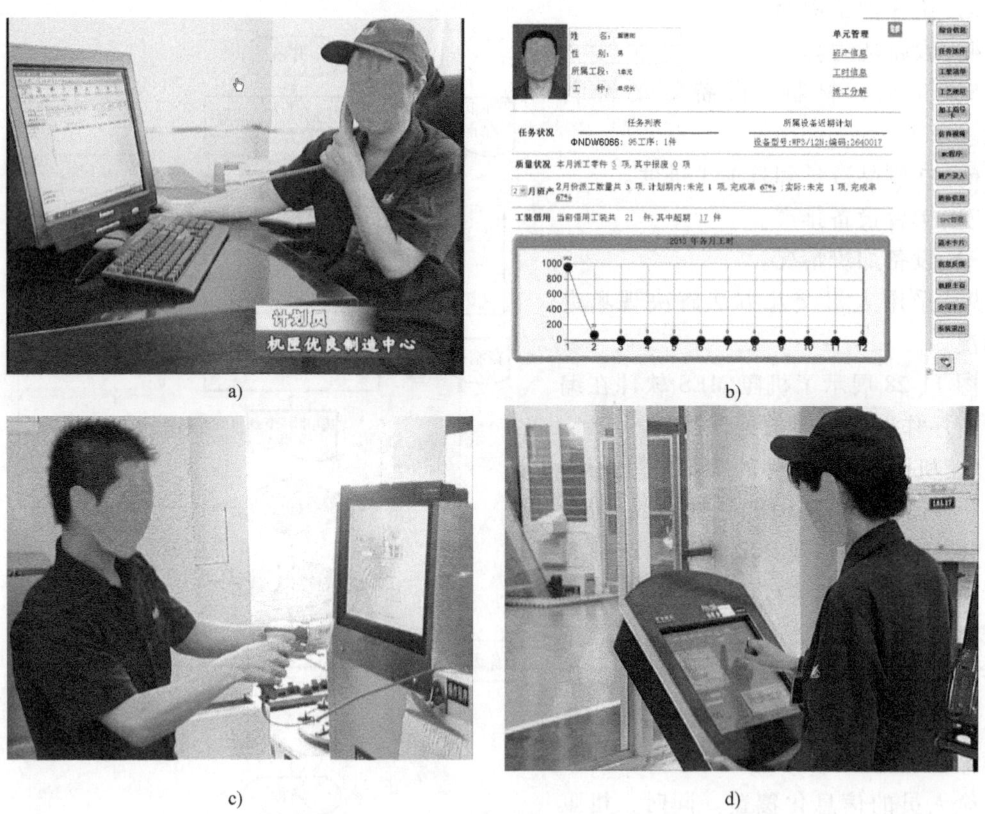

a)　b)　c)　d)

图 11-30　机匣 MES 的实际应用场景图

形码扫描和触摸屏四个实际应用场景。其中，设备端的工人门户、触摸屏数据采集、条形码扫描是 MES 的应用亮点。工人门户贯通了整个大型企业信息流的最末端，将一线操作工人和加工设备纳入整个信息化管理体系中；通过奖惩制度、工时绑定等多种有效手段，激发了一线员工的积极性。另外，再结合条形码、触摸屏等数据采集终端，在最根本、最基础的环节保证了生产过程数据采集的及时性和准确性，从而保证了各级计划编制和信息统计的正确性。

3）机匣 MES 的工序作业计划编制及其结果。图 11-31 所示展示了机匣某关键件的月工序作业计划编制结果，图 11-32 所示采用甘特图的形式展示了该计划结果。从这两个图中可以看出：该计划结果清晰地展现了一个零件从投料开始，依据工艺路线安排经过多道工序加工流转，最终检验入库的全过程。

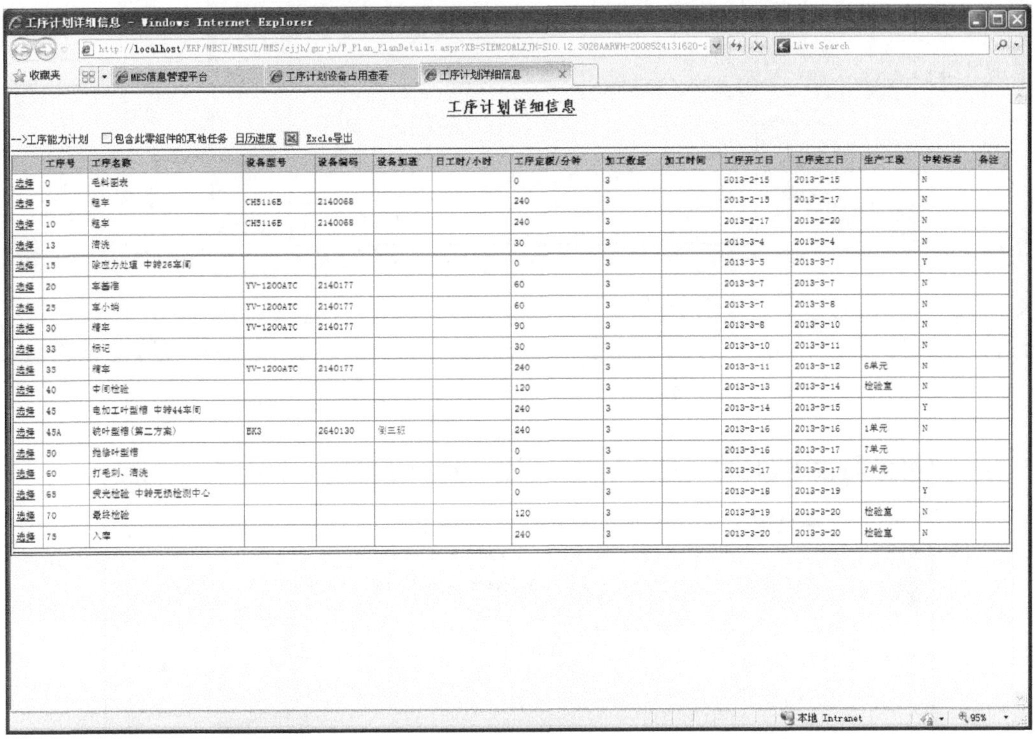

工序计划详细信息 - Windows Internet Explorer

工序计划详细信息

-->工序能力计划　□包含此零组件的其他任务　日历进度　Excle导出

	工序号	工序名称	设备型号	设备编码	设备加班	日工时/小时	工序定额/分钟	加工数量	加工时间	工序开工日	工序完工日	生产工段	中转标志	备注
选择	0	毛料验收					0	3		2013-2-15	2013-2-15		N	
选择	5	粗车	CH5116B	2140068			240	3		2013-2-15	2013-2-17		N	
选择	10	粗车	CH5116B	2140068			240	3		2013-2-17	2013-2-20		N	
选择	13	清洗					30	3		2013-3-4	2013-3-4		N	
选择	15	除应力处理 中转26车间					0	3		2013-3-5	2013-3-7		Y	
选择	20	车基准	YV-1200ATC	2140177			60	3		2013-3-7	2013-3-7		N	
选择	25	车小端	YV-1200ATC	2140177			60	3		2013-3-7	2013-3-8		N	
选择	30	精车	YV-1200ATC	2140177			90	3		2013-3-8	2013-3-10		N	
选择	33	标记					30	3		2013-3-10	2013-3-11		N	
选择	35	精车	YV-1200ATC	2140177			240	3		2013-3-11	2013-3-12	6单元	N	
选择	40	中间检验					120	3		2013-3-13	2013-3-14	检验室	N	
选择	45	电加工叶型槽 中转44车间					240	3		2013-3-14	2013-3-15		Y	
选择	45A	铣叶型槽(第二方案)	BK3	2640130	倒三班		240	3		2013-3-16	2013-3-16	1单元	N	
选择	50	抛修叶型槽					0	3		2013-3-16	2013-3-17	7单元		
选择	60	打毛刺、清洗					0	3		2013-3-17	2013-3-17	7单元		
选择	65	荧光检验 中转无损检测中心					0	3		2013-3-18	2013-3-19		Y	
选择	70	最终检验					120	3		2013-3-19	2013-3-20	检验室	N	
选择	75	入库					240	3		2013-3-20	2013-3-20	检验室	N	

图 11-31　机匣某关键件的月工序作业计划编制结果

图 11-33 所示展示了加工该关键件的部分承制设备（这里仅给出了 3 台）在某段时间内的设备任务负荷情况，图中不同颜色圆柱代表了不同零件内的不同工序加工任务。图 11-34 所示展示了机匣 COE 中心的班组调度员编制的日工序作业计划结果。

4）生产过程动态监控。根据机匣 MES 软件的月/周/日三级工序作业计划与调度任务安排，以及来源于加工设备端的采集数据，可以动态掌控机匣 COE 内的各类计划任务完成情况，从而为新计划编制、遗留问题协调处理等提供决策数据支持。以下展示了机匣 MES 在零部件生产过程监控方面的部分实际应用效果：机匣零件及其在制品数量监控（图 11-35）、工序作业计划执行情况动态监控（图 11-36）、零件不合格品审理状态监控（图 11-37）和设备运行状态监控（图 11-38）。

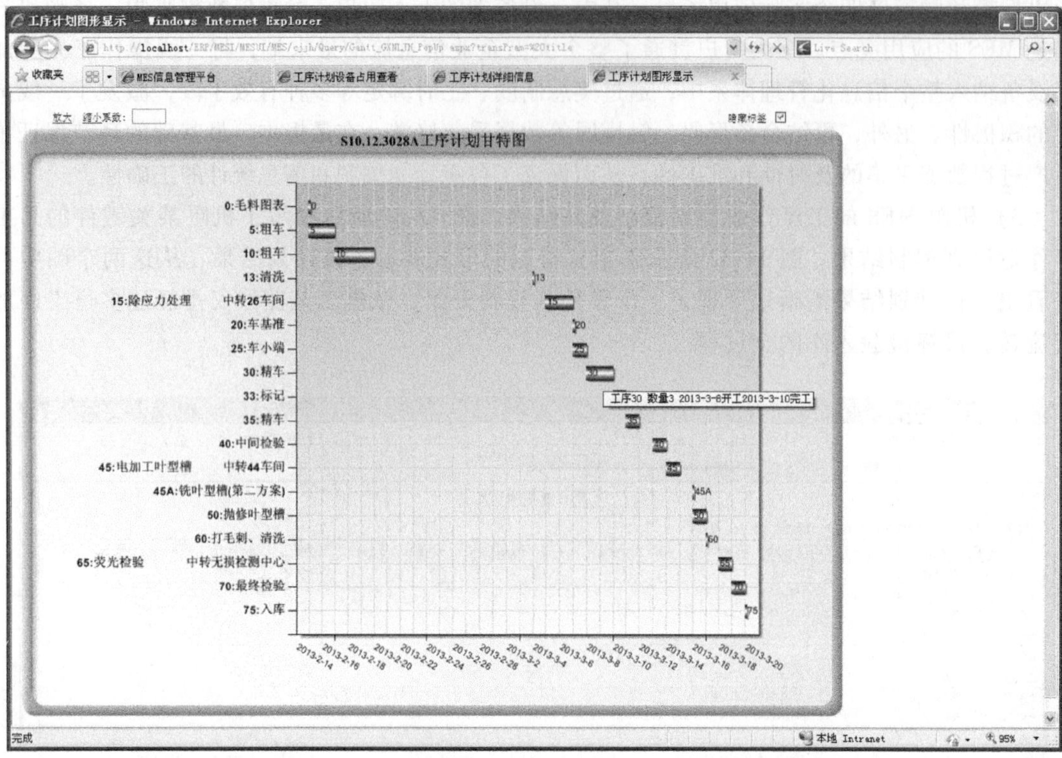

图 11-32 机匣某关键件的月工序作业计划结果甘特图

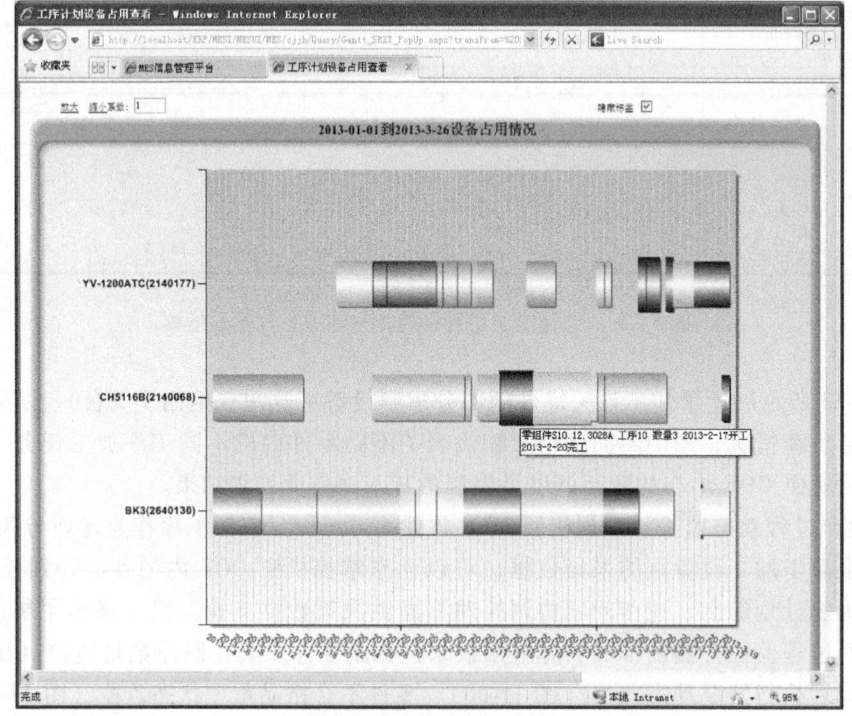

图 11-33 机匣某关键件的部分设备负荷图

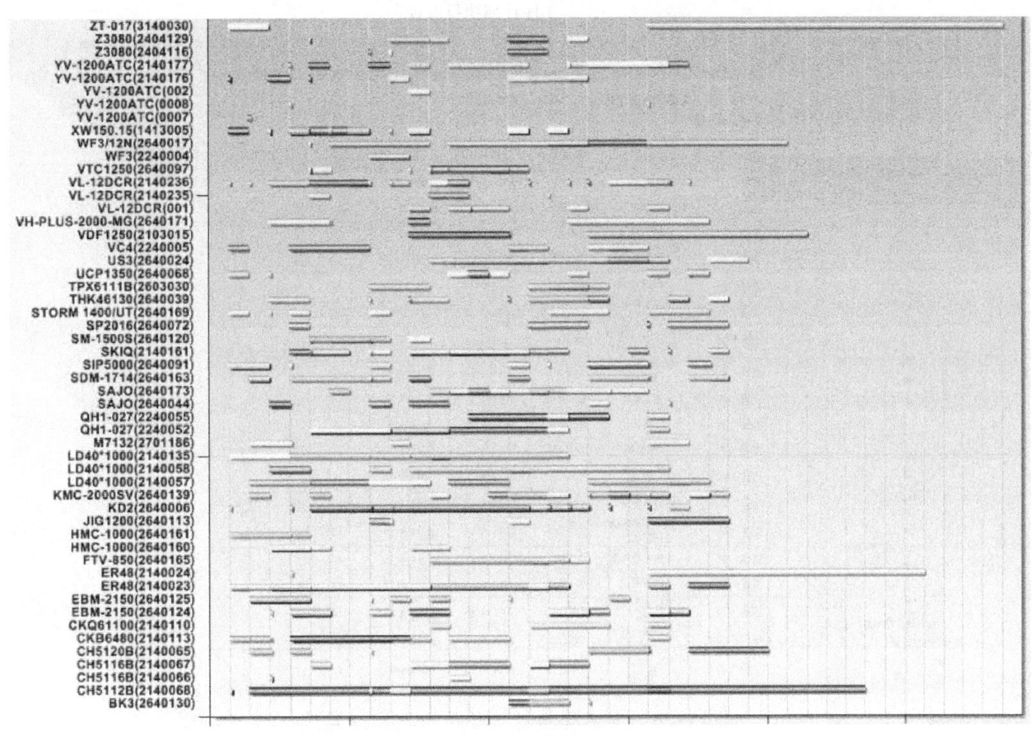

图 11-34　日工序作业计划结果甘特图

查找　刷新　年度 2014　型别：A　受控在制品状态：全部　零组件号：　确定

零件信息汇总

总数：54　　共 3 页　　当前第 3 页

	型别	零组件号	零件名称	单台数量	本月计划连台	当前连台	年初连台	在制品	受控在制品	游离在制品	最晚完工日期	待处理	准废品	报废	统计年度	年累计入库	考核
选取	A	ΦJR19384A	高压压气机机匣组件	1		X	Y	0	0	0		0	0		2014	Z	
选取	A	ΦJR19384A-T	高压机匣组件	1		X	Y	0	0	0							
选取	A	ΦJR19385A	高压压气机机匣组件	1		X	Y	1	1	0		0	0		2014	Z	
选取	A	ΦJR19385A-T	高压机匣组件	1		X	Y	0	0	0							
选取	A	ΦJR20830A	高压压气机进口导流叶片枢轴内环组件	1		X	Y	4	3	1		0	0		2014	Z	
选取	A	ΦJR31372	放气活门	1		X	Y	63	22	41		1	0	0	2014	Z	
选取	A	ΦNDA2461	前安装边	1		X	Y	24	0	24		0	0		2014	Z	
选取	A	ΦNDA5613	右侧止动板	1		X	Y	48	48	0		0	0		2014	Z	
选取	A	ΦNDA5614	左侧止动板	1		X	Y	30	30	0		0	0	0	2014	Z	
选取	A	ΦNDA5635	燃烧室外套前安装边	1		X	Y	15	0	15		1	0		2014	Z	
选取	A	ΦNDA6023	止动板	1		X	Y	0	0	0		0	0		2014	Z	
选取	A	ΦNDP4408	上半部机匣	1		X	Y	18	18	0		1	0	0	2014	Z	
选取	A	ΦNDP4409	下半部机匣	1		X	Y	14	14	0		0	0	0	2014	Z	
选取	A	ΦNDP5328	内机匣	1		X	Y	26	26	0		0	0	0	2014	Z	
选取	A	ΦNDP6931	外机匣	1		X	Y	35	21	14		0	0	0	2014	Z	
选取	A	ΦNDW6066	左半部机匣	1		X	Y	27	27	0		0	0	0	2014	Z	
选取	A	ΦNDW6067	右半部机匣	1		X	Y	30	0	30		1	0	0	2014	Z	
选取	A	ΦNPL5170	前环	1		X	Y	21	21	0		0	0		2014	Z	

123

图 11-35　机匣零件及其在制品数量监控

图 11-36 工序作业计划执行情况动态监控

图 11-37 零件不合格品审理状态监控

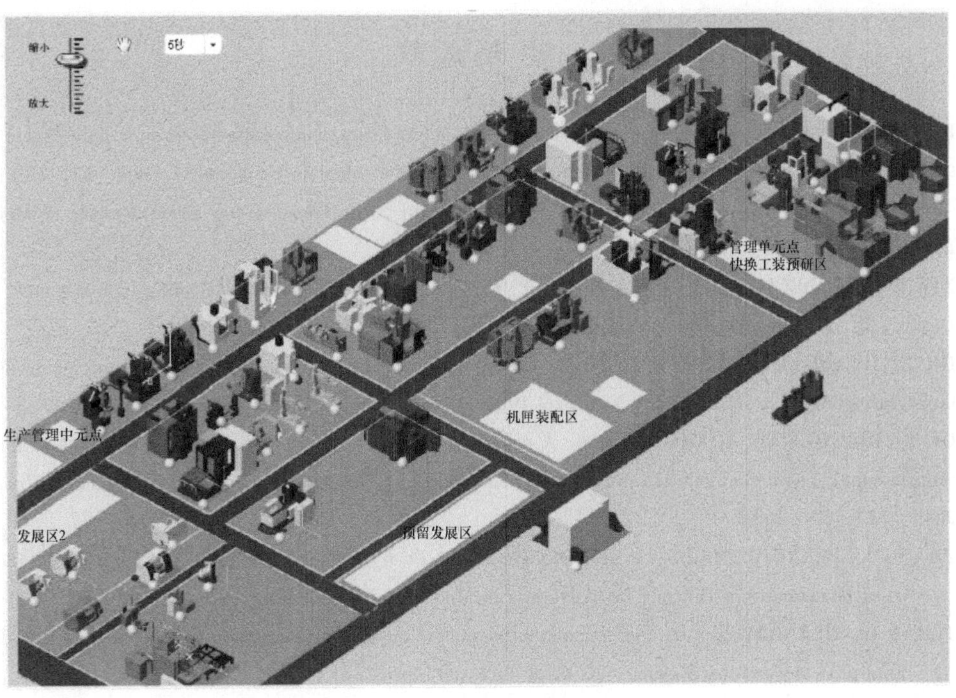

图 11-38　设备运行状态监控

复习小结

智能制造技术广泛应用在各制造行业中。本章从典型制造行业入手，选择了汽车行业典型零部件智能车间和航空航天行业典型零部件智能制造车间的案例，并进行了相应分析。汽车行业智能制造包括 MES、AGV 小车、SCADA 和 Andon 等系统的应用。航空发动机典型零部件智能制造车间的规划实施是在分析了其工艺特点、管理现状及问题、生产组织方式及流程的基础上，制定了包括技术准备、生产过程仿真、制造执行等阶段的智能制造方案，并阐述了实施智能制造的技术支撑体系。

习　题

11-1　物联制造的典型智能车间都包括哪些？请举例说明。

11-2　汽车行业典型零部件智能车间的特点都包括哪些？请简要阐述。

11-3　航空发动机机匣车间实施智能制造的主要内容是什么？

11-4　航空发动机机匣车间实施智能制造的技术及支撑体系是什么？

11-5　请简单谈谈智能制造过程如何执行。

参考文献

[1] HUANG G Q, QU T. Extending analytical target cascading for optimal configuration of supply chains with alternative autonomous suppliers [J]. International Journal of Production Economics, 2008, 115 (1): 39-54.

[2] KIM H M. Target Cascading in Optimal System Design [J]. Trans of the Asme Journal of Mechanical Design, 2003, 125 (3): 474-480.

[3] KIM H M, RIDEOUT G, PAPALAMBROS P Y, et al. Analytical Target Cascading in Automotive Vehicle Design [J]. Journal of Mechanical Design, 2003, 125 (9): 481-489.

[4] QU T, HUANG G Q, CUNG V-D, et al. Optimal configuration of assembly supply chains using analytical target cascading [J]. International Journal of Production Research, 2010, 48 (23): 6883-6907.

[5] QU T, HUANG G Q, ZHANG Y, et al. A generic analytical target cascading optimization system for decentralized supply chain configuration over supply chain grid [J]. International Journal of Production Economics, 2010, 127 (2): 262-277.

[6] ZHANG Y, WANG W, LIU S, et al. Real-Time Shop-Floor Production Performance Analysis Method for the Internet of Manufacturing Things [J]. Advances in Mechanical Engineering, 2014 (2): 1-10.

[7] TERAN H, HERNANDEZ J C. Performance measurement integrated information framework in e-Manufacturing [J]. Enterprise Information Systems, 2014, 8 (6): 607-629.

[8] ZHANG Y, QU T, HO O, et al. Real-time work-in-progress management for smart object-enabled ubiquitous shop-floor environment [J]. International Journal of Computer Integrated Manufacturing, 2011, 24 (5): 431-445.

[9] 张映锋，江平宇，黄双喜，等. 融合多传感技术的数字化制造设备建模方法研究 [J]. 计算机集成制造系统，2010，16 (12)：2583-2588.

[10] 张映锋，赵曦滨，孙树栋. 面向物联制造的主动感知与动态调度方法 [M]. 北京：科学出版社，2015.

[11] CHAKRAVORTY S S. Improving distribution operations: Implementation of material handling systems [J]. International Journal of Production Economics, 2009, 122 (1): 89-106.

[12] JIMLEE. Dispatching rail-guided vehicles and scheduling jobs in a flexible manufacturing system [J]. International Journal of Production Research, 1999, 37 (1): 111-123.

[13] KHAYAT G E. Integrated production and material handling scheduling using mathematical programming and constraint programming [J]. European Journal of Operational Research, 2006, 175 (3): 1818-1832.

[14] MENG Q, LEE D H, ChEU R L. Multiobjective Vehicle Routing and Scheduling Problem with Time Window Constraints in Hazardous Material Transportation [J]. Journal of Transportation Engineering, 2005, 131 (9): 699-707.

[15] ZOGRAFOS K G, ANDROUTSOPOULOS K N. A heuristic algorithm for solving hazardous materials distribution problems [J]. European Journal of Operational Research, 2004, 152 (2): 507-519.

[16] FANG J, HUANG G Q, LI Z. Event-driven multi-agent ubiquitous manufacturing execution platform for shop floor work-in-progress management [J]. International Journal of Production Research, 2013, 51 (4): 1168-1185.

[17] 臧传真，范玉顺. 基于智能物件的实时企业复杂事件处理机制 [J]. 机械工程学报，2007，43 (2)：22-32.

[18] 江志斌. Petri 网及其在制造系统建模与控制中的应用 [M]. 北京：机械工业出版社，2004.

[19] 沈清泓. 企业制造执行系统和关键性能指标评估技术研究 [D]. 浙江大学，2013.

[20] 武生均. 成本管理学 [M]. 北京：科学出版社，2010.

[21] 曹晋华. 可靠性数学引论 [M]. 北京：高等教育出版社，2012.

[22] 王熙照. 基于不确定性的决策树归纳 [M]. 北京：科学出版社，2012.

[23] 邓朝辉，等. 智能制造技术基础 [M]. 武汉：华中科技大学出版社，2017.

[24] 曹岩，等. 先进制造技术 [M]. 北京：化学工业出版社，2013.

[25] 比尔·盖茨. 未来之路 [M]. 北京：北京大学出版社，1996.

[26] ZHANG Y, ZHANG G, WANG J, et al. Real-time information capturing and integration framework of the internet of manufacturing things [J]. International Journal of Computer Integrated Manufacturing, 2014: 1-12.

[27] 侯瑞春，丁香乾，陶冶，等. 制造物联及相关技术架构研究 [J]. 计算机集成制造系统，2014，20 (1)：11-20.

[28] 赵群，张翔，杜呈信. 基于物联网时代的我国制造业信息化发展趋势 [J]. 机械制造，2012，50 (4)：1-5.

[29] COALITION S. Implementing 21st Century Smart Manufacturing [R]. Workshop Report, 2011.

[30] DAVIS J, EDGAR T, PORTER J, et al. Smart manufacturing, manufacturing intelligence and demand-dynamic performance [J]. Computers & Chemical Engineering, 2012, 47 (12): 145-156.

[31] LUCKE D, CONSTANTINESCU C, WESTKÄMPER E. Smart Factory - A Step towards the Next Generation of Manufacturing [J]. Manufacturing Systems and Technologies for the New Frontier, 2008: 115-118.

[32] 唐任仲，白翱，顾新建. U-制造：基于U-计算的智能制造 [J]. 机电工程，2011，28 (1)：6-10.

[33] FEI T, MENG Z, CHENG J, et al. Digital twin workshop: a new paradigm for future workshop [J]. Computer Integrated Manufacturing Systems, 2017 (1): 1-9.

[34] TAO F, CHENG J, QI Q, et al. Digital twin-driven product design, manufacturing and service with big data [J]. International Journal of Advanced Manufacturing Technology, 2017 (4): 1-14.

[35] 张映锋，赵曦滨，孙树栋，等. 一种基于物联技术的制造执行系统实现方法与关键技术 [J]. 计算机集成制造系统，2012，18 (12)：2634-2642.

[36] 王建民. 工业大数据技术 [J]. 电信网技术，2016 (8)：1-5.

[37] 孙家广. 工业大数据 [J]. 软件和集成电路，2016 (8)：22-23.

[38] 邵景峰，贺兴时，王进富，等. 大数据环境下的纺织制造执行系统设计 [J]. 机械工程学报，2015，51 (5)：160-170.

[39] ZHANG X, LIU C, NEPAL S, et al. A hybrid approach for scalable sub-tree anonymization over big data using MapReduce on cloud [J]. Journal of Computer & System Sciences, 2014, 80 (5): 1008-1020.

[40] ZHANG Y, QIAN C, LV J, et al. Agent and cyber-physical system based self-organizing and self-adaptive intelligent shopfloor [J]. IEEE Transactions on Industrial Informatics, 2017, PP (99): 1-2.

[41] ZHANG Y, ZHU Z, LV J. CPS-Based smart control model for shopfloor material handling [J]. IEEE Transactions on Industrial Informatics, 2017, PP (99): 1-2.

[42] YAN H, HUA Q, WANG Y, et al. Cloud robotics in Smart Manufacturing Environments: Challenges and countermeasures [J]. Computers & Electrical Engineering, 2017 (63): 56-65.

[43] ZHANG J, YAO X, ZHOU J, et al. Self-Organizing Manufacturing: Current Status and Prospect for Industry 4. 0 [C]//International Conference on Enterprise Systems. IEEE, 2017: 319-326.